Eficiencia Energetica en la Construcción de Edificios. Trabajadores/as de la Obra. ENAC0012

Este manual incluye **presentaciones técnicas descargables** que amplían visualmente algunos contenidos.

Escanear el **código QR** para acceder a ellas.

Los apartados con **material complementario** están señalados en el contenido.

ICB Editores (Interconsulting Bureau S.L.)
C/ Flauta Mágica, 1, local 1B
P.I. Alameda 29006 – Málaga. España
Tfno: (+34) 952 28 87 67
info@icbeditores.com
www.icbeditores.com

Eficiencia Energetica en la Construcción de Edificios.
Trabajadores/as de la Obra. ENAC0012

1ª edición, 5/2026

ISBN: 979-13-87894-91-7 (*Edición especial EF*)

Impreso en España - *Printed in Spain*

Código: MAEF006234

C.20181023110654 - M.20260520164622

ÍNDICE

1. Conceptos Generales

1.1. Lenguaje y Terminología Relacionada con la Eficiencia Energética

1.2. El Edificio como Sistema Energético

2.2. Parámetros de Eficiencia Energética en el Proyecto de Construcción (Parte 2)

2.3. Evaluación de Soluciones Alternativas

3. La Eficiencia Energética en la Obra

3.1. La Eficiencia Energética en la Ejecución de Fachadas

4. Aplicación a un caso práctico

4.1. Caso Práctico Integrado

MÓDULO

1. Conceptos Generales

Contenido del Módulo

UNIDAD

1.1. Lenguaje y Terminología Relacionada con la Eficiencia Energética

Contenido de la Unidad

1. Conceptos Básicos de Eficiencia Energética Aplicados a Edificación

La **eficiencia energética en edificación** puede definirse, en términos prácticos, como la capacidad de un edificio para **ofrecer las condiciones de confort necesarias (térmicas, higiénicas y de uso) con el menor consumo posible de energía**, sin reducir la calidad constructiva ni la durabilidad de los elementos. No se trata de "ahorrar energía a cualquier precio", sino de **utilizarla de forma racional**, evitando pérdidas innecesarias y aprovechando al máximo los recursos disponibles, tanto pasivos como activos.

Desde el punto de vista de la obra, la eficiencia energética **no es un concepto abstracto ni exclusivo del proyecto**. Es una condición que se construye día a día durante la ejecución, y en la que intervienen directamente los materiales empleados, la forma en que se colocan y la continuidad real de las soluciones previstas. Un edificio puede estar perfectamente calculado desde el punto de vista energético y, sin embargo, **funcionar mal** si en obra se alteran, simplifican o ejecutan incorrectamente determinados detalles.

Uno de los principios básicos de la eficiencia energética es la **reducción de la demanda**. Esto significa disminuir la cantidad de energía que el edificio necesita para calentarse en invierno o refrigerarse en verano. La demanda está directamente relacionada con la envolvente: fachadas, cubiertas, suelos, huecos y encuentros. Cuanto mejor se comporte esta envolvente frente a las condiciones exteriores, menor será el esfuerzo que tendrán que realizar las instalaciones. En este sentido, **aislar bien no es un complemento**, sino la base del comportamiento energético del edificio.

Otro concepto clave es el de **control de pérdidas energéticas**. En un edificio ineficiente, una parte importante de la energía se pierde a través de cerramientos mal aislados, puentes térmicos, filtraciones de aire o soluciones constructivas discontinuas. Estas pérdidas no siempre son visibles a simple vista, pero tienen consecuencias claras: mayor consumo, menor confort, aparición de condensaciones y patologías constructivas. El operario debe entender que **una pequeña discontinuidad en el aislamiento o una junta mal sellada puede anular metros cuadrados enteros de material bien colocado.**

La eficiencia energética también está ligada al **uso inteligente de la energía**, lo que implica que las instalaciones (calefacción, refrigeración, ventilación, agua caliente sanitaria o iluminación) estén dimensionadas de forma adecuada y trabajen en condiciones óptimas. Sin embargo, incluso la mejor instalación pierde eficacia si el edificio presenta defectos de ejecución. Por eso, en obra, la prioridad debe ser siempre **construir bien la "caja" del edificio antes de confiar en la tecnología**.

Otro principio fundamental es la **relación entre eficiencia energética y confort**. Un edificio eficiente no solo consume menos energía, sino que mantiene temperaturas más estables, evita corrientes de aire, reduce superficies frías y mejora la sensación térmica interior. Esto se traduce en espacios más habitables y saludables, donde el usuario percibe una mejora clara, incluso aunque desconozca los detalles técnicos. En este sentido, la eficiencia energética tiene un impacto directo en la calidad del edificio terminado.

Conviene destacar que la eficiencia energética en edificación es un **concepto global**, no una suma de soluciones aisladas. No basta con colocar un buen aislamiento o instalar equipos eficientes si el conjunto no funciona como un sistema coherente. De ahí la importancia de que el trabajador de la construcción comprenda estos conceptos básicos: porque **su trabajo no se limita a ejecutar una partida**, sino que forma parte de un sistema energético completo cuyo rendimiento final depende, en gran medida, de la correcta puesta en obra.

Continuando con estos **conceptos básicos**, es importante entender que la eficiencia energética no es una exigencia aislada impuesta por la normativa, sino una **respuesta técnica y constructiva a problemas reales**: el alto consumo energético de los edificios, el encarecimiento de la energía, la dependencia exterior y las condiciones de confort deficientes. En la práctica diaria de la obra, esto se traduce en decisiones aparentemente pequeñas —cómo se corta un aislamiento, cómo se resuelve un encuentro, cómo se protege un material antes de colocarlo— que tienen **efectos acumulativos muy relevantes** en el comportamiento final del edificio.

Otro concepto esencial es el de **optimización**, muy ligado a la eficiencia. Optimizar no significa necesariamente aumentar costes o introducir soluciones complejas, sino **hacer que cada elemento cumpla correctamente su función**. Un aislamiento térmico mal colocado, aplastado o discontinuo deja de funcionar como tal, por muy buen producto que sea. Del mismo modo, un sellado deficiente en un paso de instalaciones puede provocar infiltraciones de aire que aumentan la demanda energética del edificio durante toda su vida útil. Desde este punto de vista, la eficiencia energética está estrechamente vinculada a la **calidad de ejecución.**

La eficiencia energética también debe entenderse como un **criterio transversal** que afecta a todos los oficios que intervienen en la obra. No es solo responsabilidad del proyectista o del instalador de climatización. Albañiles, montadores de sistemas de aislamiento, carpinteros, yesistas, instaladores eléctricos y fontaneros influyen, directa o indirectamente, en el resultado energético final. La falta de coordinación entre oficios es una de las causas más habituales de pérdidas de eficiencia, especialmente cuando se dañan soluciones ya ejecutadas o se modifican detalles sin tener en cuenta su función térmica.

Desde una perspectiva formativa, resulta fundamental que el trabajador comprenda que la eficiencia energética **no es algo que se "comprueba" al final**, sino algo que se construye durante todo el proceso. Una vez cerrados los cerramientos, colocados los acabados y puestos en marcha los equipos, muchos errores ya no tienen solución o solo pueden corregirse con intervenciones costosas. Por ello, la prevención de errores y la correcta interpretación de planos, detalles y prescripciones técnicas son aspectos clave de la eficiencia energética aplicada a edificación.

Finalmente, debe señalarse que estos conceptos básicos constituyen el **lenguaje común** que permite entender el resto de los contenidos relacionados con la eficiencia energética. Términos como demanda, consumo, aislamiento, estanqueidad o puente térmico no son palabras técnicas vacías, sino herramientas para interpretar correctamente qué se está haciendo en obra y por qué. Cuando el operario domina este lenguaje, su papel deja de ser meramente ejecutor y pasa a ser **parte activa en la mejora del comportamiento energético del edificio**, contribuyendo de forma directa a la calidad, durabilidad y sostenibilidad de la construcción.

Principios de eficiencia energética en la edificación

Además de los principios ya expuestos, conviene aclarar que la eficiencia energética en edificación **no es un concepto estático**, sino que depende del contexto en el que se aplica.

No existe un edificio eficiente en términos absolutos, sino edificios **más o menos eficientes en función de su clima, uso, tipología constructiva y calidad de ejecución**. Por este motivo, no puede trasladarse sin más una solución válida en una zona climática a otra distinta, ni reproducirse un detalle constructivo sin entender su función energética.

Otro concepto básico asociado a la eficiencia energética es el de **equilibrio entre prestaciones y recursos**. Un edificio eficiente no es aquel que incorpora la mayor cantidad posible de materiales aislantes o sistemas tecnológicos, sino el que consigue el mejor resultado con los medios adecuados. Desde la obra, esto implica respetar espesores, posiciones y secuencias de montaje, evitando improvisaciones que alteren el funcionamiento previsto. La eficiencia no se logra por acumulación de soluciones, sino por **coherencia constructiva**.

La eficiencia energética también debe entenderse como una **condición permanente a lo largo de la vida útil del edificio**. Un error frecuente es pensar que el comportamiento energético se limita al momento de la entrega o a la obtención de un certificado. En realidad, las decisiones tomadas en obra condicionan el consumo durante décadas. Una filtración de aire no corregida, un aislamiento interrumpido o un material mal protegido frente a la humedad seguirán generando pérdidas energéticas año tras año, incrementando el gasto y reduciendo el confort del usuario.

Desde este punto de vista, la eficiencia energética está directamente relacionada con la **durabilidad de las soluciones constructivas**. Un aislamiento que se degrada prematuramente, una barrera de vapor mal colocada o una solución incompatible entre materiales no solo pierden eficacia térmica, sino que pueden provocar patologías como condensaciones, mohos o deterioro de cerramientos. Por tanto, construir de forma energéticamente eficiente es también **construir con criterio técnico y preventivo.**

Es importante destacar que la eficiencia energética no debe confundirse con el simple **ahorro energético por reducción de uso**. Un edificio eficiente no obliga al usuario a vivir con menos confort, sino que permite mantener condiciones adecuadas con menor consumo. Cuando un edificio necesita ser "mal utilizado" para gastar menos energía, en realidad no es eficiente. Este matiz es clave para entender por qué la calidad de ejecución es determinante: un edificio bien construido facilita el uso racional de la energía sin imponer restricciones al usuario.

En definitiva, los conceptos básicos de eficiencia energética aplicados a edificación constituyen la **base del lenguaje técnico** que se desarrollará en los apartados siguientes. Comprenderlos permite al trabajador interpretar correctamente planos, detalles y especificaciones, y entender por qué determinadas exigencias no son arbitrarias, sino necesarias para el funcionamiento global del edificio. La eficiencia energética empieza en el proyecto, pero se materializa en la obra, y su éxito depende, en gran medida, del conocimiento y la responsabilidad de quienes la ejecutan.

2. Demanda Energética vs Consumo Energético

Uno de los errores más habituales cuando se habla de eficiencia energética en edificación es **confundir demanda energética con consumo energético**. Aunque ambos conceptos están relacionados, **no significan lo mismo** y cumplen funciones distintas tanto en proyecto como en obra. Entender esta diferencia es fundamental para interpretar correctamente planos, memorias, certificados energéticos y, sobre todo, para comprender por qué determinadas soluciones constructivas son obligatorias y otras no.

La **demanda energética** se refiere a la **cantidad de energía que un edificio necesita** para mantener unas condiciones de confort determinadas en su interior, principalmente en lo que respecta a calefacción y refrigeración. Es, por tanto, una magnitud teórica que depende casi exclusivamente de las **características físicas del edificio**: su envolvente térmica, su orientación, su compacidad, la calidad de los cerramientos, los huecos, la estanqueidad al aire y la presencia o no de puentes térmicos. La demanda no tiene en cuenta cómo se genera la energía ni qué equipos se utilizan, sino **cuánta energía sería necesaria si el edificio se comportara de forma ideal.**

Desde la obra, la demanda energética está directamente condicionada por **la correcta ejecución de los elementos constructivos**. Un mismo edificio, con el mismo proyecto, puede tener demandas muy distintas si el aislamiento se coloca con discontinuidades, si se generan filtraciones de aire o si se modifican encuentros sin criterio térmico. Por este motivo, puede afirmarse que **la demanda energética se "construye" en obra**, incluso aunque se calcule previamente en fase de proyecto.

Por otro lado, el **consumo energético** hace referencia a la **energía que realmente se utiliza** para cubrir esa demanda. Aquí ya entran en juego las instalaciones: sistemas de calefacción, refrigeración, producción de agua caliente sanitaria, ventilación e iluminación, así como su rendimiento, su regulación y el comportamiento del usuario. El consumo depende tanto del edificio como de los equipos y de la forma en que estos se utilizan.

La diferencia práctica entre ambos conceptos puede explicarse con un ejemplo sencillo. Un edificio con una envolvente mal ejecutada tendrá una **demanda elevada**, lo que obliga a las instalaciones a trabajar más horas y con mayor potencia. Aunque se instalen equipos muy eficientes, el consumo seguirá siendo alto porque la base del problema está en la demanda. En cambio, un edificio con una demanda baja permite que incluso sistemas sencillos funcionen correctamente con consumos reducidos. Por eso se insiste en que **primero se debe reducir la demanda y después optimizar el consumo.**

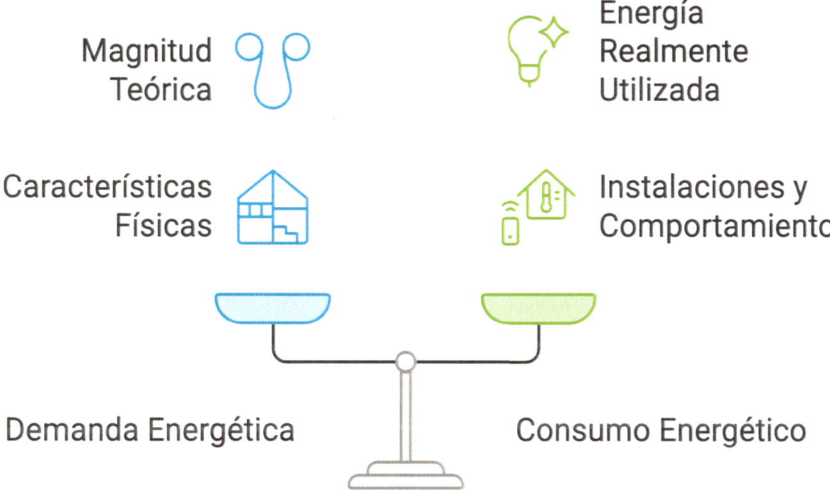

En el contexto normativo, esta diferencia también es clave. El Código Técnico de la Edificación limita la demanda energética mediante requisitos sobre aislamiento, transmitancias, control solar y estanqueidad, mientras que el consumo se controla a través de exigencias sobre instalaciones y energía primaria. Desde el punto de vista del trabajador, esto implica que **no todo lo relacionado con eficiencia energética se resuelve con maquinaria**, y que una mala ejecución de la envolvente no puede compensarse únicamente con mejores equipos.

Comprender la diferencia entre demanda y consumo permite al operario entender por qué determinadas partidas son críticas, por qué se insiste en la continuidad del aislamiento o en el sellado de juntas, y por qué pequeños detalles constructivos tienen un impacto directo en el funcionamiento energético del edificio durante toda su vida útil.

Desde el punto de vista práctico de la obra, resulta muy útil identificar **qué decisiones afectan a la demanda y cuáles al consumo**, ya que muchas veces se mezclan ambos conceptos de forma incorrecta. Por ejemplo, aumentar el espesor de un aislamiento, mejorar la continuidad del mismo o sellar correctamente encuentros y pasos de instalaciones **reduce la demanda energética**, porque el edificio pierde menos calor en invierno y gana menos calor en verano. En cambio, sustituir una caldera antigua por una más eficiente o instalar una bomba de calor de alto rendimiento **reduce el consumo**, pero no modifica la demanda si el edificio sigue perdiendo energía por su envolvente.

Un error habitual en obra es pensar que una instalación potente o moderna puede "compensar" defectos constructivos. En la práctica, ocurre justo lo contrario: **una demanda elevada obliga a sobredimensionar las instalaciones**, lo que incrementa costes, reduce la vida útil de los equipos y empeora su funcionamiento real. Además, los sistemas trabajan durante más tiempo y a mayor régimen, lo que se traduce en consumos elevados y mayor probabilidad de averías. Por eso, desde el punto de vista técnico, siempre se prioriza actuar sobre la demanda antes de optimizar el consumo.

Otro aspecto importante es que la demanda energética **no depende del usuario**, mientras que el consumo sí. La demanda está ligada al edificio en sí mismo: su orientación, su aislamiento, su estanqueidad y su diseño. El consumo, en cambio, se ve afectado por hábitos de uso, temperaturas de consigna, horarios de funcionamiento y mantenimiento de las instalaciones. Esto explica por qué dos viviendas idénticas pueden tener consumos muy diferentes, aunque su demanda sea la misma. Sin embargo, **si la demanda es alta, ningún comportamiento del usuario puede corregir completamente el problema**.

En obra, esta diferencia debe servir como criterio para entender la importancia de determinadas exigencias del proyecto. Cuando se insiste en respetar espesores, solapes, sellados o posiciones concretas de los materiales, no se trata de una cuestión estética ni burocrática, sino de **controlar la demanda energética futura del edificio**. Una solución mal ejecutada no se corrige ajustando el termostato ni cambiando el equipo, porque el problema está en la base constructiva.

Desde el punto de vista normativo, esta distinción también es clave. La legislación actual limita cada vez más la demanda energética de los edificios, porque es el único modo de garantizar un consumo reducido a largo plazo, independientemente de los sistemas que se instalen o de cómo se utilicen.

En este contexto, el papel del trabajador de la construcción es determinante: **cada error de ejecución incrementa la demanda**, y ese incremento acompañará al edificio durante toda su vida útil.

En conclusión, la diferencia entre demanda y consumo energéticos es uno de los pilares del lenguaje de la eficiencia energética en edificación. Comprenderla permite interpretar correctamente las decisiones de proyecto, priorizar las tareas en obra y asumir que la eficiencia no depende solo de la tecnología instalada, sino, sobre todo, de **cómo se construye el edificio desde su base**.

3. Unidades de energía utilizadas en edificación. Energía primaria, energía final y energía útil

En la práctica, estos conceptos se expresan mediante distintas unidades de medida que permiten interpretar proyectos, certificados energéticos, fichas técnicas y consumos reales del edificio. La unidad más habitual para expresar la energía consumida o demandada es el kilovatio hora (kWh), que indica la cantidad de energía utilizada durante un periodo de tiempo.

Por ejemplo, cuando se habla del consumo anual de un edificio, suele expresarse en kWh/año o en kWh/m^2·año, para poder comparar edificios de distinto tamaño.

También es frecuente utilizar el vatio (W) y el kilovatio (kW), que no expresan energía acumulada, sino potencia, es decir, la cantidad de energía que un equipo puede aportar o consumir en un momento determinado. Así, una instalación de calefacción, refrigeración o ventilación puede tener una potencia determinada en kW, mientras que su consumo a lo largo del tiempo se expresará en kWh.

En el ámbito de los materiales y cerramientos aparecen otras unidades específicas. La transmitancia térmica se expresa en $W/m^2 \cdot K$ e indica la cantidad de calor que atraviesa un elemento constructivo por cada metro cuadrado y por cada grado de diferencia de temperatura entre el interior y el exterior. La conductividad térmica de los materiales se expresa en $W/m \cdot K$ y permite comparar la capacidad de distintos materiales para transmitir el calor.

Desde el punto de vista de la obra, no es necesario realizar cálculos complejos con estas unidades, pero sí comprender su significado básico. Saber distinguir entre energía, potencia, transmitancia y conductividad ayuda a interpretar correctamente la documentación técnica, las fichas de materiales y las exigencias del proyecto, evitando confusiones que pueden afectar a la correcta ejecución de las soluciones energéticas.

3.1. Energía primaria, energía final y energía útil

Para comprender correctamente la eficiencia energética en edificación es imprescindible distinguir entre **energía útil, energía final y energía primaria**. Estos tres conceptos aparecen de forma habitual en proyectos, certificados energéticos y normativa, y aunque están relacionados entre sí, **no significan lo mismo**. Desde la obra, entender esta diferencia ayuda a interpretar por qué determinadas soluciones se consideran más eficientes que otras, incluso cuando el consumo aparente es similar.

La **energía útil** es la energía que realmente cumple la función para la que se utiliza en el edificio. Es, por ejemplo, el calor que emite un radiador, el frío que aporta un sistema de climatización o la luz que proporciona una luminaria en un espacio interior. La energía útil es la que el usuario percibe directamente como confort. Desde un punto de vista práctico, es el resultado final que se busca: mantener una temperatura adecuada, disponer de agua caliente o iluminar correctamente un espacio.

La **energía final** es la energía que llega al edificio y que se consume para producir esa energía útil. Puede ser electricidad, gas natural, gasóleo, biomasa u otra fuente energética suministrada al edificio. Parte de esta energía se pierde en los equipos debido a rendimientos imperfectos.

Por ejemplo, una caldera no transforma el 100 % de la energía del combustible en calor útil, ni una bomba de calor convierte toda la electricidad consumida en energía térmica aprovechable. Por tanto, **la energía final siempre es mayor que la energía útil**, debido a estas pérdidas internas.

La **energía primaria** va un paso más allá. Representa la energía total que ha sido necesaria para producir y transportar esa energía final hasta el edificio. Incluye no solo el consumo directo, sino también las pérdidas que se producen en la extracción, transformación, generación y transporte de la energía. Por ejemplo, la electricidad que llega a un edificio ha pasado previamente por centrales de generación, redes de transporte y distribución, con pérdidas asociadas en cada fase. Por ello, la energía primaria es siempre mayor que la energía final.

Desde el punto de vista normativo y de eficiencia energética, la **energía primaria es el indicador más relevante**, ya que refleja el impacto real del edificio sobre el sistema energético y el medio ambiente. Por este motivo, la normativa actual limita el consumo de energía primaria, especialmente la no renovable. Esto explica por qué dos edificios con consumos finales similares pueden tener calificaciones energéticas muy distintas si utilizan fuentes de energía diferentes.

En obra, esta diferencia se traduce en decisiones constructivas y de instalaciones que no siempre son intuitivas. Por ejemplo, un sistema eléctrico puede parecer menos eficiente que uno de gas si se analiza solo la energía final, pero si la electricidad procede en gran medida de fuentes renovables, su energía primaria no renovable puede ser mucho menor. De ahí que la normativa incentive determinadas soluciones frente a otras, incluso cuando el consumo aparente es parecido.

Otro aspecto clave es que **reducir la demanda energética del edificio reduce automáticamente la energía útil necesaria**, lo que a su vez disminuye la energía final y la energía primaria. Por eso, todas las mejoras en la envolvente —aislamiento, estanqueidad, eliminación de puentes térmicos— tienen un efecto directo y multiplicador sobre los tres niveles de energía. Desde la obra, esto refuerza la idea de que una correcta ejecución constructiva es la base de cualquier estrategia de eficiencia energética.

En conclusión, la distinción entre energía útil, final y primaria permite entender cómo se evalúa realmente la eficiencia de un edificio. Para el trabajador de la construcción, dominar estos conceptos facilita la comprensión del porqué de muchas exigencias técnicas y ayuda a asumir que su trabajo no solo afecta al consumo visible, sino también al **impacto energético global del edificio**.

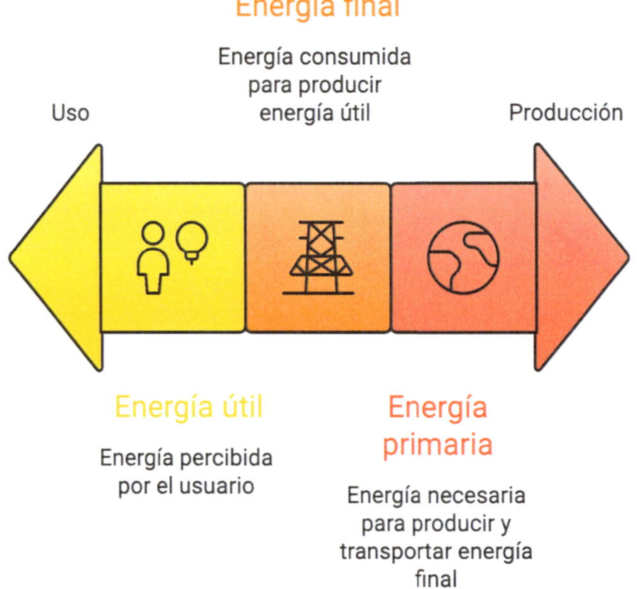

4. Energía térmica: calor y frío

La energía térmica es una de las formas de energía más importantes en la edificación, ya que está directamente relacionada con el confort interior, la demanda energética y el consumo de los sistemas de climatización. En términos prácticos, la energía térmica se manifiesta como calor, aunque en el uso habitual de los edificios se hable también de frío. Desde el punto de vista físico, el frío no es una energía diferente, sino la ausencia o reducción de calor en un espacio o en un material.

En un edificio, el calor tiende a desplazarse desde las zonas con mayor temperatura hacia las zonas con menor temperatura. Por ello, en invierno, el calor interior tiende a perderse hacia el exterior; mientras que, en verano, el calor exterior tiende a entrar en el edificio. La eficiencia energética consiste, en gran medida, en controlar estos intercambios térmicos para reducir la necesidad de calefacción y refrigeración.

Desde el punto de vista de la obra, este comportamiento tiene una consecuencia directa: cada cerramiento, encuentro, hueco o junta puede facilitar o dificultar el paso del calor. Una fachada correctamente aislada, una cubierta bien ejecutada, una ventana bien colocada o una junta adecuadamente sellada contribuyen a limitar las pérdidas o ganancias térmicas. Por el contrario, una discontinuidad en el aislamiento, un puente térmico o una filtración de aire permiten que el calor se desplace de forma no controlada.

Cuando se habla de calefacción, se hace referencia al aporte de calor necesario para mantener unas condiciones interiores adecuadas durante los periodos fríos. Cuando se habla de refrigeración, se hace referencia a la extracción de calor del interior del edificio para evitar el sobrecalentamiento durante los periodos cálidos. En ambos casos, el objetivo energético es el mismo: reducir la cantidad de energía que las instalaciones deben aportar o extraer para mantener el confort.

La correcta ejecución de la envolvente térmica es, por tanto, fundamental para controlar el comportamiento del calor en el edificio. El aislamiento térmico, la estanqueidad al aire, la resolución de puentes térmicos y la adecuada protección solar permiten reducir los intercambios no deseados entre el interior y el exterior. Cuanto mejor se controle el paso del calor, menor será la demanda energética y más estable será la temperatura interior.

En conclusión, comprender la energía térmica permite interpretar mejor el resto de conceptos de la eficiencia energética en edificación. La transmitancia térmica, el aislamiento, la inercia térmica, la ventilación o los puentes térmicos están relacionados con la forma en que el calor entra, sale, se acumula o se desplaza dentro del edificio. Para el trabajador de la construcción, entender esta relación ayuda a ejecutar con mayor criterio las soluciones previstas en el proyecto y a evitar errores que puedan aumentar la demanda energética durante la vida útil del edificio.

5. Transmitancia Térmica (U) Explicada desde la Obra

La **transmitancia térmica**, conocida habitualmente como **valor U**, es uno de los conceptos más utilizados en eficiencia energética y, al mismo tiempo, uno de los peor interpretados en obra.

De forma sencilla, la transmitancia térmica indica **cuánta energía térmica atraviesa un elemento constructivo** (fachada, cubierta, suelo, ventana, etc.) cuando existe una diferencia de temperatura entre el interior y el exterior. Cuanto **menor es el valor U**, mejor es el comportamiento térmico del elemento, ya que **deja pasar menos calor**.

Factores que afectan la transmitancia térmica en la obra, desde el ideal hasta el real

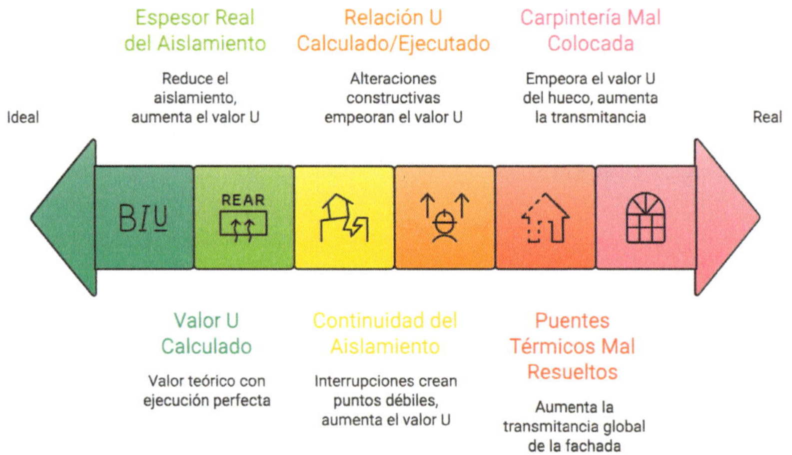

Desde el punto de vista teórico, la transmitancia se expresa en **W/m²·K**, pero en obra no es necesario manejar la fórmula matemática para entender su significado. Lo importante es asumir que el valor U **no depende solo del material aislante**, sino del conjunto del elemento constructivo: capas, espesores, continuidad, encuentros y ejecución real. Un error muy frecuente es pensar que colocando un aislamiento "bueno" se garantiza automáticamente un buen valor U. En realidad, **un aislamiento mal colocado puede perder gran parte de su eficacia**, aunque su ficha técnica sea excelente.

En la práctica de obra, la transmitancia térmica se ve afectada por varios factores clave.

El primero es el **espesor real del aislamiento**. Reducir espesores respecto al proyecto, comprimir el material o adaptarlo de forma improvisada en encuentros y remates incrementa el valor U del cerramiento, aunque a simple vista no se aprecie.

El segundo factor es la **continuidad del aislamiento**. Cada interrupción, hueco, solape incorrecto o zona sin aislamiento crea un punto débil por el que se transmite el calor, aumentando el valor U global del elemento.

Otro aspecto fundamental es la **relación entre el valor U calculado y el valor U ejecutado**. El valor que aparece en proyecto y en normativa es un valor teórico, obtenido suponiendo una ejecución perfecta. En obra, ese valor solo se alcanza si se respetan estrictamente las soluciones previstas.

Cuando se alteran detalles constructivos, se sustituyen materiales sin justificar o se resuelven encuentros "como se ha hecho siempre", el valor U real empeora, aunque sobre el papel siga cumpliéndose la normativa.

La transmitancia térmica no debe entenderse como un dato aislado, sino como una **herramienta para evaluar la calidad energética del cerramiento**. Desde la obra, esto significa que cada decisión constructiva influye en ese resultado final. Por ejemplo, un puente térmico mal resuelto puede aumentar la transmitancia global de una fachada completa, no solo del punto afectado. Del mismo modo, una carpintería mal colocada o sin sellado perimetral adecuado empeora el valor U del hueco, aunque el vidrio tenga buenas prestaciones.

En muchos casos, la normativa fija **valores límite de transmitancia térmica**, pero cumplirlos "justo" no siempre garantiza un buen comportamiento energético. En climas exigentes o en edificios de uso continuo, una pequeña mejora en el valor U puede traducirse en una reducción importante de la demanda energética. Por eso, desde la obra, es importante entender que **el objetivo no es cumplir un número**, sino construir un cerramiento que funcione correctamente durante toda la vida útil del edificio.

En conclusión, la transmitancia térmica es un concepto clave que conecta directamente el proyecto con la ejecución. Para el operario, comprender qué es el valor U y cómo se ve afectado por su trabajo permite ejecutar con mayor criterio técnico, evitar errores habituales y entender que **cada detalle constructivo suma o resta eficiencia energética** al conjunto del edificio.

De cara a completar este punto, conviene insistir en un aspecto especialmente relevante desde la obra: **la transmitancia térmica no se "ve", pero se sufre**. Un cerramiento con un valor U elevado provoca superficies interiores frías en invierno y calientes en verano, lo que genera disconfort, corrientes convectivas y, en muchos casos, condensaciones superficiales.

Estas consecuencias no aparecen en los planos ni en las fichas técnicas, pero sí en el uso real del edificio, y suelen atribuirse erróneamente a problemas de ventilación o de instalaciones cuando, en realidad, su origen está en una **mala ejecución térmica del cerramiento**.

Asimismo, es importante entender que el valor U de un elemento no actúa de forma aislada. En un edificio real, **la transmitancia global es el resultado de la suma de muchos elementos:** fachadas, cubiertas, suelos, huecos y encuentros. Si uno de ellos presenta un comportamiento deficiente, arrastra al conjunto. Por ejemplo, una fachada bien aislada pierde gran parte de su eficacia si se combina con huecos mal resueltos o con frentes de forjado sin tratamiento térmico. Desde la obra, esto refuerza la importancia de la coordinación entre oficios y del respeto a los detalles constructivos.

Finalmente, debe asumirse que la transmitancia térmica es un **parámetro de responsabilidad directa del ejecutor**. No depende del uso del edificio ni del comportamiento del usuario, sino de cómo se ha construido. Una vez terminada la obra, corregir un valor U elevado implica desmontar, rehacer o añadir capas, con el consiguiente sobrecoste. Por ello, comprender este concepto y aplicarlo correctamente en la ejecución no es solo una exigencia normativa, sino una garantía de calidad, durabilidad y buen funcionamiento energético del edificio.

6. Aislamiento Térmico: qué es y qué no es

El **aislamiento térmico** es uno de los elementos más conocidos de la eficiencia energética, pero también uno de los que **más malentendidos genera en obra**.

A menudo se identifica aislamiento con cualquier material "blando", "ligero" o "que abriga", cuando en realidad el aislamiento térmico es **un elemento constructivo con una función muy concreta: dificultar el paso del calor a través de un cerramiento**. No todos los materiales aíslan, ni todo lo que se coloca en un cerramiento cumple esa función, aunque así se crea en la práctica.

Desde un punto de vista técnico, un material aislante es aquel que presenta **baja conductividad térmica**, es decir, que transmite el calor con dificultad. Su función no es generar calor ni frío, sino **retrasar y reducir las pérdidas energéticas** entre el interior y el exterior del edificio. En obra, esto se traduce en que el aislamiento debe colocarse en la posición prevista, con el **espesor adecuado** y de forma **continua**, sin huecos ni interrupciones.

Un error muy frecuente es pensar que el aislamiento "compensa" otros defectos constructivos. En realidad, ocurre justo lo contrario: **un aislamiento mal colocado pierde gran parte de su eficacia**, y ningún material aislante puede corregir por sí solo problemas de diseño o ejecución como puentes térmicos, filtraciones de aire o discontinuidades en la envolvente. Por eso, el aislamiento no debe entenderse como un elemento independiente, sino como **parte de un sistema constructivo completo**.

También es importante aclarar **qué no es aislamiento térmico**. No lo son los materiales pesados por sí mismos, como el ladrillo, el hormigón o la piedra, aunque aporten inercia térmica. Tampoco lo son los revestimientos, los trasdosados sin material aislante, ni las cámaras de aire sin control ni continuidad.

Estos elementos pueden influir en el comportamiento térmico del edificio, pero **no sustituyen la función específica del aislamiento**. Confundir estos conceptos lleva a soluciones ineficaces que, aunque tradicionales, no cumplen con los requisitos actuales de eficiencia energética.

Aislamiento Térmico: Qué Es y Qué No Es

Característica	Qué Es	Qué No Es
Definición	Dificulta el paso del calor	Materiales pesados, revestimientos, cámaras de aire
Conductividad Térmica	Baja	Alta
Función	Retrasa y reduce las pérdidas energéticas	No genera calor ni frío
Colocación	Posición prevista, espesor adecuado, continua	Mal colocada, huecos, interrupciones
Relación con Otros Elementos	Parte de un sistema constructivo completo	No compensa otros defectos constructivos
Estado	Seco, comprimido, dañado, cortado incorrectamente	Húmedo, comprimido, dañado, cortado incorrectamente
Continuidad	Continua, sin huecos ni interrupciones	Interrumpida en encuentros, huecos, pasos de instalaciones
Importancia	Herramienta fundamental, pieza clave de la eficiencia energética	No es un relleno, ni un elemento secundario, ni una solución mágica

Desde la obra, uno de los aspectos más críticos es el **estado del aislamiento en el momento de su colocación**. Materiales húmedos, comprimidos, dañados durante el acopio o cortados de forma incorrecta dejan de funcionar como aislantes. Un aislamiento aplastado reduce su espesor efectivo; uno mojado puede perder propiedades térmicas y provocar patologías; uno mal ajustado genera huecos por los que se transmite el calor. Estos errores no siempre son visibles una vez cerrados los cerramientos, pero **sus efectos se manifiestan durante toda la vida útil del edificio**.

Otro punto clave es la **continuidad del aislamiento**. No basta con colocar paneles o mantas aislantes en superficies grandes si luego se interrumpen en encuentros con forjados, pilares, huecos o pasos de instalaciones. Cada interrupción convierte el aislamiento en una solución parcial y genera zonas débiles desde el punto de vista energético. Por ello, la correcta ejecución del aislamiento requiere atención al detalle y coordinación con otros oficios.

En definitiva, el aislamiento térmico es una **herramienta fundamental**, pero solo funciona si se entiende correctamente su papel. No es un "relleno", ni un elemento secundario, ni una solución mágica. Es una pieza clave de la eficiencia energética que exige **criterio técnico, cuidado en la ejecución y respeto al proyecto**. El operario que comprende qué es y qué no es aislamiento térmico contribuye de forma directa a que el edificio funcione correctamente, consuma menos energía y ofrezca un mayor confort a sus usuarios.

7. Inercia Térmica y Comportamiento del Edificio

La **inercia térmica** es un concepto fundamental para entender cómo se comporta un edificio a lo largo del tiempo frente a los cambios de temperatura exterior.

En términos sencillos, la inercia térmica es la **capacidad de un edificio o de un elemento constructivo para acumular calor y liberarlo de forma lenta**. No se trata de aislar, sino de **amortiguar las variaciones térmicas**, evitando cambios bruscos en el interior.

Desde la obra, este concepto suele generar confusión porque a menudo se mezcla con el aislamiento térmico. Sin embargo, ambos cumplen funciones distintas y complementarias. El aislamiento **dificulta el paso del calor**, mientras que la inercia térmica **almacena energía térmica**. Un edificio energéticamente eficiente necesita de ambos: buen aislamiento para reducir pérdidas y **masa térmica bien situada** para estabilizar la temperatura interior.

La inercia térmica está directamente relacionada con la **masa de los materiales**. Elementos como el hormigón, el ladrillo macizo, la piedra o los forjados pesados tienen una elevada capacidad para acumular calor.

Cuando estos materiales se calientan, absorben parte de la energía térmica y la liberan lentamente cuando la temperatura ambiente desciende. En verano, este mismo efecto permite retrasar la entrada del calor exterior hacia el interior, siempre que el edificio esté bien protegido frente a la radiación solar.

Comparación de Aislamiento e Inercia Térmica

Característica	Aislamiento Térmico	Inercia Térmica
Función	Dificulta el paso del calor	Almacena y libera calor lentamente
Materiales	Materiales ligeros y porosos	Materiales densos y pesados
Ubicación	Exterior del edificio	Interior del edificio
Efecto	Reduce las pérdidas de calor	Estabiliza la temperatura interior
Eficiencia	Reduce el consumo de energía	Mejora el confort

En la práctica, el comportamiento del edificio depende no solo de la cantidad de masa térmica, sino de **dónde se sitúa**. La inercia térmica es efectiva cuando la masa está **en contacto con el ambiente interior** y protegida por el aislamiento hacia el exterior. Si la masa queda aislada del interior o mal posicionada, su efecto se reduce notablemente. Por este motivo, desde la obra, es esencial respetar la disposición prevista de capas en los cerramientos y no alterar el orden de los materiales.

Un error frecuente es confiar en la masa del edificio sin acompañarla de un aislamiento adecuado. Un muro pesado sin aislamiento tiene inercia, pero también pierde calor rápidamente hacia el exterior, lo que se traduce en **consumos elevados y bajo confort**.

Del mismo modo, un edificio muy ligero con buen aislamiento puede reducir pérdidas, pero presentar oscilaciones térmicas acusadas si carece de masa suficiente. La eficiencia energética surge del **equilibrio entre aislamiento e inercia térmica**.

Desde el punto de vista del uso real, la inercia térmica influye de forma directa en el confort. Edificios con buena inercia mantienen temperaturas más estables, reducen la necesidad de encendidos frecuentes de las instalaciones y amortiguan los picos térmicos. Esto se traduce en **menor demanda energética y mayor bienestar**, especialmente en climas con fuertes variaciones entre el día y la noche.

En obra, la inercia térmica se ve afectada por decisiones que a veces se consideran secundarias: sustitución de materiales, cambios de espesores, incorporación de trasdosados ligeros que aíslan la masa del interior o ejecución deficiente de encuentros. Estas modificaciones pueden **alterar significativamente el comportamiento térmico previsto**, aunque el aislamiento se haya colocado correctamente.

En conclusión, la inercia térmica es un factor clave en el comportamiento energético del edificio, estrechamente ligado a cómo se ejecutan los cerramientos y acabados. Comprender este concepto permite al operario entender que **no solo importa qué materiales se colocan, sino cómo y dónde**, y que su correcta ejecución contribuye decisivamente a un edificio más eficiente, estable y confortable.

8. Estanqueidad al aire y filtraciones

La **estanqueidad al aire** es uno de los factores más determinantes en la eficiencia energética del edificio y, paradójicamente, uno de los más descuidados en obra. Se refiere a la **capacidad del edificio para impedir el paso incontrolado de aire** a través de su envolvente.

Cuando existen filtraciones, el aire exterior entra sin control y el aire interior se escapa, provocando **pérdidas energéticas constantes** que incrementan la demanda y el consumo, independientemente de la calidad del aislamiento térmico o de las instalaciones.

Desde un punto de vista práctico, las filtraciones de aire aparecen en **juntas mal selladas, encuentros entre elementos constructivos, huecos de ventanas, pasos de instalaciones, cajas de persianas, registros y fisuras**. No se trata de grandes aberturas visibles, sino de pequeñas discontinuidades que, sumadas, pueden equivaler a tener una ventana abierta permanentemente. En obra, estos puntos suelen considerarse secundarios o se resuelven al final, cuando en realidad **deberían tratarse como elementos críticos del sistema energético**.

Es importante diferenciar claramente entre **ventilación y filtraciones**. La ventilación es un proceso controlado, necesario para garantizar la calidad del aire interior y la salubridad del edificio. Las filtraciones, en cambio, son entradas y salidas de aire no deseadas, que no mejoran la calidad del aire y sí generan pérdidas térmicas, disconfort y problemas constructivos. Un edificio puede estar bien ventilado y ser estanco, pero n**unca será eficiente si confía la renovación del aire a filtraciones incontroladas**.

Desde la obra, uno de los errores más habituales es pensar que el aislamiento térmico "ya tapa" el edificio. En realidad, **aislamiento y estanqueidad son funciones distintas**. Un material puede aislar térmicamente y, sin embargo, permitir el paso del aire. Por eso, la estanqueidad se logra mediante **capas específicas**, sellados continuos, cintas, membranas y una correcta ejecución de encuentros. Si estas soluciones no se respetan o se dañan durante la ejecución, el edificio pierde gran parte de su eficiencia.

Las consecuencias de una mala estanqueidad no se limitan al aumento del consumo energético. Las filtraciones provocan **corrientes de aire**, superficies frías, pérdida de confort y, en muchos casos, **condensaciones internas** cuando el aire caliente y húmedo entra en contacto con superficies frías dentro del cerramiento. Estas condensaciones pueden derivar en humedades, mohos y degradación de materiales, generando patologías que afectan tanto al edificio como a la salud de los usuarios.

Otro aspecto relevante es que la estanqueidad al aire **no se puede corregir fácilmente una vez finalizada la obra**. A diferencia de una instalación, que puede sustituirse o ajustarse, las filtraciones suelen quedar ocultas tras acabados y revestimientos. Corregirlas implica desmontar elementos ya ejecutados, con el consiguiente coste económico y dificultad técnica. Por ello, la prevención en obra es esencial.

Desde el punto de vista normativo, la estanqueidad adquiere cada vez mayor importancia, especialmente en edificios de alta eficiencia. Sin embargo, más allá de la normativa, debe entenderse como una **cuestión de calidad constructiva**. El operario que sella correctamente una junta, protege una lámina o respeta la continuidad de las soluciones está contribuyendo de forma directa a reducir pérdidas energéticas durante décadas.

En conclusión, la estanqueidad al aire es un elemento invisible pero decisivo en el comportamiento energético del edificio. Comprender su importancia y ejecutarla correctamente permite que el aislamiento y la inercia térmica funcionen como se espera, garantizando un edificio más eficiente, confortable y duradero.

Desde la práctica diaria en obra, la estanqueidad al aire depende en gran medida de **la atención al detalle**. No suele fallar un gran elemento constructivo, sino los puntos pequeños: una junta sin sellar, un paso de cable improvisado, una perforación realizada después de ejecutar la capa estanca o una carpintería colocada sin continuidad con el resto del cerramiento. Estos puntos débiles, aunque parezcan insignificantes de forma individual, generan **pérdidas energéticas acumuladas muy importantes**.

Uno de los momentos más críticos para la estanqueidad es la **coordinación entre oficios**. El cerramiento puede haberse ejecutado correctamente, pero perder su estanqueidad cuando entran en juego las instalaciones. Cada paso de conductos, tuberías o cables debe resolverse con sistemas específicos de sellado, y no mediante soluciones improvisadas. En este sentido, la eficiencia energética exige un cambio de mentalidad: **no se trata de "hacer pasar" una instalación, sino de integrarla sin romper el sistema**.

También es frecuente confundir la estanqueidad con el simple cierre visual del edificio. Un acabado continuo no garantiza estanqueidad si existen fisuras ocultas o encuentros mal resueltos. Por este motivo, la estanqueidad debe entenderse como una **capa funcional,** igual que el aislamiento o la barrera de vapor, y no como un resultado casual del resto de trabajos. Cuando esta capa se interrumpe, el edificio deja de comportarse como un conjunto controlado.

Desde el punto de vista del confort, una mala estanqueidad genera sensaciones muy reconocibles para el usuario: corrientes frías en invierno, entrada de aire caliente en verano, dificultad para mantener la temperatura interior y necesidad de usar más intensamente las instalaciones. Estos problemas suelen atribuirse a "mal aislamiento" o a equipos insuficientes, cuando en realidad **el origen está en filtraciones de aire no controladas.**

En edificios con altos niveles de eficiencia energética, la estanqueidad es imprescindible para que los sistemas de ventilación funcionen correctamente. La ventilación mecánica controlada solo puede trabajar de forma eficaz si el edificio es estanco; de lo contrario, el aire entra y sale por donde no debe, anulando el control previsto. Por ello, una mala ejecución de la estanqueidad no solo incrementa el consumo, sino que **impide que otras soluciones energéticas cumplan su función**.

En conclusión, la estanqueidad al aire es un elemento clave del comportamiento energético del edificio, estrechamente ligado a la calidad de ejecución en obra. No requiere materiales complejos ni soluciones costosas, pero sí **rigor, planificación y responsabilidad**. El operario que comprende este concepto y lo aplica correctamente contribuye de forma decisiva a reducir pérdidas energéticas, mejorar el confort y evitar patologías futuras, convirtiéndose en una pieza fundamental del sistema energético del edificio.

9. Puente Térmico: Definición y Ejemplos Reales de Obra

El **puente térmico** es uno de los conceptos más importantes de la eficiencia energética y, al mismo tiempo, uno de los **más frecuentes en los fallos de ejecución en obra**. De forma sencilla, un puente térmico es una **zona del cerramiento donde se produce una transmisión de calor mayor que en el resto de la superficie**, debido a una discontinuidad del aislamiento, a un cambio de material o a una geometría desfavorable. En estos puntos, el calor "encuentra un camino fácil" para salir o entrar en el edificio.

Desde la obra, el puente térmico no suele percibirse como un elemento concreto, ya que no es un material ni una pieza visible. Sin embargo, sus efectos son muy claros: **incremento de la demanda energética**, superficies interiores frías, riesgo de condensaciones y aparición de humedades o moho. Por este motivo, aunque ocupen una superficie reducida, los puentes térmicos tienen un **impacto desproporcionado** en el comportamiento energético del edificio.

Los puentes térmicos aparecen, sobre todo, en los **encuentros entre elementos constructivos**. Algunos de los ejemplos más habituales en obra son los frentes de forjado en fachada, los encuentros entre fachada y cubierta, los pilares embebidos en cerramientos, los contornos de huecos de ventanas y puertas, las cajas de persianas y los encuentros con el terreno en suelos y muros de sótano. En todos estos puntos, si no se da continuidad al aislamiento o no se resuelve correctamente el detalle, se genera una vía de transmisión térmica no prevista.

Un caso muy común en obra es el **frente de forjado sin aislamiento**. Aunque la fachada esté correctamente aislada entre plantas, si el canto del forjado queda en contacto directo con el exterior o no se aísla de forma continua, se convierte en un puente térmico lineal que recorre todo el perímetro del edificio. Este tipo de puente térmico es especialmente problemático porque afecta a grandes longitudes y suele provocar **manchas de humedad y moho en el interior**, justo en la línea del forjado.

Otro ejemplo habitual son los **huecos mal resueltos**. Una ventana con un vidrio de altas prestaciones puede perder gran parte de su eficacia si el contorno no está bien aislado y sellado. El puente térmico aparece en el perímetro del hueco, donde se interrumpe el aislamiento o se utilizan materiales con alta conductividad. Desde la obra, esto suele ocurrir cuando se prioriza el ajuste mecánico de la carpintería, pero se descuida su integración térmica con el cerramiento.

Es importante destacar que los puentes térmicos **no siempre se eliminan por completo**, pero sí pueden reducirse de forma significativa si se tratan correctamente. La clave está en la **continuidad del aislamiento** y en la correcta ejecución de los detalles constructivos previstos en proyecto. Cuando en obra se modifican estos detalles o se resuelven de forma improvisada, los puentes térmicos reaparecen, aunque el resto del cerramiento esté bien ejecutado.

Desde el punto de vista del trabajador, entender qué es un puente térmico implica asumir que **no basta con aislar "a grandes rasgos".** Los puntos singulares son tan importantes como las superficies principales, y en muchos casos más. Un solo puente térmico mal resuelto puede comprometer el comportamiento energético de toda una estancia.

En conclusión, el puente térmico es un ejemplo claro de cómo **los pequeños detalles constructivos tienen grandes consecuencias energéticas**. Reconocerlos en obra, respetar los detalles de proyecto y ejecutar con continuidad y criterio técnico es esencial para garantizar un edificio eficiente, confortable y libre de patologías asociadas al frío y a la humedad.

Desde la experiencia en obra, uno de los principales problemas asociados a los puentes térmicos es que **no suelen considerarse un "fallo grave" durante la ejecución**, ya que el edificio queda aparentemente bien terminado. Sin embargo, sus efectos aparecen con el uso: incremento del consumo energético, zonas frías localizadas, condensaciones superficiales y, con el tiempo, patologías visibles. Esto provoca conflictos posteriores, reclamaciones y actuaciones correctoras costosas que podrían haberse evitado con una ejecución más cuidadosa.

Un aspecto especialmente relevante es que los puentes térmicos **no afectan solo a la eficiencia**, sino también a la **salubridad del edificio**. Cuando una superficie interior desciende por debajo del punto de rocío, se produce condensación del vapor de agua contenido en el aire. Estas condensaciones son el origen de mohos y humedades, que no solo deterioran los acabados, sino que afectan a la calidad del aire interior y a la salud de los usuarios. En muchos casos, el problema no está en la ventilación ni en el uso del edificio, sino en **un puente térmico mal resuelto en obra**.

Otro error habitual es pensar que los puentes térmicos solo se producen en edificios antiguos o mal diseñados. En realidad, **también aparecen en edificios nuevos** cuando la ejecución no respeta los detalles previstos. Cambios de material, ajustes improvisados, falta de coordinación entre oficios o decisiones tomadas "para facilitar la colocación" suelen generar discontinuidades térmicas no contempladas en proyecto. Desde este punto de vista, el puente térmico es, en muchos casos, **una consecuencia directa de la ejecución**, no del diseño.

La prevención de puentes térmicos exige una **visión global del cerramiento**. No se trata de aislar por partes, sino de garantizar una envolvente continua, sin interrupciones, desde la cimentación hasta la cubierta. En obra, esto requiere anticipación, lectura correcta de planos y comunicación entre los distintos oficios. El aislamiento de un frente de forjado, por ejemplo, debe coordinarse con la ejecución de la fachada y no dejarse como un remate posterior.

Desde el punto de vista normativo, los puentes térmicos tienen cada vez mayor peso en el cálculo energético y en la justificación de la eficiencia del edificio. Sin embargo, más allá de la normativa, su correcta resolución es una **cuestión de calidad constructiva**. Un edificio sin puentes térmicos importantes es más eficiente, más confortable y duradero, independientemente de la tecnología que incorpore.

En conclusión, el puente térmico representa el mejor ejemplo de cómo **la eficiencia energética se gana o se pierde en los detalles**. Para el trabajador de la construcción, identificar estos puntos críticos y ejecutarlos correctamente supone asumir un papel activo en el comportamiento energético del edificio. No es una tarea secundaria ni un requisito burocrático, sino una responsabilidad técnica que condiciona el rendimiento del edificio durante toda su vida útil.

10. Ventilación: Ventilación Natural y Mecánica

La **ventilación** es un elemento esencial en la eficiencia energética y en la salubridad del edificio, aunque durante mucho tiempo se ha tratado en obra como un aspecto secundario. Ventilar no significa únicamente "abrir ventanas", sino **renovar el aire interior de forma controlada**, garantizando unas condiciones adecuadas de calidad del aire sin penalizar innecesariamente el comportamiento energético del edificio.

En este equilibrio entre salubridad y eficiencia reside la importancia de comprender bien los distintos sistemas de ventilación.

La **ventilación natural** es la forma más tradicional de renovación del aire. Se basa en la apertura de huecos —ventanas, puertas o rejillas— aprovechando la diferencia de presiones y temperaturas entre el interior y el exterior. En climas suaves y edificios poco exigentes energéticamente, este sistema puede resultar suficiente. Sin embargo, desde el punto de vista de la eficiencia energética, la ventilación natural presenta **importantes limitaciones**, ya que es difícil de controlar y suele provocar pérdidas térmicas significativas, especialmente en invierno y verano.

En obra, la ventilación natural se asocia a menudo a la idea de que "el edificio respira", pero esta expresión puede llevar a confusión. Un edificio no debe "respirar" de forma incontrolada, sino **ventilarse de manera intencionada**.

Cuando la renovación del aire se produce por filtraciones, fisuras o huecos mal sellados, no se está ventilando correctamente, sino perdiendo energía. Por ello, la ventilación natural solo es efectiva cuando se produce de forma consciente y puntual, no como consecuencia de defectos constructivos.

La **ventilación mecánica**, por su parte, consiste en la renovación del aire mediante sistemas específicos que extraen aire viciado e introducen aire limpio de forma controlada. Estos sistemas permiten regular caudales, horarios y recorridos del aire, adaptándose al uso real del edificio. Desde el punto de vista energético, la ventilación mecánica bien diseñada es más eficiente que la natural permanente, ya que **reduce pérdidas innecesarias** y garantiza una calidad del aire constante.

En edificios actuales, especialmente aquellos con altos niveles de estanqueidad, la ventilación mecánica es imprescindible. Un edificio estanco sin un sistema de ventilación adecuado genera problemas de humedad, condensaciones y mala calidad del aire. Por este motivo, la normativa exige sistemas de ventilación controlada que aseguren la renovación mínima necesaria sin comprometer la eficiencia energética.

Un aspecto especialmente relevante es la **ventilación mecánica con recuperación de calor**. En estos sistemas, el aire que se extrae del interior cede parte de su energía térmica al aire limpio que entra desde el exterior, reduciendo así las pérdidas asociadas a la ventilación. Desde la obra, esto implica una ejecución cuidadosa de conductos, sellados y aislamientos, ya que cualquier fuga o mala colocación reduce significativamente la eficacia del sistema.

Es importante destacar que la ventilación, sea natural o mecánica, **no puede improvisarse en obra**. La ubicación de rejillas, conductos y equipos forma parte del sistema energético del edificio y debe respetarse estrictamente. Cambios de última hora, reducciones de secciones o anulaciones de elementos por comodidad generan desequilibrios que afectan tanto al confort como al consumo energético.

En conclusión, la ventilación es un componente clave del edificio eficiente. Comprender la diferencia entre ventilación natural y mecánica permite al trabajador ejecutar correctamente las soluciones previstas, evitar errores habituales y entender que **un edificio eficiente no es un edificio cerrado**, sino un edificio que renueva el aire de forma controlada, saludable y energéticamente racional.

11. El Papel del Trabajador en la Correcta Interpretación del Lenguaje Técnico

La eficiencia energética en edificación no depende únicamente de cálculos, normativas o decisiones de proyecto, sino de la **correcta interpretación y aplicación del lenguaje técnico en obra**. En este sentido, el trabajador de la construcción desempeña un papel fundamental, ya que es quien transforma los documentos técnicos en soluciones reales.

Cuando el lenguaje técnico no se comprende o se interpreta de forma parcial, el resultado final puede alejarse significativamente del comportamiento energético previsto.

El lenguaje de la eficiencia energética está compuesto por **términos específicos**: demanda, consumo, transmitancia, estanqueidad, puente térmico, ventilación, energía primaria, que no son conceptos teóricos aislados, sino **instrucciones implícitas de ejecución**. Entender su significado permite al operario saber qué es crítico y qué no, qué puede modificarse y qué debe respetarse estrictamente.

Cuando estos términos se perciben como “palabras de proyecto” ajenas a la obra, se pierde su verdadero sentido técnico.

Uno de los problemas más habituales es la **lectura literal pero no funcional** de planos y memorias. El trabajador puede ejecutar una solución exactamente "como está dibujada" sin comprender por qué se hace así, y ante una dificultad en obra, optar por una alternativa aparentemente equivalente que, sin embargo, **rompe el comportamiento energético del conjunto**.

Por ejemplo, desplazar un aislamiento, interrumpir una capa o modificar un encuentro puede parecer una solución práctica, pero supone alterar parámetros clave como la continuidad térmica o la estanqueidad al aire.

La correcta interpretación del lenguaje técnico también implica **detectar incoherencias o errores antes de ejecutar**. Un trabajador formado en eficiencia energética es capaz de identificar un posible puente térmico no resuelto, una discontinuidad en el aislamiento o un conflicto entre oficios que afecte al sistema energético. En estos casos, su papel no es es solo ejecutar, sino **comunicar**, plantear la duda y coordinar la solución adecuada. Esta actitud preventiva es uno de los mayores valores añadidos en la obra actual.

Además, el lenguaje técnico permite entender que la eficiencia energética **no se logra por acumulación de materiales**, sino por coherencia entre soluciones. Un aislamiento de alta calidad no sirve si se interrumpe; una carpintería eficiente pierde prestaciones si se instala sin sellado; una ventilación mecánica no funciona si el edificio no es estanco. El trabajador que domina este lenguaje comprende la lógica del sistema y actúa en consecuencia, evitando errores que no siempre son visibles en el momento de la ejecución.

Otro aspecto clave es la **responsabilidad individual dentro del sistema colectivo**. Cada oficio interviene en una parte del edificio, pero todos afectan al resultado energético global. Cuando el trabajador entiende el lenguaje técnico, deja de ver su tarea como aislada y pasa a formar parte de un sistema interrelacionado. Esto mejora la coordinación, reduce conflictos entre oficios y eleva la calidad final del edificio.

En conclusión, la eficiencia energética exige un cambio de enfoque en la obra: del simple cumplimiento de partidas a la **comprensión del porqué de cada solución**. El trabajador que interpreta correctamente el lenguaje técnico no solo ejecuta mejor, sino que contribuye activamente a que el edificio cumpla su función energética, sea más confortable y tenga un menor impacto ambiental. En este contexto, el conocimiento técnico aplicado se convierte en una herramienta esencial de calidad y profesionalidad en la construcción actual.

Resumen

La eficiencia energética en edificación se define como la capacidad de un edificio para proporcionar condiciones adecuadas de confort térmico, salubridad y uso con el menor consumo posible de energía, sin comprometer la calidad constructiva ni la durabilidad. No se trata únicamente de ahorrar energía, sino de emplearla de manera racional, reduciendo pérdidas innecesarias y asegurando que cada elemento del edificio cumpla correctamente su función dentro de un sistema global.

Uno de los conceptos fundamentales es la reducción de la demanda energética. La demanda representa la cantidad de energía que el edificio necesita para mantener unas condiciones interiores confortables, principalmente en calefacción y refrigeración. Esta depende casi exclusivamente de las características físicas del edificio, especialmente de la calidad de su envolvente: aislamiento, continuidad térmica, control de puentes térmicos y estanqueidad al aire. Un edificio bien ejecutado tendrá menor demanda y, por tanto, necesitará menos energía para funcionar correctamente.

Es esencial diferenciar entre demanda energética y consumo energético. Mientras la demanda se relaciona con cómo está construido el edificio, el consumo hace referencia a la energía que realmente utilizan las instalaciones para cubrir esa demanda. El consumo depende tanto de los equipos instalados como del uso que haga el usuario. Sin embargo, ningún sistema eficiente puede compensar una envolvente mal ejecutada. Por ello, la prioridad siempre debe ser reducir la demanda antes de optimizar el consumo.

También se distinguen tres niveles de energía: energía útil, energía final y energía primaria. La energía útil es la que percibe directamente el usuario en forma de calor, frío o iluminación. La energía final es la que llega al edificio y se consume para producir esa energía útil, como la electricidad o el gas. La energía primaria incluye, además, las pérdidas derivadas de la producción y transporte de esa energía hasta el edificio. Esta clasificación permite entender que la eficiencia no se mide solo por lo que se consume en el interior, sino por el impacto energético global asociado al edificio.

La transmitancia térmica, conocida como valor U, es otro concepto clave. Indica la cantidad de calor que atraviesa un cerramiento cuando existe diferencia de temperatura entre el interior y el exterior. Cuanto menor es el valor U, mejor es el comportamiento térmico del elemento. Sin embargo, el valor calculado en proyecto solo se cumple si la ejecución es correcta. Reducir espesores, comprimir aislamientos o interrumpir su continuidad empeora el comportamiento real del cerramiento, aunque aparentemente se hayan utilizado materiales adecuados.

El aislamiento térmico tiene como función dificultar el paso del calor. No genera calor ni frío, ni compensa otros defectos constructivos. Su eficacia depende de su correcta colocación, del espesor previsto y de su continuidad. No todos los materiales pesados aíslan, ni una simple cámara de aire sustituye a un aislamiento diseñado técnicamente. Un aislamiento mal colocado, húmedo o comprimido pierde gran parte de su capacidad.

Relacionado con el comportamiento térmico aparece la inercia térmica, que es la capacidad de un edificio o de sus materiales para acumular calor y liberarlo lentamente. Mientras el aislamiento reduce las pérdidas, la inercia estabiliza la temperatura interior, amortiguando cambios bruscos. Ambos conceptos son complementarios y deben equilibrarse correctamente para lograr un edificio eficiente y confortable.

La estanqueidad al aire es otro factor determinante. Consiste en impedir el paso incontrolado de aire a través de la envolvente. Las filtraciones generan pérdidas energéticas constantes, disconfort y riesgo de condensaciones. Es importante distinguir entre ventilación controlada, necesaria para garantizar la calidad del aire interior, y filtraciones no deseadas, que suponen pérdidas energéticas. La estanqueidad no se logra solo con aislamiento, sino mediante sellados continuos y correcta ejecución de encuentros.

En este contexto, los puentes térmicos representan puntos donde la transmisión de calor es mayor debido a discontinuidades en el aislamiento, cambios de material o geometrías desfavorables. Aunque ocupen poca superficie, tienen un impacto significativo en la demanda energética y pueden provocar zonas frías y aparición de humedad. Su correcta resolución depende del respeto a los detalles constructivos y de la continuidad de la envolvente térmica.

La ventilación completa el sistema energético del edificio. Puede ser natural, basada en la apertura de huecos, o mecánica, mediante sistemas que controlan la renovación del aire. En edificios actuales con alta estanqueidad, la ventilación mecánica controlada es fundamental para garantizar calidad del aire sin incrementar innecesariamente el consumo energético. En algunos casos, los sistemas incorporan recuperación de calor, reduciendo las pérdidas asociadas a la renovación del aire.

Finalmente, la correcta interpretación del lenguaje técnico es clave para que todos estos conceptos se materialicen adecuadamente en obra. Términos como demanda, transmitancia, estanqueidad o puente térmico no son expresiones teóricas, sino indicaciones prácticas que orientan la ejecución. Comprender su significado permite evitar errores, respetar los detalles previstos y asumir que cada decisión constructiva influye en el comportamiento energético del edificio durante toda su vida útil.

En conjunto, el dominio de esta terminología no solo mejora la calidad técnica de la ejecución, sino que convierte al trabajador en una parte activa del sistema energético del edificio, contribuyendo directamente a su eficiencia, confort y sostenibilidad.

AUTOEVALUACIÓN

1. ¿Cómo se define la eficiencia energética en edificación?

   A. Como la reducción total del consumo energético sin importar el confort.

   B. Como la capacidad del edificio para ofrecer confort con el menor consumo posible de energía.

   C. Como la instalación de equipos de climatización de alta potencia.

   D. Como el uso exclusivo de energías renovables.

2. ¿Qué es la demanda energética?

   A. La energía que realmente paga el usuario en la factura.

   B. La energía total producida por las centrales eléctricas.

   C. La cantidad de energía que el edificio necesita para mantener condiciones de confort.

   D. La potencia máxima de los equipos instalados.

3. ¿Cuál es la principal diferencia entre demanda y consumo energético?

   A. La demanda depende del usuario y el consumo no.

   B. La demanda es teórica y el consumo es la energía realmente utilizada.

   C. El consumo solo se refiere a electricidad.

   D. No existe diferencia entre ambos conceptos.

4. ¿Qué representa la energía útil?

   A. La energía necesaria para transportar la electricidad.

   B. La energía que se pierde en la generación.

   C. La energía que realmente percibe el usuario como calor, frío o luz.

   D. La energía acumulada en los materiales de construcción.

5. ¿Qué indica un valor U bajo en un cerramiento?

   A. Que deja pasar más calor.

   B. Que el material es más pesado.

   C. Que el cerramiento tiene peor aislamiento.

   D. Que el elemento deja pasar menos calor y tiene mejor comportamiento térmico.

6. ¿Cuál es la función principal del aislamiento térmico?

   A. Generar calor en invierno.
   B. Dificultar el paso del calor a través del cerramiento.
   C. Sustituir la ventilación del edificio.
   D. Aumentar la masa térmica del edificio.

7. ¿Qué es la inercia térmica?

   A. La capacidad de un material ligero para aislar.
   B. La capacidad de un elemento para acumular y liberar calor lentamente.
   C. La resistencia del edificio al viento.
   D. La cantidad de energía eléctrica consumida.

8. ¿Qué caracteriza a una filtración de aire?

   A. Es una ventilación controlada.
   B. Es una entrada o salida de aire no deseada que genera pérdidas energéticas.
   C. Mejora la eficiencia energética.
   D. Sustituye la necesidad de ventilación mecánica.

9. ¿Dónde suelen aparecer los puentes térmicos con mayor frecuencia?

   A. En el centro de los muros homogéneos.
   B. En las instalaciones eléctricas únicamente.
   C. En los encuentros entre elementos constructivos.
   D. En el mobiliario interior.

10. ¿Cuál es el papel del trabajador en la eficiencia energética?

   A. Limitarse a ejecutar sin interpretar los planos.
   B. Sustituir materiales para facilitar la obra.
   C. Comprender el lenguaje técnico y respetar las soluciones previstas en proyecto.
   D. Priorizar la rapidez sobre la calidad.

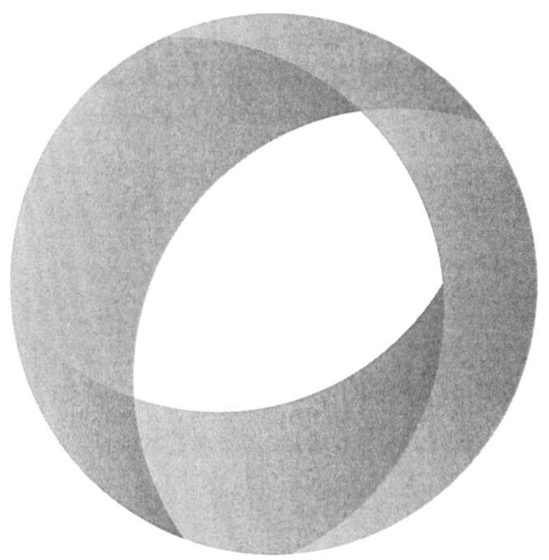

UNIDAD

1.2. El Edificio como Sistema Energético

Contenido de la Unidad

- El Edificio como Conjunto de Elementos Interrelacionados
- Envolvente Térmica: Concepto y Componentes
- Interacción entre Cerramientos, Huecos e Instalaciones
- Balance energético del edificio: cómo entra y cómo se pierde la energía
- Edificios de bajo consumo, EECN y Edificios Pasivos
- Confort higrotérmico y calidad del aire interior
- Influencia del Clima y la Orientación
- Uso del Edificio y Comportamiento del Usuario
- Fallos de Ejecución que Rompen el Sistema Energético
- Importancia de la Continuidad de Soluciones
- El Operario como Parte Activa del Sistema Energético
- Consecuencias de una Mala Ejecución sobre el Conjunto del Edificio
- Resumen
- Autoevaluación

1. El Edificio como Conjunto de Elementos Interrelacionados

El edificio, desde el punto de vista de la eficiencia energética, **no puede entenderse como una suma de elementos independientes**, sino como un **sistema en el que todas las partes están relacionadas entre sí**. Cada componente —cerramientos, huecos, estructura, instalaciones y acabados— influye en el comportamiento energético global. Cuando uno de estos elementos falla o se ejecuta de forma incorrecta, el sistema completo se resiente, aunque el resto esté bien resuelto.

En obra, es habitual trabajar por partidas: fachada, cubierta, carpinterías, instalaciones, etc. Este modo de organización es necesario, pero puede generar una visión fragmentada del edificio. La eficiencia energética exige ir un paso más allá y entender que **lo que ocurre en un punto afecta a otros**, incluso a elementos que aparentemente no están relacionados. Por ejemplo, una mala estanqueidad en un encuentro de fachada no solo provoca filtraciones de aire, sino que altera el funcionamiento de la ventilación, incrementa la demanda térmica y obliga a las instalaciones a trabajar en peores condiciones.

La envolvente térmica es el elemento que más claramente muestra esta interrelación. Fachadas, cubiertas y suelos deben trabajar de forma conjunta para proteger el interior del edificio frente al exterior. Si uno de estos elementos presenta un comportamiento deficiente, el conjunto pierde eficacia. Un aislamiento bien ejecutado en fachada pierde parte de su efecto si la cubierta no tiene continuidad térmica o si el encuentro con el suelo genera un puente térmico importante. Desde la obra, esto implica que **no basta con ejecutar bien "lo propio"**, sino que es necesario coordinarse con el resto de los oficios y fases de ejecución.

Las instalaciones también forman parte del sistema energético del edificio. No son elementos ajenos a la construcción, sino **respuestas técnicas a las necesidades creadas por el propio edificio**. Un edificio con alta demanda requiere instalaciones más potentes; uno con una envolvente eficiente permite sistemas más sencillos y un consumo reducido.

Por tanto, cuando en obra se deteriora el comportamiento de la envolvente, se está condicionando directamente el rendimiento de las instalaciones, aunque estas se ejecuten correctamente.

Otro aspecto clave es la relación entre **estructura y eficiencia energética**. Pilares, forjados y elementos estructurales atraviesan la envolvente y, si no se tratan adecuadamente, generan puentes térmicos que rompen la continuidad del sistema. Desde la obra, estos puntos suelen resolverse “como siempre”, priorizando la facilidad de ejecución, cuando en realidad requieren soluciones específicas para mantener el equilibrio energético del conjunto.

El edificio como sistema también incluye el **uso y mantenimiento**. Un sistema bien construido facilita un uso eficiente y reduce la dependencia de ajustes constantes. En cambio, un edificio mal ejecutado obliga al usuario a compensar con mayor consumo energético, lo que demuestra que el sistema no funciona de forma equilibrada. Este resultado no es atribuible a un solo elemento, sino a la **interacción defectuosa entre varios.**

En conclusión, entender el edificio como un conjunto de elementos interrelacionados es fundamental para la eficiencia energética. Desde la obra, esto supone asumir que **cada decisión constructiva tiene efectos más allá de su propia partida**, y que la calidad energética final depende de la coherencia y continuidad del sistema completo. El trabajador que comprende esta visión global contribuye de forma decisiva a que el edificio funcione como un todo eficiente y no como una suma de soluciones aisladas.

2. Envolvente Térmica: Concepto y Componentes

La **envolvente térmica** es el conjunto de elementos constructivos que **separan el interior del edificio del ambiente exterior** y que, por tanto, condicionan de forma directa su comportamiento energético. Desde el punto de vista de la eficiencia energética, la envolvente actúa como la **primera línea de defensa** frente a las pérdidas de calor en invierno y las ganancias térmicas en verano. Su correcta ejecución es determinante para reducir la demanda energética y garantizar el confort interior.

En términos prácticos, forman parte de la envolvente térmica **las fachadas, las cubiertas, los suelos en contacto con el terreno o con espacios no habitables, los huecos (ventanas y puertas) y todos los encuentros entre estos elementos**. No se trata únicamente de grandes superficies, sino también de zonas singulares donde se producen cambios de plano, material o geometría. En obra, es habitual centrarse en las superficies principales y descuidar estos puntos, cuando en realidad **son los más sensibles desde el punto de vista energético**.

Uno de los aspectos clave de la envolvente térmica es que debe funcionar como un **conjunto continuo y homogéneo**. Esto significa que el aislamiento, la estanqueidad y el control de la humedad deben mantenerse sin interrupciones desde la cimentación hasta la cubierta.

Cuando esta continuidad se rompe, aparecen pérdidas energéticas, puentes térmicos y problemas de condensaciones. Desde la obra, respetar esta continuidad exige atención a los detalles y una correcta coordinación entre las distintas fases de ejecución.

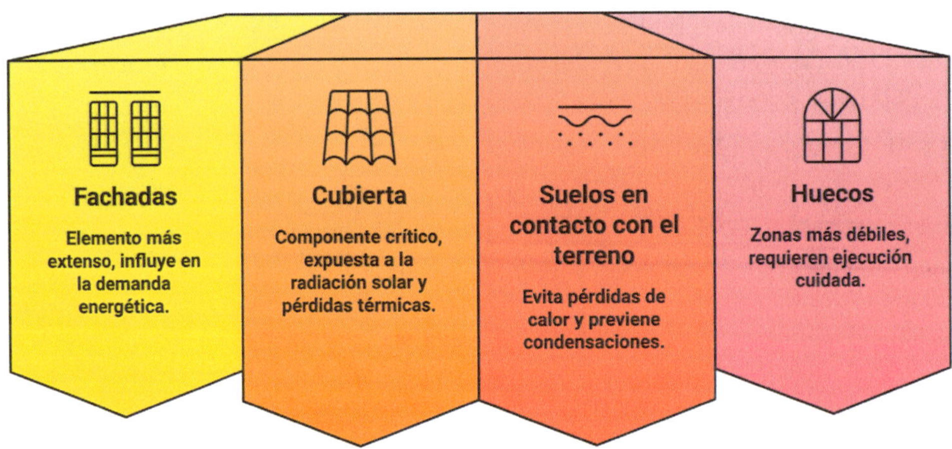

Las **fachadas** suelen ser el elemento más extenso de la envolvente y, por tanto, uno de los que más influye en la demanda energética. Su comportamiento depende del tipo de cerramiento, del aislamiento incorporado, de su espesor, de la disposición de capas y de la correcta resolución de encuentros con forjados, pilares y huecos. En obra, pequeñas modificaciones en estos puntos pueden alterar significativamente el comportamiento térmico global del edificio.

La **cubierta** es otro componente crítico de la envolvente. Al estar expuesta directamente a la radiación solar y a las pérdidas térmicas por convección, una cubierta mal aislada puede convertirse en una de las principales fuentes de demanda energética. Desde la obra, es fundamental proteger correctamente el aislamiento de la cubierta, evitar aplastamientos, garantizar la continuidad con las fachadas y respetar las soluciones de impermeabilización previstas.

Los **suelos en contacto con el terreno** o con espacios no climatizados forman también parte de la envolvente térmica, aunque con frecuencia se les presta menos atención. En estos elementos, el aislamiento es clave para evitar pérdidas de calor hacia el terreno o hacia espacios fríos, así como para prevenir condensaciones y sensaciones de suelo frío en el interior. Una ejecución deficiente en estos puntos afecta directamente al confort del usuario.

Los **huecos** constituyen las zonas más débiles de la envolvente térmica. Ventanas y puertas tienen valores de transmitancia más altos que los cerramientos opacos y requieren una ejecución especialmente cuidada. Desde la obra, no basta con colocar carpinterías de calidad; es imprescindible garantizar su correcta integración con el resto del cerramiento, evitando discontinuidades del aislamiento y filtraciones de aire.

En conclusión, la envolvente térmica es el elemento clave del sistema energético del edificio. Su correcta ejecución no depende solo de los materiales elegidos, sino de cómo se colocan, cómo se conectan entre sí y **cómo se resuelven los detalles constructivos**. El trabajador que comprende el papel de la envolvente térmica entiende que su labor es esencial para que el edificio sea eficiente, confortable y duradero, y que cada error en su ejecución tiene consecuencias directas sobre el comportamiento energético del conjunto.

3. Interacción entre Cerramientos, Huecos e Instalaciones

En un edificio energéticamente eficiente, **cerramientos, huecos e instalaciones no funcionan de manera independiente**, sino que forman un sistema interrelacionado. La eficiencia energética no se consigue optimizando cada elemento por separado, sino asegurando que **todos trabajen de forma coordinada**. Desde la obra, esta interacción es especialmente relevante, ya que muchos de los problemas energéticos aparecen precisamente en los puntos donde confluyen distintos sistemas.

Los **cerramientos opacos** (fachadas, cubiertas y suelos) constituyen la base del comportamiento térmico del edificio. Su función es limitar las pérdidas y ganancias de calor, proporcionando estabilidad térmica al interior. Sin embargo, esta función se ve condicionada por la presencia de huecos, que son inevitablemente los puntos más débiles de la envolvente. Ventanas y puertas interrumpen el cerramiento continuo y presentan valores de transmitancia más elevados, por lo que su diseño y ejecución influyen de manera directa en la demanda energética.

EFICIENCIA ENERGÉTICA: UN SISTEMA INTERRELACIONADO

Cerramientos + Huecos + Instalaciones

Cerramientos Aislados

- Fachadas,
- Cubierta
- Suelo

Instalaciones Eficientes

- Climatización
- Ventilación

PUNTOS CRÍTICOS EN OBRA

1 Puentes Tèrmicos

2 Filtraciones de Aire

INTEGRACIÓN DE SISTEMAS

CONTROL DE LA ESTANQUEIDAD

VISIÓN GLOBAL DEL EDIFICIO

Ejecución Cuidadosa → Respeto al Proyecto → Coordinación entre Oficios

La interacción entre cerramientos y huecos no se limita al tipo de carpintería o al vidrio elegido. En obra, el punto crítico es la **unión entre ambos**, donde suelen aparecer discontinuidades del aislamiento, filtraciones de aire y puentes térmicos. Una fachada bien aislada pierde gran parte de su eficacia si la ventana no se integra correctamente en el plano térmico del cerramiento. Por este motivo, la colocación de huecos debe considerarse una operación energética, no solo constructiva o estética.

Las **instalaciones** entran en juego como respuesta a las necesidades generadas por la envolvente. Un edificio con cerramientos eficientes y huecos bien resueltos requiere menos energía para climatizarse, lo que permite instalar sistemas más sencillos y de menor potencia. En cambio, cuando la envolvente presenta deficiencias, las instalaciones se ven obligadas a compensar esas pérdidas, incrementando el consumo y reduciendo su rendimiento real. Desde este punto de vista, **las instalaciones no corrigen una mala envolvente**, solo intentan paliar sus efectos.

En obra, esta relación se hace evidente cuando se producen modificaciones aparentemente menores. Por ejemplo, desplazar una ventana respecto a su posición prevista, reducir el espesor de un aislamiento o alterar un encuentro puede obligar a recalcular instalaciones o provocar desequilibrios en su funcionamiento. Sin embargo, estos efectos no siempre se perciben de inmediato, sino que aparecen durante el uso del edificio, cuando el sistema ya está cerrado y es difícil de corregir.

Otro aspecto clave es la **interacción entre las instalaciones y la estanqueidad del edificio**. Sistemas como la ventilación mecánica controlada solo funcionan correctamente si el edificio es estanco. Si existen filtraciones de aire no controladas, el recorrido del aire se altera y el sistema pierde eficacia. De igual modo, las perforaciones necesarias para las instalaciones deben ejecutarse de forma que no rompan la continuidad del aislamiento ni de la capa estanca, algo que en obra requiere planificación y coordinación entre oficios.

La correcta interacción entre cerramientos, huecos e instalaciones exige una visión global del edificio. No se trata de ejecutar cada partida de forma correcta de manera aislada, sino de entender cómo afecta al conjunto. El trabajador que comprende esta relación es capaz de anticipar problemas, respetar los detalles de proyecto y evitar soluciones improvisadas que comprometan el sistema energético.

En conclusión, la eficiencia energética depende de la coherencia entre cerramientos, huecos e instalaciones. Desde la obra, esta coherencia se logra mediante una ejecución cuidadosa, respeto al proyecto y coordinación entre oficios. Cuando estos elementos interactúan correctamente, el edificio funciona como un sistema equilibrado, eficiente y confortable durante toda su vida útil.

4. BALANCE ENERGÉTICO DEL EDIFICIO: CÓMO ENTRA Y CÓMO SE PIERDE LA ENERGÍA

Para comprender el comportamiento energético de un edificio es imprescindible entender **por dónde entra la energía y por dónde se pierde**. Este análisis no es solo teórico, sino profundamente práctico, ya que permite identificar qué elementos y qué decisiones de obra influyen directamente en el consumo energético final. Desde el punto de vista de la eficiencia, un edificio no es un sistema cerrado: **intercambia energía continuamente con el exterior**, y la forma en que se controla ese intercambio determina su rendimiento.

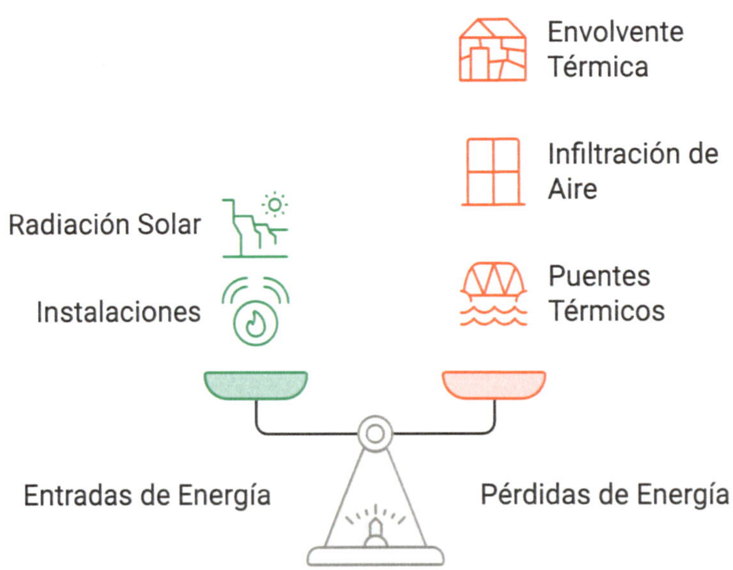

La energía **entra en el edificio principalmente por dos vías**.

- La primera es la **radiación solar**, que incide sobre fachadas, cubiertas y huecos. Esta entrada puede ser beneficiosa o perjudicial según la época del año y la forma en que se gestione. En invierno, una correcta captación solar puede reducir la necesidad de calefacción; en verano, una entrada excesiva de radiación incrementa la demanda de refrigeración. Desde la obra, esto se traduce en la importancia de respetar protecciones solares, retranqueos, aleros, persianas, toldos o sistemas de sombreado previstos en proyecto.
- La segunda vía de entrada de energía es la **aportación de las instalaciones**. Calefacción, refrigeración, producción de agua caliente sanitaria e iluminación introducen energía en el edificio para cubrir las necesidades de uso. Esta energía debería emplearse únicamente para compensar las pérdidas inevitables y garantizar el confort. Sin embargo, cuando el edificio presenta deficiencias constructivas, las instalaciones se convierten en un parche permanente, trabajando más de lo necesario para mantener condiciones mínimas.

En cuanto a las **pérdidas de energía**, estas se producen principalmente a través de la envolvente térmica. Fachadas, cubiertas, suelos y huecos permiten la transmisión de calor por conducción, convección y radiación. Cuanto peor sea el aislamiento o mayor sea la transmitancia de estos elementos, mayor será la energía que se pierde en invierno o que entra en verano. Desde la obra, cualquier discontinuidad del aislamiento o reducción de espesores incrementa directamente estas pérdidas.

Otra vía fundamental de pérdida energética es la **infiltración de aire no controlada**. Las filtraciones provocan la salida de aire climatizado y la entrada de aire exterior sin tratamiento, lo que obliga a las instalaciones a compensar continuamente estas pérdidas. Este fenómeno es especialmente crítico en invierno, cuando el aire frío entra en el edificio, y en verano, cuando el aire caliente incrementa la carga térmica interior. En obra, estas pérdidas suelen estar asociadas a juntas mal selladas, huecos mal colocados o pasos de instalaciones sin resolver.

También se producen pérdidas energéticas a través de los **puentes térmicos**, que actúan como atajos para el flujo de calor. Aunque ocupan una superficie reducida, su efecto acumulado puede ser muy significativo. Desde el punto de vista del usuario, estas pérdidas se manifiestan en zonas frías, condensaciones y disconfort, pero su origen está en decisiones constructivas tomadas en obra.

Es importante señalar que **todas estas vías de entrada y salida de energía interactúan entre sí**. Un aumento de pérdidas por un elemento obliga a introducir más energía por otro, normalmente a través de las instalaciones. Por eso, la eficiencia energética no se logra aumentando la potencia de los sistemas, sino **controlando y reduciendo las pérdidas desde el origen.**

En conclusión, entender cómo entra y cómo se pierde la energía en un edificio permite al trabajador identificar los puntos críticos de la ejecución. Cada error en obra abre una vía de pérdida que acompañará al edificio durante toda su vida útil. Ejecutar correctamente cerramientos, sellados y detalles constructivos es la forma más eficaz de controlar el flujo energético y garantizar un edificio eficiente, confortable y sostenible.

5. Edificios de bajo consumo, EECN y Edificios Pasivos

La evolución de la eficiencia energética en edificación ha dado lugar a modelos constructivos cada vez más exigentes, orientados a reducir la demanda energética y a mejorar el confort interior con el menor consumo posible. Dentro de este contexto aparecen conceptos como edificios de bajo consumo, edificios de energía casi nula y edificios pasivos. Aunque no son exactamente lo mismo, todos comparten una idea común: el edificio debe necesitar poca energía para funcionar correctamente.

Desde el punto de vista de la obra, estos conceptos no deben entenderse como etiquetas comerciales o exigencias exclusivamente de proyecto. Un edificio solo puede considerarse eficiente si las soluciones previstas se ejecutan correctamente. De nada sirve diseñar una envolvente de altas prestaciones, seleccionar buenos materiales o prever sistemas de ventilación eficientes si durante la construcción se generan discontinuidades en el aislamiento, filtraciones de aire, puentes térmicos o errores en la colocación de carpinterías.

Un **edificio de bajo consumo** es aquel que reduce de forma significativa sus necesidades energéticas en comparación con un edificio convencional. Para conseguirlo, se actúa principalmente sobre la demanda energética, mejorando la envolvente térmica, aumentando el aislamiento, cuidando la orientación, controlando la radiación solar, reduciendo infiltraciones y resolviendo adecuadamente los encuentros constructivos. El objetivo es que el edificio necesite menos calefacción en invierno y menos refrigeración en verano.

En estos edificios, la eficiencia no depende de una única solución, sino del funcionamiento conjunto de todos los elementos. La fachada, la cubierta, los suelos, las ventanas, los encuentros y las instalaciones deben trabajar de forma coordinada. Si una parte falla, el comportamiento energético global se resiente. Por ello, la calidad de ejecución en obra es determinante para que el bajo consumo previsto en el proyecto se convierta en un resultado real.

Los **Edificios de Energía Casi Nula,** conocidos habitualmente como **EECN**, representan un nivel más avanzado de exigencia energética. Se caracterizan por tener una demanda energética muy reducida y por cubrir una parte importante de sus necesidades mediante energía procedente de fuentes renovables o sistemas de alta eficiencia. En este tipo de edificios, la reducción de la demanda es prioritaria, porque cuanto menos energía necesite el edificio, más fácil será cubrirla con sistemas eficientes o renovables.

En un EECN, la envolvente térmica adquiere un papel fundamental. El aislamiento debe ejecutarse con continuidad, los huecos deben colocarse correctamente, la estanqueidad al aire debe cuidarse de forma rigurosa y los puentes térmicos deben reducirse al mínimo. Además, la ventilación debe garantizar la calidad del aire interior sin provocar pérdidas energéticas innecesarias. Por este motivo, es habitual recurrir a sistemas de ventilación mecánica controlada, en algunos casos con recuperación de calor.

Los **edificios pasivos** se basan en una estrategia todavía más estricta de reducción de la demanda. Su objetivo principal es mantener unas condiciones interiores confortables aprovechando al máximo los recursos pasivos del edificio: orientación, aislamiento, soleamiento, protección solar, compacidad, estanqueidad e inercia térmica. En estos edificios, las instalaciones tienen un papel secundario respecto a la calidad de la envolvente, ya que el edificio está diseñado para necesitar muy poca energía.

Un edificio pasivo no significa un edificio sin instalaciones, ni un edificio que dependa únicamente del sol o de la ventilación natural. Significa que la construcción está pensada para conservar la energía en invierno, evitar el sobrecalentamiento en verano y mantener una temperatura interior estable con una demanda mínima. Para ello, es imprescindible que la envolvente se ejecute como una piel continua, sin interrupciones ni puntos débiles.

Desde la obra, los edificios pasivos exigen especial atención a los detalles. La continuidad del aislamiento debe mantenerse en fachadas, cubiertas, suelos, huecos y encuentros. La estanqueidad al aire debe resolverse mediante sellados adecuados y capas continuas. Las carpinterías deben colocarse en la posición prevista respecto al plano térmico. Los pasos de instalaciones deben sellarse correctamente. Cualquier pequeño error repetido puede comprometer el comportamiento energético previsto.

Aunque los edificios de bajo consumo, los EECN y los edificios pasivos tienen distintos niveles de exigencia, todos se apoyan en los mismos principios básicos: reducir la demanda, controlar las pérdidas energéticas, garantizar el confort interior y ejecutar correctamente las soluciones previstas. La diferencia está en el grado de precisión y exigencia con el que se aplican estos principios.

Para el trabajador de la construcción, estos modelos refuerzan una idea esencial: la eficiencia energética no se consigue solo con buenos materiales o con equipos modernos, sino con una ejecución rigurosa. Un aislamiento mal colocado, una junta sin sellar, una ventana mal integrada o un puente térmico no resuelto pueden impedir que el edificio alcance las prestaciones previstas, aunque el proyecto sea correcto.

En conclusión, los edificios de bajo consumo, los EECN y los edificios pasivos representan distintas formas de avanzar hacia una edificación más eficiente, confortable y sostenible. En todos ellos, la obra tiene un papel decisivo. El comportamiento energético final del edificio depende de que cada solución se ejecute con continuidad, precisión y coordinación entre oficios. Por ello, el trabajador no solo construye elementos aislados, sino que contribuye directamente a que el edificio funcione como un sistema energético de altas prestaciones.

6. CONFORT HIGROTÉRMICO Y CALIDAD DEL AIRE INTERIOR

El confort higrotérmico es la sensación de bienestar que experimentan las personas en el interior de un edificio cuando las condiciones de temperatura, humedad y movimiento del aire son adecuadas. En eficiencia energética, este concepto es fundamental, porque **el objetivo no es únicamente reducir el consumo, sino conseguir edificios que consuman menos energía manteniendo unas condiciones interiores saludables y confortables**.

Desde el punto de vista de la obra, el confort higrotérmico depende en gran medida de cómo se ejecuta el edificio. Una envolvente bien aislada, continua y estanca permite mantener temperaturas interiores más estables, evita superficies frías y reduce la necesidad de utilizar intensamente los sistemas de calefacción o refrigeración. Por el contrario, una mala ejecución puede provocar corrientes de aire, zonas frías, sobrecalentamientos, condensaciones y sensación de disconfort, aunque las instalaciones funcionen correctamente.

Uno de los conceptos relacionados con el confort es la temperatura de consigna. Se trata de la temperatura que se fija en el sistema de climatización para mantener el ambiente interior dentro de unos valores considerados adecuados.

Por ejemplo, en invierno puede establecerse una temperatura de calefacción y en verano una temperatura de refrigeración. Sin embargo, que el termostato marque una determinada temperatura no garantiza por sí solo el confort si la envolvente está mal ejecutada o existen superficies frías, infiltraciones o desequilibrios de ventilación.

También es importante distinguir la temperatura de consigna de la temperatura operativa. La temperatura operativa tiene en cuenta no solo la temperatura del aire, sino también la temperatura de las superficies que rodean a las personas, como paredes, ventanas, suelos o techos. Por este motivo, una estancia puede resultar incómoda aunque el aire esté a una temperatura aparentemente correcta, si existen cerramientos fríos, puentes térmicos o huecos mal aislados. En obra, esto demuestra la importancia de ejecutar correctamente la envolvente y los encuentros constructivos.

La humedad relativa es otro factor esencial del confort higrotérmico. Indica la cantidad de vapor de agua presente en el aire en relación con la cantidad máxima que podría contener a una determinada temperatura.

Una humedad demasiado baja puede generar sequedad ambiental, mientras que una humedad elevada favorece la aparición de condensaciones, mohos y sensación de ambiente cargado. En edificios eficientes, el control de la humedad depende de una correcta combinación entre aislamiento, estanqueidad, ventilación y tratamiento de los puentes térmicos.

Las condensaciones son una señal clara de desequilibrio higrotérmico. Pueden aparecer cuando el vapor de agua del aire interior entra en contacto con superficies frías o cuando penetra en el interior de los cerramientos y se enfría. Desde la obra, estos problemas suelen estar relacionados con puentes térmicos, aislamiento discontinuo, barreras de vapor mal colocadas, filtraciones de aire o ventilación insuficiente. Por ello, prevenir condensaciones no es solo una cuestión de uso del edificio, sino también de correcta ejecución constructiva.

La calidad del aire interior está directamente relacionada con el confort y la salud de los usuarios. Un edificio debe renovar el aire para eliminar humedad, olores, contaminantes interiores y dióxido de carbono generado por la ocupación. Sin embargo, esta renovación debe realizarse de forma controlada. Ventilar no significa permitir filtraciones incontroladas, sino garantizar una entrada y salida de aire adecuada, prevista y compatible con la eficiencia energética del edificio.

En edificios actuales, especialmente en aquellos con una elevada estanqueidad, la ventilación adquiere una importancia fundamental. Si el edificio es muy estanco pero no dispone de una ventilación adecuada, pueden aparecer problemas de humedad, ambiente viciado y mala calidad del aire. En cambio, si el edificio presenta filtraciones no controladas, se pierde energía sin garantizar una renovación eficaz. Por ello, la estanqueidad y la ventilación no son conceptos opuestos, sino complementarios: primero se controla por dónde pasa el aire y después se ventila de forma adecuada.

Desde el punto de vista del trabajador de la construcción, el confort higrotérmico y la calidad del aire interior dependen de muchos detalles de ejecución: colocar correctamente el aislamiento, evitar puentes térmicos, sellar juntas, respetar las soluciones de ventilación, proteger los materiales frente a la humedad y no alterar los detalles previstos en proyecto. Cada una de estas actuaciones contribuye a que el edificio mantenga unas condiciones interiores estables, saludables y energéticamente eficientes.

En conclusión, el confort higrotérmico y la calidad del aire interior son objetivos esenciales de la eficiencia energética. Un edificio eficiente no es solo aquel que consume menos, sino aquel que permite vivir o trabajar en condiciones adecuadas de temperatura, humedad y salubridad. Para lograrlo, la correcta ejecución en obra es determinante, ya que los errores en la envolvente, los encuentros, la estanqueidad o la ventilación pueden comprometer tanto el consumo energético como el bienestar de las personas usuarias.

7. Influencia del Clima y la Orientación

El **clima y la orientación del edificio** son factores determinantes en su comportamiento energético y condicionan tanto las soluciones de proyecto como la forma correcta de ejecutarlas en obra.

A diferencia de otros aspectos que pueden modificarse durante la construcción, el clima es una condición **externa e inalterable**, y la orientación, una decisión tomada desde el diseño inicial. Sin embargo, la manera en que se interpretan y se respetan estas condiciones en obra influye directamente en la eficiencia energética final del edificio.

El clima define las **condiciones térmicas exteriores** a las que estará sometido el edificio a lo largo del año: temperaturas medias, oscilaciones térmicas, radiación solar, humedad, viento y régimen de precipitaciones. No es lo mismo construir en un clima frío que en uno cálido, ni en una zona húmeda que en una seca.

Por este motivo, la normativa clasifica el territorio en **zonas climáticas**, estableciendo exigencias distintas para aislamiento, control solar y protección frente a pérdidas o ganancias térmicas. Desde la obra, es esencial entender que **las soluciones constructivas no son universales**, sino que responden a un contexto climático concreto.

La orientación del edificio determina **cómo incide la radiación solar** sobre sus distintas fachadas y huecos. En climas como el nuestro, la orientación sur suele ser la más favorable desde el punto de vista energético, ya que permite aprovechar la radiación solar en invierno y controlarla en verano mediante protecciones adecuadas.

Las orientaciones este y oeste reciben radiación baja y directa, especialmente problemática en verano, mientras que la orientación norte apenas recibe sol directo y es más sensible a las pérdidas térmicas. En obra, respetar la posición, dimensiones y protecciones de los huecos según su orientación es fundamental para que el edificio funcione como se ha previsto.

Un error frecuente en obra es tratar todas las fachadas **como si se comportaran igual**, utilizando las mismas soluciones constructivas independientemente de su orientación. Esto puede dar lugar a sobrecalentamientos en verano o a pérdidas excesivas en invierno.

Por ejemplo, eliminar o modificar protecciones solares en una fachada oeste puede incrementar notablemente la demanda de refrigeración, aunque el resto del edificio esté bien ejecutado. Del mismo modo, una fachada norte mal aislada penaliza el comportamiento térmico global, aunque las orientaciones más favorables estén correctamente resueltas.

El clima también influye en el **comportamiento del viento,** que puede aumentar las pérdidas energéticas por infiltración si la estanqueidad del edificio no es adecuada. En zonas ventosas, pequeñas fisuras o juntas mal selladas generan corrientes de aire y pérdidas térmicas importantes. Desde la obra, esto refuerza la importancia de una ejecución cuidadosa de la capa estanca, especialmente en fachadas expuestas y cubiertas.

Además, la combinación de clima y orientación condiciona el **uso de la inercia térmica**. En zonas con grandes diferencias entre el día y la noche, una buena inercia permite almacenar calor o frío y liberarlo de forma gradual, mejorando el confort y reduciendo el consumo. Sin embargo, este efecto solo se consigue si la masa térmica está correctamente integrada en la envolvente y protegida del exterior. Alterar esta disposición en obra puede anular completamente su beneficio.

En conclusión, clima y orientación no son conceptos teóricos, sino **condiciones reales que el edificio afronta todos los días**. Desde la obra, respetar las soluciones previstas en función de estas variables es esencial para que el edificio responda correctamente a su entorno. El trabajador que comprende esta influencia entiende que su labor no se limita a ejecutar materiales, sino a **adaptar el edificio al lugar en el que se construye**, garantizando eficiencia energética, confort y durabilidad a largo plazo.

8. Uso del Edificio y Comportamiento del Usuario

El **uso del edificio y el comportamiento del usuario** influyen de manera directa en su consumo energético, aunque no modifican la demanda energética inherente al propio edificio. Desde el punto de vista de la eficiencia energética, es fundamental distinguir entre lo que depende del diseño y la ejecución —que fija la base del comportamiento energético— y lo que depende del uso cotidiano. Un edificio bien construido permite un uso eficiente; uno mal ejecutado **obliga al usuario a consumir más energía para compensar sus deficiencias**.

El uso del edificio viene determinado por su **función**: vivienda, oficina, centro educativo, sanitario, comercial, etc. Cada uso implica horarios, niveles de ocupación y exigencias de confort distintas. No es lo mismo un edificio utilizado de forma continua que uno con ocupaciones puntuales, ni un espacio con alta densidad de personas que otro con uso esporádico.

En proyecto, estas condiciones se tienen en cuenta para dimensionar la envolvente y las instalaciones. En obra, es esencial **no alterar estas premisas**, ya que cualquier modificación puede provocar un desequilibrio entre el edificio y su uso real.

Comparación de usos de edificios

Característica	Vivienda	Oficina	Centro educativo	Sanitario	Comercial
Horarios	Continuo	Diurno	Diurno	Continuo	Variable
Niveles de ocupación	Bajo	Medio	Alto	Alto	Variable
Exigencias de confort	Moderado	Alto	Alto	Muy alto	Moderado

El comportamiento del usuario afecta principalmente al **consumo energético**. Temperaturas de consigna muy altas o bajas, ventilación excesiva mediante apertura prolongada de ventanas, uso inadecuado de protecciones solares o un mantenimiento deficiente de las instalaciones incrementan el consumo. Sin embargo, es importante recalcar que **el usuario no debería ser el responsable de corregir errores constructivos**. Cuando un edificio necesita un uso "cuidadoso" para no disparar el consumo, es señal de que su eficiencia de base es insuficiente.

Desde la obra, esta relación se traduce en una responsabilidad clara: **construir edificios que faciliten un uso eficiente**, incluso aunque el comportamiento del usuario no sea óptimo. Un edificio con buena envolvente, estanqueidad y ventilación controlada amortigua los errores de uso y mantiene consumos razonables. En cambio, un edificio con filtraciones, puentes térmicos o mala integración de instalaciones magnifica cualquier mal hábito del usuario.

Otro aspecto relevante es que el comportamiento del usuario **no es homogéneo ni previsible**. Dos personas pueden usar el mismo edificio de forma muy distinta. Por ello, la eficiencia energética no puede basarse en suposiciones ideales de uso, sino en soluciones constructivas robustas. Desde este punto de vista, la calidad de ejecución en obra es la única garantía de que el edificio funcionará correctamente en condiciones reales.

En edificios de alta eficiencia, el uso y el comportamiento del usuario adquieren mayor relevancia, ya que los márgenes de error son menores. Sistemas como la ventilación mecánica, las protecciones solares o los controles de climatización requieren una mínima comprensión por parte del usuario. Sin embargo, estos sistemas solo funcionan correctamente si **han sido bien ejecutados y puestos en marcha**, algo que depende directamente del trabajo en obra.

En conclusión, el uso del edificio y el comportamiento del usuario influyen en el consumo, pero **no deben ser una excusa para justificar un mal resultado energético**. La eficiencia comienza en el diseño y se consolida en la obra.

El trabajador que ejecuta correctamente las soluciones previstas está garantizando que el edificio funcione bien independientemente de quién lo use, reduciendo consumos, mejorando el confort y asegurando un comportamiento energético adecuado a lo largo de su vida útil.

9. Fallos de Ejecución que Rompen el Sistema Energético

Uno de los aspectos más críticos de la eficiencia energética en edificación es que **el sistema energético del edificio puede romperse en obra**, incluso cuando el proyecto está correctamente planteado. La mayoría de los problemas energéticos no se deben a errores de cálculo, sino a **fallos de ejecución** que alteran la coherencia del conjunto.

Estos fallos suelen ser pequeños, repetitivos y aparentemente poco importantes, pero sus efectos se acumulan y condicionan el comportamiento del edificio durante toda su vida útil.

Un fallo de ejecución muy habitual es la **discontinuidad del aislamiento térmico**. Esto ocurre cuando el aislamiento no llega hasta encuentros clave, se interrumpe en frentes de forjado, se corta en pasos de instalaciones o se sustituye por rellenos improvisados. Desde la obra, estos cortes suelen justificarse por dificultades de colocación o por la necesidad de “resolver rápido” un detalle. Sin embargo, cada interrupción genera un punto débil que aumenta la demanda energética y favorece la aparición de puentes térmicos y condensaciones.

Otro fallo frecuente es la **mala resolución de la estanqueidad al aire**. Juntas sin sellar, cintas mal colocadas, perforaciones no tratadas o carpinterías instaladas sin continuidad con la capa estanca provocan infiltraciones constantes. Estos errores no siempre se perciben durante la ejecución, pero se traducen en corrientes de aire, disconfort y consumos elevados. Además, afectan negativamente al funcionamiento de los sistemas de ventilación, anulando su eficacia.

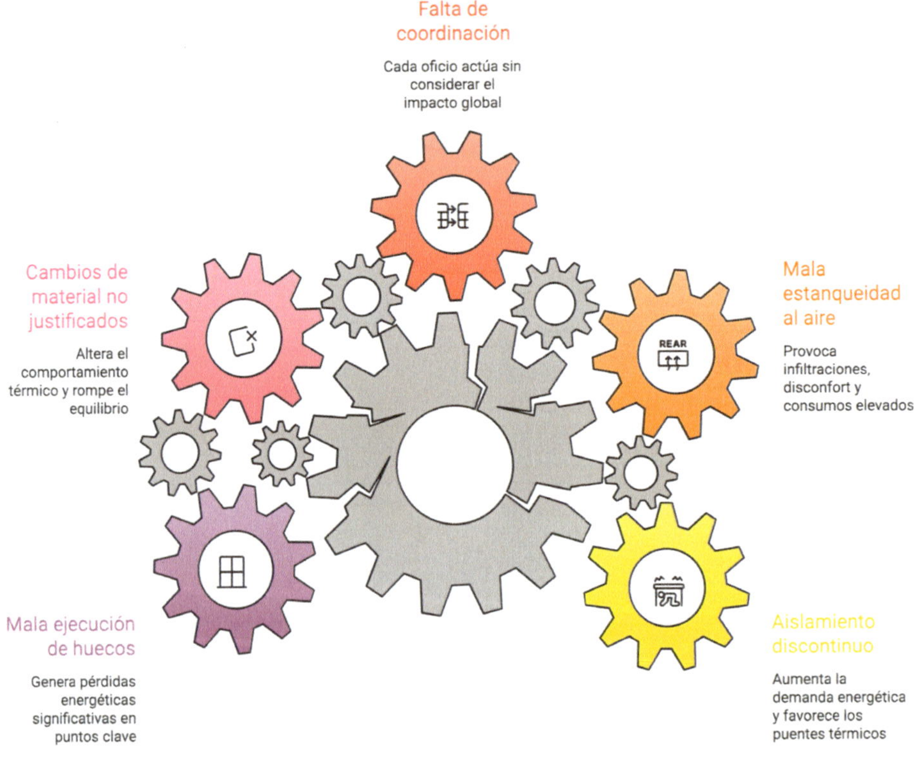

La **falta de coordinación entre oficios** es una de las principales causas de estos problemas. Un cerramiento puede ejecutarse con corrección y verse dañado posteriormente por el paso de instalaciones, la colocación de falsos techos o la ejecución de acabados. Cuando no existe una visión conjunta del sistema energético, cada oficio actúa sobre su partida sin considerar el impacto global. Desde el punto de vista de la eficiencia, este es uno de los mayores riesgos en obra.

También son habituales los **cambios de material no justificados**. Sustituir un producto por otro "equivalente" sin analizar su comportamiento térmico puede alterar el valor de transmitancia, la difusión de vapor o la durabilidad del sistema. En muchos casos, el material alternativo cumple una función constructiva básica, pero no reproduce las prestaciones energéticas previstas. Este tipo de decisiones rompe el equilibrio del sistema y genera desviaciones respecto al comportamiento calculado.

Otro fallo relevante es la **mala ejecución de huecos y encuentros**. Ventanas mal alineadas con el plano del aislamiento, marcos sin sellado perimetral o remates improvisados generan pérdidas energéticas significativas. Estos puntos suelen concentrar gran parte de los problemas posteriores del edificio, aunque representen una superficie reducida.

Desde el punto de vista del trabajador, es importante entender que **el sistema energético es tan fuerte como su punto más débil**. No sirve de nada ejecutar correctamente grandes superficies si se descuidan los detalles. La eficiencia energética no se rompe por un gran error aislado, sino por la suma de muchos pequeños fallos repetidos a lo largo de la obra.

En conclusión, los fallos de ejecución son la principal amenaza para la eficiencia energética del edificio. Reconocerlos, evitarlos y corregirlos durante la obra es una responsabilidad directa de quienes ejecutan. El trabajador que entiende el edificio como un sistema energético completo actúa con mayor criterio técnico, evita errores habituales y contribuye a que el edificio funcione como se ha diseñado, con menor consumo, mayor confort y mayor durabilidad.

10. Importancia de la Continuidad de Soluciones

La **continuidad de las soluciones constructivas** es uno de los principios más importantes de la eficiencia energética y, al mismo tiempo, uno de los más difíciles de garantizar en obra. Un edificio energéticamente eficiente no se consigue únicamente eligiendo buenos materiales o sistemas adecuados, sino asegurando que **las soluciones previstas se mantengan continuas y coherentes en todo el conjunto del edificio**. Cuando esa continuidad se rompe, el sistema energético pierde eficacia, aunque el resto de los elementos estén correctamente ejecutados.

Desde el punto de vista práctico, la continuidad se refiere a que **el aislamiento, la estanqueidad al aire, el control de la humedad y la protección térmica** no deben interrumpirse en ningún punto del cerramiento. Esto incluye no solo las superficies principales, sino también los encuentros, cambios de plano, juntas, pasos de instalaciones y remates finales. En obra, estos puntos suelen resolverse "sobre la marcha", y es precisamente ahí donde se generan la mayoría de los problemas energéticos.

Uno de los errores más frecuentes es entender la continuidad como algo puntual y no como un criterio global. Por ejemplo, un aislamiento colocado correctamente en un paño de fachada pierde gran parte de su eficacia si se interrumpe en el encuentro con la cubierta o con el suelo. Desde el punto de vista energético, **una interrupción local afecta al comportamiento de un elemento completo**, ya que el calor siempre busca el camino más fácil para transmitirse. Por ello, la continuidad no es una opción, sino una condición imprescindible para que el sistema funcione.

La continuidad también afecta a la **estanqueidad al aire**. No basta con sellar correctamente un punto si ese sellado no enlaza con el siguiente. Las capas estancas deben formar un plano continuo, sin fisuras ni solapes mal resueltos. En obra, esto exige planificación y coordinación entre oficios, ya que una perforación posterior o una modificación improvisada puede romper una continuidad que ya estaba garantizada. Cuando esto ocurre, el edificio comienza a comportarse de forma imprevisible desde el punto de vista energético.

Otro aspecto clave es la continuidad entre **elementos estructurales y cerramientos**. Forjados, pilares y muros portantes atraviesan la envolvente térmica y, si no se tratan adecuadamente, interrumpen el aislamiento y generan puentes térmicos. Resolver estos encuentros exige respetar los detalles de proyecto y no simplificarlos por comodidad. En muchos casos, una pequeña variación en la ejecución basta para anular una solución diseñada con criterio energético.

Desde la obra, la continuidad debe entenderse como una **responsabilidad compartida**. No depende de un solo oficio ni de una sola fase de ejecución. Cada intervención debe respetar lo ya ejecutado y prever cómo se integrará lo siguiente. Cuando esta visión global no existe, aparecen solapes incorrectos, aislamientos cortados, capas que no coinciden y soluciones incompatibles entre sí.

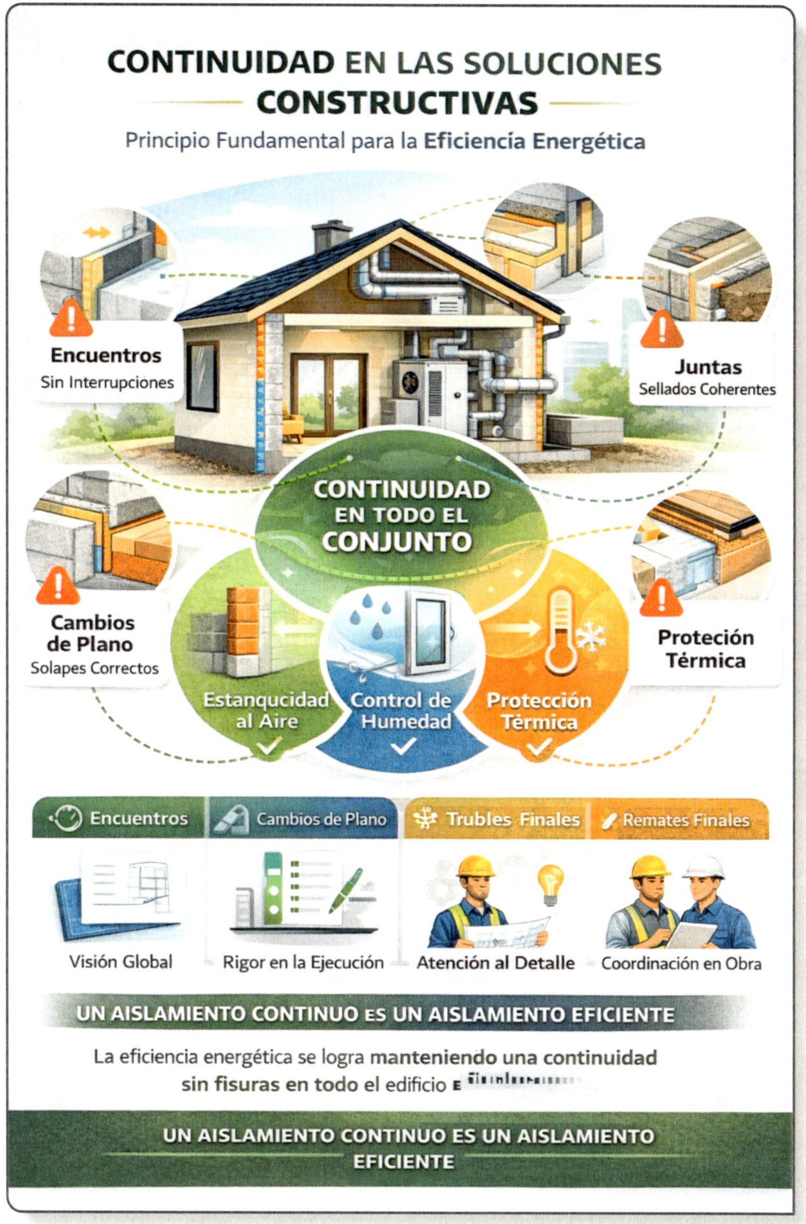

La falta de continuidad no solo incrementa el consumo energético, sino que también **genera patologías constructivas**. Condensaciones, humedades y degradación de materiales suelen aparecer en puntos donde la continuidad se ha roto. Estos problemas no se corrigen ajustando las instalaciones ni cambiando el uso del edificio, ya que su origen está en la propia construcción.

En conclusión, la continuidad de las soluciones es la base del sistema energético del edificio. Desde la obra, garantizarla implica rigor, atención al detalle y comprensión del conjunto.

El trabajador que asume la importancia de la continuidad entiende que **cada remate cuenta**, y que la eficiencia energética no se consigue con grandes gestos, sino con la correcta ejecución de todos los pequeños detalles que hacen que el edificio funcione como un todo coherente y eficiente.

11. El Operario como Parte Activa del Sistema Energético

En la eficiencia energética del edificio, el **operario no es un agente pasivo,** sino una **pieza activa del sistema energético**. Aunque muchas decisiones se toman en fase de proyecto, es en la obra donde esas decisiones se materializan, se interpretan y, en muchos casos, se ajustan.

Por ello, el resultado energético final del edificio depende en gran medida del **criterio técnico, la atención al detalle y la responsabilidad** con la que actúan los trabajadores durante la ejecución.

Desde una visión tradicional, el operario ha sido considerado un ejecutor de partidas concretas, limitado a cumplir instrucciones. Sin embargo, la construcción energéticamente eficiente exige un cambio de enfoque: cada trabajador influye en el comportamiento térmico del edificio, incluso cuando su tarea no parece relacionada directamente con la energía.

Colocar correctamente un aislamiento, sellar una junta, respetar un espesor o evitar dañar una capa ya ejecutada son acciones que **tienen un impacto energético** directo durante toda la vida útil del edificio.

El operario es, además, quien **detecta primero los problemas reales de ejecución**. En obra aparecen situaciones no previstas en planos: encuentros complejos, interferencias entre sistemas, tolerancias constructivas o incompatibilidades entre materiales.

Un trabajador formado en eficiencia energética es capaz de reconocer cuándo una solución improvisada puede romper la continuidad del sistema y sabe que, ante la duda, **consultar y coordinar es parte de su función**, no una pérdida de tiempo. Esta actitud preventiva evita errores que luego resultan difíciles o imposibles de corregir.

Otro aspecto clave es que el operario actúa como **enlace entre proyecto y realidad**. El lenguaje técnico del proyecto debe traducirse a soluciones ejecutables, y esa traducción no es automática. Comprender conceptos como transmitancia, estanqueidad, puente térmico o inercia térmica permite al trabajador interpretar correctamente los detalles y entender por qué determinadas exigencias no son negociables. Cuando el lenguaje técnico se comprende, la ejecución deja de ser mecánica y pasa a ser **consciente y justificada**.

Además, el operario influye en la **durabilidad de las soluciones energéticas**. Un aislamiento mal protegido durante el acopio, una lámina dañada durante la ejecución o un sellado realizado con materiales inadecuados pueden funcionar inicialmente, pero degradarse con el tiempo. Estos problemas no se manifiestan de inmediato, pero comprometen el rendimiento energético a medio y largo plazo. Por tanto, la eficiencia energética no solo depende de "hacerlo bien", sino de **hacerlo bien para que dure.**

La coordinación entre operarios de distintos oficios es también fundamental. Cada intervención posterior puede afectar a lo ya ejecutado. El trabajador que entiende el edificio como un sistema energético evita perforaciones innecesarias, respeta capas funcionales y comunica incidencias antes de que se conviertan en fallos irreversibles. Esta forma de trabajar mejora la calidad global de la obra y reduce conflictos posteriores.

En conclusión, el operario es una **figura clave en la eficiencia energética del edificio**. Su conocimiento, su criterio y su forma de actuar determinan si el edificio funcionará como se ha diseñado o si perderá prestaciones desde el primer día. Reconocer al trabajador como parte activa del sistema energético no solo dignifica su labor, sino que es una condición imprescindible para lograr edificios eficientes, confortables y duraderos.

12. Consecuencias de una Mala Ejecución sobre el Conjunto del Edificio

Una **mala ejecución en obra** no afecta únicamente a un elemento concreto, sino que tiene c**onsecuencias directas sobre el funcionamiento global del edificio como sistema energético**.

En eficiencia energética, los errores no suelen ser aislados ni puntuales; se acumulan, se refuerzan entre sí y terminan provocando un edificio que consume más energía, ofrece menos confort y presenta patologías prematuras. Lo más relevante es que muchas de estas consecuencias **no se manifiestan inmediatamente**, sino durante el uso cotidiano del edificio.

La primera consecuencia evidente es el **aumento de la demanda energética**. Discontinuidades en el aislamiento, puentes térmicos, filtraciones de aire o mala integración de huecos incrementan las pérdidas de calor en invierno y las ganancias térmicas en verano. Esto obliga a las instalaciones a trabajar más horas y con mayor intensidad para mantener condiciones mínimas de confort. Aunque los equipos sean eficientes, el edificio parte de una base deficiente que **no puede corregirse con tecnología.**

Este incremento de demanda se traduce directamente en un **mayor consumo energético**. El usuario percibe facturas más elevadas, mayor dependencia de los sistemas de climatización y dificultad para mantener temperaturas estables. En muchos casos, el problema se atribuye erróneamente al uso del edificio o a la potencia de las instalaciones, cuando en realidad **el origen está en errores de ejecución** que ya no pueden corregirse sin intervenciones profundas.

Otra consecuencia importante es la **pérdida de confort térmico**. Un edificio mal ejecutado presenta superficies interiores frías en invierno, sobrecalentamiento en verano, corrientes de aire y zonas con temperaturas desiguales. Este disconfort no solo afecta a la percepción del espacio, sino también a la salud y al bienestar de los usuarios. En edificios residenciales, educativos o sanitarios, estas deficiencias tienen un impacto especialmente negativo.

Las **patologías constructivas** son otra consecuencia directa de una mala ejecución energética. Condensaciones superficiales e intersticiales, humedades persistentes, aparición de moho y degradación de materiales suelen localizarse en puntos donde el sistema energético se ha roto: puentes térmicos, falta de estanqueidad o soluciones mal coordinadas.

Estos problemas generan costes de mantenimiento, reparaciones y conflictos posteriores que podrían haberse evitado con una ejecución correcta desde el inicio.

Consecuencias de una mala ejecución en obra

Característica	Demanda energética	Consumo energético	Confort térmico	Patologías constructivas	Cumplimiento normativo	Durabilidad
Consecuencia	Aumento	Mayor	Pérdida	Aparición	Incumplimiento	Reducción
Descripción	Discontinuidades en el aislamiento, puentes térmicos, filtraciones de aire o mala integración de huecos incrementan las pérdidas de calor en invierno y las ganancias térmicas en verano.	El usuario percibe facturas más elevadas, mayor dependencia de los sistemas de climatización y dificultad para mantener temperaturas estables.	Un edificio mal ejecutado presenta superficies interiores frías en invierno, sobrecalentamiento en verano, corrientes de aire y zonas con temperaturas desiguales.	Condensaciones superficiales e intersticiales, humedades persistentes, aparición de moho y degradación de materiales suelen localizarse en puntos donde el sistema energético se ha roto.	Incumplimientos de las exigencias de eficiencia energética, dificultades para obtener o mantener la calificación energética prevista y pérdida de valor del edificio.	Un sistema energético mal ejecutado envejece peor: los materiales se degradan antes, las instalaciones trabajan en condiciones forzadas y el edificio pierde prestaciones con el paso del tiempo.

Desde el punto de vista normativo y económico, una mala ejecución puede provocar **incumplimientos de las exigencias de eficiencia energética**, dificultades para obtener o mantener la calificación energética prevista y pérdida de valor del edificio. En rehabilitación, estos errores son especialmente graves, ya que comprometen la inversión realizada y dificultan alcanzar los objetivos de ahorro energético.

También debe considerarse el impacto sobre la **durabilidad del edificio**. Un sistema energético mal ejecutado envejece peor: los materiales se degradan antes, las instalaciones trabajan en condiciones forzadas y el edificio pierde prestaciones con el paso del tiempo. Esto acorta la vida útil de los elementos y aumenta la necesidad de intervenciones correctoras.

En conclusión, una mala ejecución no es un problema local ni reversible, sino una **alteración del funcionamiento global del edificio**. Desde la obra, comprender estas consecuencias refuerza la importancia del rigor técnico, del respeto al proyecto y de la coordinación entre oficios. El trabajador que ejecuta correctamente no solo cumple una partida, sino que **protege el comportamiento energético del edificio en su conjunto,** garantizando eficiencia, confort y durabilidad a largo plazo.

Resumen

El edificio debe entenderse, desde el punto de vista de la eficiencia energética, como un sistema compuesto por elementos interrelacionados que funcionan de manera conjunta. No es una suma de partes independientes, sino una estructura compleja en la que cada componente influye en el comportamiento global. Cerramientos, huecos, estructura, instalaciones y acabados no actúan de forma aislada; cualquier deficiencia en uno de ellos afecta al rendimiento energético del conjunto. Esta visión sistémica resulta esencial en obra, donde el trabajo suele organizarse por partidas separadas, lo que puede generar una percepción fragmentada del edificio.

La envolvente térmica constituye el núcleo del sistema energético. Está formada por todos los elementos que separan el interior del exterior, como fachadas, cubiertas, suelos en contacto con el terreno o con espacios no climatizados, ventanas, puertas y encuentros constructivos. Su función es controlar las pérdidas y ganancias de energía, protegiendo el interior frente a las condiciones climáticas exteriores. Para que la envolvente cumpla correctamente su función, debe ejecutarse como un conjunto continuo, manteniendo sin interrupciones el aislamiento, la estanqueidad al aire y el control de la humedad. Cuando esta continuidad se rompe, el sistema pierde eficacia y aparecen puentes térmicos, filtraciones o condensaciones.

Las fachadas suelen tener un papel predominante por su extensión, pero la cubierta es igualmente crítica, ya que está sometida a radiación solar directa y a pérdidas térmicas importantes. Los suelos también influyen en el confort y en el comportamiento energético, aunque a menudo reciben menos atención. Los huecos, por su parte, representan los puntos más vulnerables de la envolvente debido a su mayor transmitancia térmica. Su correcta integración con el plano del aislamiento y su adecuado sellado son determinantes para evitar pérdidas energéticas significativas.

La interacción entre cerramientos, huecos e instalaciones es otro aspecto fundamental del sistema energético. Las instalaciones no corrigen los defectos de la envolvente, sino que responden a las necesidades que esta genera. Cuando el edificio presenta una envolvente eficiente, las instalaciones pueden dimensionarse con menor potencia y trabajar en condiciones óptimas.

Por el contrario, una envolvente deficiente obliga a los sistemas de climatización a compensar pérdidas continuas, aumentando el consumo y reduciendo su rendimiento real. Además, la estanqueidad del edificio condiciona directamente el funcionamiento de sistemas como la ventilación mecánica, que solo pueden operar correctamente si el aire circula por los recorridos previstos.

Comprender cómo entra y cómo se pierde la energía en un edificio permite identificar los puntos críticos del sistema. La energía puede entrar a través de la radiación solar o mediante el aporte de las instalaciones, mientras que se pierde principalmente por transmisión a través de la envolvente, por infiltraciones de aire y por puentes térmicos. Cada interrupción del aislamiento, cada junta mal sellada o cada detalle mal resuelto abre una vía de intercambio energético no deseado. La eficiencia no se logra aumentando la potencia de los equipos, sino reduciendo las pérdidas desde el origen.

El clima y la orientación influyen decisivamente en el comportamiento energético del edificio. Las condiciones climáticas determinan las exigencias de aislamiento, protección solar y estanqueidad. La orientación condiciona la incidencia de la radiación solar sobre las fachadas y huecos, favoreciendo o perjudicando el balance energético según la época del año. Tratar todas las fachadas por igual, sin considerar su orientación, puede generar sobrecalentamientos o pérdidas innecesarias. Por ello, las soluciones constructivas deben responder al contexto climático específico y respetarse fielmente en obra.

El uso del edificio y el comportamiento del usuario afectan al consumo energético, aunque no modifican la demanda intrínseca generada por el diseño y la ejecución. Un edificio bien construido facilita un uso eficiente incluso cuando los hábitos no son óptimos. En cambio, un edificio con deficiencias obliga al usuario a consumir más energía para compensar fallos constructivos. La eficiencia debe apoyarse en soluciones robustas que funcionen adecuadamente en condiciones reales de uso.

Los fallos de ejecución representan una de las principales amenazas para el sistema energético. Discontinuidades en el aislamiento, errores en la estanqueidad, cambios de materiales no justificados o mala coordinación entre oficios pueden romper la coherencia del conjunto.

Estos fallos suelen ser pequeños y repetitivos, pero su efecto acumulado incrementa la demanda energética y provoca problemas de confort y durabilidad. El sistema energético es tan sólido como su punto más débil.

La continuidad de las soluciones constructivas es, por tanto, un principio esencial. El aislamiento, la capa estanca y las protecciones térmicas deben mantenerse sin interrupciones en todo el edificio, incluyendo encuentros y puntos singulares. Garantizar esta continuidad exige coordinación entre oficios, planificación y respeto por los detalles de proyecto. La falta de continuidad no solo aumenta el consumo energético, sino que favorece la aparición de patologías como humedades y condensaciones.

En este contexto, el operario desempeña un papel activo dentro del sistema energético. Su trabajo no se limita a ejecutar una partida, sino que influye directamente en el rendimiento térmico del edificio durante toda su vida útil. Colocar correctamente un aislamiento, sellar adecuadamente una junta o respetar un espesor previsto son acciones que tienen consecuencias a largo plazo. El trabajador formado en eficiencia energética es capaz de interpretar el proyecto, detectar posibles incoherencias y actuar con criterio técnico para mantener la coherencia del sistema.

Las consecuencias de una mala ejecución afectan al edificio en su conjunto. Aumenta la demanda energética, se incrementa el consumo, se reduce el confort y aparecen patologías constructivas. Estas deficiencias no siempre son visibles en el momento de la entrega, pero se manifiestan durante el uso cotidiano y pueden comprometer la durabilidad y el valor del edificio. Corregirlas posteriormente resulta complejo y costoso.

En definitiva, concebir el edificio como un sistema energético implica asumir que cada decisión en obra tiene repercusiones globales. La eficiencia no depende únicamente del diseño o de la tecnología instalada, sino de la coherencia entre todos los elementos y de la calidad de su ejecución. Cuando el sistema se construye de forma continua y coordinada, el edificio funciona como un conjunto equilibrado, ofreciendo menor consumo energético, mayor confort y mayor durabilidad a lo largo del tiempo.

AUTOEVALUACIÓN

1. ¿Cómo debe entenderse el edificio desde el punto de vista de la eficiencia energética?

   A. Como un conjunto de elementos independientes que funcionan por separado.
   B. Como un sistema de instalaciones exclusivamente.
   C. Como un sistema en el que todos los elementos están interrelacionados.
   D. Como una suma de materiales aislantes.

2. ¿Qué elementos forman parte de la envolvente térmica?

   A. Únicamente las fachadas.
   B. Fachadas, cubiertas, suelos, huecos y sus encuentros.
   C. Solo las ventanas y puertas.
   D. Exclusivamente la estructura portante.

3. ¿Qué ocurre si la envolvente térmica se ejecuta de forma deficiente?

   A. No afecta al consumo energético.
   B. Mejora el rendimiento de las instalaciones.
   C. Obliga a las instalaciones a trabajar en peores condiciones.
   D. Reduce la necesidad de ventilación.

4. ¿Cuál es una de las principales vías de pérdida de energía en un edificio?

   A. El mobiliario interior.
   B. La pintura decorativa.
   C. La infiltración de aire no controlada.
   D. La orientación sur.

5. ¿Cómo influye la orientación sur en climas como el nuestro?

   A. Es la menos favorable energéticamente.
   B. No tiene influencia sobre el comportamiento térmico.
   C. Permite aprovechar la radiación solar en invierno y controlarla en verano.
   D. Incrementa siempre la demanda de calefacción.

6. ¿Qué consecuencia tiene tratar todas las fachadas como si se comportaran igual?

   A. Se optimiza el comportamiento energético global.
   B. Se eliminan los puentes térmicos.
   C. Puede provocar sobrecalentamientos o pérdidas excesivas según la orientación.
   D. Mejora automáticamente la estanqueidad.

7. ¿Qué efecto tiene una discontinuidad del aislamiento térmico?

   A. Reduce la demanda energética.
   B. Genera puntos débiles que aumentan la demanda y favorecen puentes térmicos.
   C. Mejora la ventilación natural.
   D. No tiene consecuencias si el resto está bien ejecutado.

8. ¿Qué significa garantizar la continuidad de las soluciones constructivas?

   A. Utilizar el mismo material en todo el edificio.
   B. Evitar cualquier tipo de instalación.
   C. Mantener aislamiento, estanqueidad y protección térmica sin interrupciones.
   D. Ejecutar rápidamente cada partida.

9. ¿Cuál es el papel del operario dentro del sistema energético del edificio?

   A. Actuar únicamente como ejecutor pasivo.
   B. Tomar decisiones sin consultar el proyecto.
   C. Ser una parte activa que influye en el resultado energético final.
   D. Limitarse a cumplir plazos sin considerar detalles técnicos.

10. ¿Cuál es una consecuencia directa de una mala ejecución energética?

   A. Disminución del consumo energético.
   B. Mejora del confort térmico.
   C. Aumento de la demanda energética y aparición de patologías.
   D. Reducción del mantenimiento futuro.

UNIDAD

1.3. Características de los Materiales Relacionados con la Eficiencia Energética

Contenido de la Unidad

- Materiales Aislantes: Funciones y Criterios de Selección
- Conductividad Térmica: Lectura Práctica en Fichas Técnicas
- Materiales habituales y su comportamiento energético: inercia, calor específico y humedad
- Aislamientos Rígidos, Semirrígidos y Flexibles
- Barreras de Vapor y Láminas de Control de Condensaciones
- Materiales Reflectantes y su Uso Real
- Compatibilidad entre Materiales
- Errores Frecuentes en Acopio, Corte y Colocación
- Durabilidad y Envejecimiento de Materiales
- Responsabilidad del Operario en la Correcta Puesta en Obra
- Resumen
- Autoevaluación

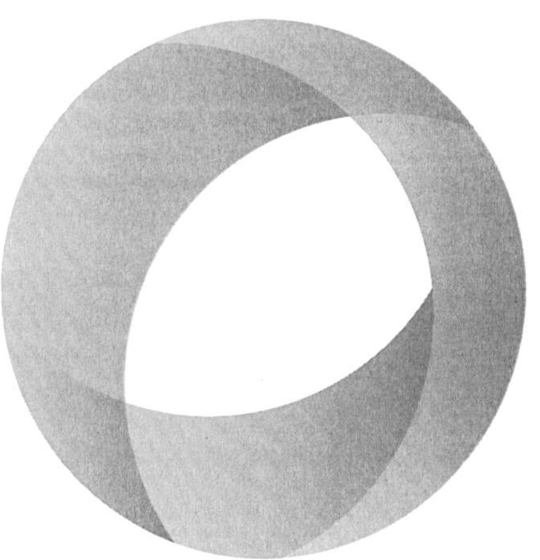

1. Materiales Aislantes: Funciones y Criterios de Selección

Los **materiales aislantes** desempeñan un papel central en la eficiencia energética del edificio, ya que son los encargados de **reducir la transmisión de calor** entre el interior y el exterior. Sin embargo, en obra, el aislamiento suele percibirse como un producto genérico, intercambiable o secundario, cuando en realidad se trata de **un elemento técnico con funciones muy concretas** y cuyo comportamiento depende tanto de sus propiedades como de su correcta elección y puesta en obra.

La **función principal** de un material aislante es **oponerse al paso del calor**, disminuyendo las pérdidas térmicas en invierno y las ganancias térmicas en verano. Esta función se mide principalmente a través de su conductividad térmica, pero no es la única prestación relevante. Un buen aislamiento debe mantener sus propiedades a lo largo del tiempo, resistir las condiciones a las que va a estar sometido y **trabajar correctamente dentro del sistema constructivo en el que se integra.**

Desde el punto de vista práctico, el aislamiento **no actúa de forma aislada**. Su eficacia depende de su posición en el cerramiento, de su continuidad, de su compatibilidad con otros materiales y de su protección frente a agentes externos como la humedad, el aire o las cargas mecánicas. Un material con excelentes prestaciones en laboratorio puede comportarse mal en obra si se selecciona sin criterio o se coloca en condiciones inadecuadas.

A la hora de seleccionar un material aislante, uno de los primeros criterios es su **conductividad térmica**, ya que determina el espesor necesario para alcanzar una determinada transmitancia. Sin embargo, en obra este dato debe interpretarse junto con otros factores igual de importantes. Por ejemplo, un material con baja conductividad puede no ser adecuado en zonas expuestas a humedad si no se protege correctamente, o puede perder eficacia si se comprime durante la colocación.

Otro criterio esencial es el **comportamiento frente a la humedad**. Algunos aislantes son sensibles al agua y pierden parte de sus prestaciones térmicas cuando se mojan, mientras que otros mantienen mejor su comportamiento.

En obra, esto obliga a prever protecciones adecuadas durante el acopio, la ejecución y la vida útil del edificio. Elegir un aislamiento sin tener en cuenta su relación con la humedad es una de las causas más frecuentes de fallos energéticos y patologías posteriores.

La **resistencia mecánica** es otro aspecto clave. No todos los aislamientos pueden colocarse en cualquier posición. Algunos soportan cargas y otros no; unos admiten tránsito o apoyo y otros requieren protección. Utilizar un material no adecuado para la función que va a desempeñar conduce a aplastamientos, deformaciones o pérdidas de espesor efectivo, lo que reduce su capacidad aislante real. Desde la obra, respetar el uso previsto de cada aislamiento es fundamental para garantizar su eficacia.

También debe considerarse la **compatibilidad entre materiales**. El aislamiento debe integrarse correctamente con morteros, láminas, estructuras, fijaciones y acabados. Incompatibilidades químicas, falta de adherencia o soluciones improvisadas generan discontinuidades que rompen la continuidad térmica del cerramiento. Por ello, la selección del material aislante no puede hacerse de forma independiente, sino como parte de un **sistema constructivo coherente**.

Consecuencias de una mala ejecución en obra

Característica	Demanda energética	Consumo energético	Confort térmico	Patologías constructivas	Cumplimiento normativo	Durabilidad
Consecuencia	Aumento	Mayor	Pérdida	Aparición	Incumplimiento	Reducción
Descripción	Discontinuidades en el aislamiento, puentes térmicos, filtraciones de aire o mala integración de huecos incrementan las pérdidas de calor en invierno y las ganancias térmicas en verano.	El usuario percibe facturas más elevadas, mayor dependencia de los sistemas de climatización y dificultad para mantener temperaturas estables.	Un edificio mal ejecutado presenta superficies interiores frías en invierno, sobrecalentamiento en verano, corrientes de aire y zonas con temperaturas desiguales.	Condensaciones superficiales e intersticiales, humedades persistentes, aparición de moho y degradación de materiales suelen localizarse en puntos donde el sistema energético se ha roto.	Incumplimientos de las exigencias de eficiencia energética, dificultades para obtener o mantener la calificación energética prevista y pérdida de valor del edificio.	Un sistema energético mal ejecutado envejece peor: los materiales se degradan antes, las instalaciones trabajan en condiciones forzadas y el edificio pierde prestaciones con el paso del tiempo.

Por último, el criterio de selección debe tener en cuenta la **durabilidad y estabilidad de las prestaciones**. Un aislamiento no debe funcionar solo el primer año, sino mantener su comportamiento durante décadas. Esto implica elegir materiales adecuados al entorno, al uso del edificio y a las condiciones de ejecución reales.

En conclusión, los materiales aislantes no son un simple relleno, sino **elementos técnicos clave** del sistema energético del edificio. Seleccionarlos correctamente y comprender sus funciones permite al trabajador ejecutar con criterio, evitar errores frecuentes y garantizar que el edificio cumpla su función energética durante toda su vida útil.

2. Conductividad Térmica: Lectura Práctica en Fichas Técnicas

La **conductividad térmica** es una de las propiedades más importantes de los materiales aislantes y, al mismo tiempo, una de las que **más confusión genera en obra.** Se representa habitualmente mediante el **símbolo λ (lambda)** y expresa la **capacidad de un material para transmitir el calor**. Cuanto menor es el valor de λ, mejor es el comportamiento aislante del material, ya que el calor tiene mayor dificultad para atravesarlo.

Desde un punto de vista práctico, la conductividad térmica se mide en **W/m·K** y aparece siempre en las **fichas técnicas de los productos**. Sin embargo, en obra no se trata de memorizar valores, sino de **saber interpretarlos correctamente** y entender qué implican en términos de ejecución. Un error frecuente es comparar materiales únicamente por su λ sin tener en cuenta el resto de condiciones reales de uso.

En una ficha técnica, el valor de conductividad térmica suele aparecer como **λ declarado**. Este valor se obtiene en condiciones controladas de laboratorio, con el material seco, sin cargas y correctamente instalado. En la realidad de la obra, estas condiciones no siempre se cumplen. Si el material se moja, se comprime, se corta mal o se coloca con discontinuidades, **su conductividad efectiva aumenta**, aunque en la ficha técnica siga apareciendo el mismo valor. Por eso es fundamental entender que el dato técnico **no garantiza el resultado final si la ejecución no es correcta**.

La lectura práctica de una ficha técnica debe comenzar por identificar el valor de λ y relacionarlo con el **espesor previsto** en proyecto. Un material con una conductividad baja permite alcanzar una determinada transmitancia con menos espesor, pero eso no significa que siempre sea la mejor opción.

En obra, espesores muy reducidos pueden ser difíciles de ejecutar correctamente, generar discontinuidades o aumentar el riesgo de errores en encuentros. En muchos casos, un material ligeramente menos aislante pero más estable y fácil de colocar ofrece un **mejor resultado real.**

Otro aspecto clave es comprobar si el valor de conductividad corresponde a un material en **condiciones secas o húmedas**. Algunos aislantes son muy sensibles a la humedad y ven incrementada su conductividad cuando absorben agua. En las fichas técnicas suele indicarse esta variación, pero pasa desapercibida si no se sabe qué buscar. En obra, utilizar un material sensible a la humedad en una zona expuesta sin la protección adecuada implica que **el aislamiento funcionará peor de lo previsto**, aunque el cálculo inicial sea correcto.

También es importante diferenciar entre valores **teóricos y de diseño**. Algunos documentos técnicos incluyen valores ajustados para cálculo, teniendo en cuenta factores de envejecimiento o condiciones de uso. Desde la obra, esto refuerza la idea de que no basta con "poner el material", sino que hay que **colocarlo y protegerlo tal como se ha previsto** para que mantenga sus prestaciones a lo largo del tiempo.

La conductividad térmica debe leerse siempre junto con otros datos de la ficha técnica: resistencia mecánica, comportamiento frente al fuego, absorción de agua, estabilidad dimensional y compatibilidad con otros materiales. Un aislamiento con muy buena λ puede no ser adecuado si no soporta las condiciones reales de la obra o del uso del edificio.

En conclusión, la conductividad térmica es un dato fundamental, pero **no funciona por sí solo**. Saber leer una ficha técnica desde un punto de vista práctico permite al trabajador comprender qué puede esperar realmente del material y qué cuidados exige su ejecución.

La eficiencia energética no se consigue eligiendo el valor λ más bajo, sino **asegurando que ese valor se mantenga en obra y durante la vida útil del edificio**.

3. Materiales habituales y su comportamiento energético: inercia, calor específico y humedad

En la práctica diaria de la construcción, la eficiencia energética no se materializa con materiales "especiales", sino con el uso correcto de materiales habituales de obra y con la comprensión de cómo influyen en el comportamiento térmico del edificio. Muchos de los elementos que se emplean de forma tradicional: ladrillos, bloques, hormigón, yesos, morteros, aislamientos comunes, participan activamente en el rendimiento energético, aunque no siempre se perciba así.

Los materiales cerámicos, como el ladrillo o el bloque cerámico, son muy habituales en cerramientos. Desde el punto de vista energético, no deben considerarse materiales aislantes, ya que su conductividad térmica es relativamente elevada. Su aportación principal es la masa térmica, es decir, la capacidad de acumular calor y liberarlo lentamente. En obra, estos materiales funcionan bien cuando se combinan con un aislamiento adecuado, pero generan problemas energéticos cuando se confía en ellos como única barrera frente al exterior.

El **hormigón**, tanto en estructura como en elementos de cerramiento, tiene un comportamiento similar. Es un material resistente y duradero, pero **muy conductor del calor**. Forjados, pilares y muros de hormigón atraviesan la envolvente y, si no se aíslan correctamente, se convierten en **puentes térmicos importantes**. En obra, tratar estos elementos como parte del sistema energético es fundamental para evitar pérdidas térmicas y patologías asociadas.

Además de la conductividad térmica y de la inercia, otro concepto importante para comprender el comportamiento energético de los materiales es el **calor específico**. El calor específico indica la cantidad de energía necesaria para elevar la temperatura de un material. En términos prácticos, permite entender por qué algunos materiales tardan más en calentarse y también más en enfriarse.

Los materiales con mayor calor específico pueden acumular más energía térmica antes de aumentar significativamente su temperatura. Por ello, cuando se combinan con una masa suficiente y están correctamente situados dentro del edificio, contribuyen a estabilizar las temperaturas interiores. Este comportamiento está relacionado con la inercia térmica, aunque no debe confundirse con el aislamiento. Un material puede acumular calor, pero no por ello impedir eficazmente su paso hacia el exterior.

Desde el punto de vista de la obra, el calor específico ayuda a entender por qué materiales como el hormigón, la cerámica o la piedra pueden contribuir al confort térmico cuando se integran correctamente en el sistema constructivo. Sin embargo, si estos materiales no se combinan con un aislamiento adecuado o quedan mal situados respecto a la envolvente térmica, pueden convertirse en elementos que transmiten pérdidas o ganancias de calor no deseadas.

Otro aspecto relevante del comportamiento energético de los materiales es su relación con la **humedad** y con el paso del **vapor de agua**. Algunos materiales permiten en mayor o menor medida la difusión del vapor a través de su estructura.

Esta capacidad suele describirse de forma práctica como transpiración al paso de vapor de agua, aunque no debe confundirse con filtraciones de aire ni con entradas directas de agua.

La transpiración al paso de vapor de agua se refiere a la capacidad de un material o sistema constructivo para permitir el desplazamiento controlado del vapor, evitando acumulaciones de humedad en el interior del cerramiento. Cuando este comportamiento no se tiene en cuenta, pueden aparecer condensaciones intersticiales, pérdida de prestaciones térmicas, degradación de materiales y problemas de salubridad.

En obra, es fundamental respetar la posición prevista de barreras de vapor, láminas de control de condensaciones y materiales aislantes. Una lámina mal colocada, una discontinuidad en el sistema o la sustitución de un material por otro con diferente comportamiento frente al vapor puede alterar el equilibrio higrotérmico del cerramiento. Por ello, la humedad no debe considerarse solo un problema de impermeabilización, sino también un factor que influye directamente en la eficiencia energética y en la durabilidad del edificio.

Los **morteros y revestimientos** (enfoscados, revocos, yesos) tienen una influencia energética limitada en términos de aislamiento, pero son relevantes para el **control del aire y de la humedad.** Un revestimiento bien ejecutado mejora la estanqueidad y protege capas funcionales interiores. En cambio, fisuras, juntas mal rematadas o revestimientos discontinuos favorecen filtraciones de aire que incrementan el consumo energético del edificio.

Entre los **materiales aislantes más habituales en obra** se encuentran las lanas minerales, los poliestirenos, los poliuretanos y otros productos derivados. Cada uno presenta un comportamiento energético distinto, pero todos comparten una condición esencial: **su eficacia depende directamente de la correcta colocación**. En obra, un aislamiento mal ajustado, comprimido o interrumpido deja de cumplir su función, independientemente de su calidad técnica.

Las **carpinterías y acristalamientos**, aunque no siempre se consideran "materiales" en el sentido tradicional, tienen un impacto energético muy significativo. Son los puntos más débiles del cerramiento y su comportamiento depende tanto de sus prestaciones como de su instalación. Una ventana eficiente mal colocada se comporta energéticamente como una solución deficiente. Desde la obra, el comportamiento energético del hueco depende tanto del producto como de su integración con el cerramiento.

También deben considerarse los **materiales auxiliares**: cintas, selladores, fijaciones, láminas y elementos de unión. Aunque su volumen es pequeño, su función es crítica para garantizar la continuidad del aislamiento y la estanqueidad. En obra, el uso inadecuado de estos materiales suele ser la causa de muchos fallos energéticos que no se detectan hasta el uso del edificio.

En conclusión, los materiales habituales de obra influyen de forma directa en el comportamiento energético del edificio, aunque no todos tengan función aislante. Comprender qué aporta cada material —aislamiento, inercia, estanqueidad, protección— permite al trabajador ejecutar con mayor criterio técnico. La eficiencia energética no depende de materiales "milagro", sino de **usar correctamente los materiales de siempre dentro de un sistema bien entendido y bien ejecutado**.

4. Aislamientos Rígidos, Semirrígidos y Flexibles

En obra, los **materiales aislantes** se presentan en distintos formatos y comportamientos mecánicos, que habitualmente se clasifican como **aislamientos rígidos, semirrígidos y flexibles**.

Esta clasificación no es solo comercial, sino que tiene una **importancia directa en la forma de colocación, en el tipo de aplicación y en el comportamiento energético real del edificio**. Elegir el tipo de aislamiento adecuado y colocarlo correctamente es tan importante como su conductividad térmica.

Los **aislamientos rígidos** son aquellos que mantienen su forma y dimensiones sin necesidad de soporte adicional. Suelen presentarse en forma de placas y tienen una **alta resistencia a la compresión,** lo que los hace adecuados para zonas sometidas a cargas o esfuerzos mecánicos.

Son habituales en cubiertas planas, suelos, fachadas por el exterior y sistemas donde el aislamiento debe soportar peso o quedar expuesto durante la ejecución. Desde el punto de vista energético, ofrecen un comportamiento estable siempre que se coloquen con continuidad y se eviten juntas abiertas entre placas.

En obra, uno de los errores más comunes con aislamientos rígidos es **no ajustar correctamente las uniones**. Pequeñas separaciones entre placas generan discontinuidades térmicas que reducen la eficacia del conjunto. También es frecuente dañarlos durante el acopio o la colocación, comprometiendo su comportamiento. Aunque son materiales robustos, **no son indestructibles**, y su correcta manipulación es esencial para mantener sus prestaciones.

Los **aislamientos semirrígidos** presentan cierta rigidez, pero permiten adaptarse a irregularidades del soporte. Son habituales en fachadas con sistemas de trasdosado, cámaras de aire o cerramientos ligeros. Este tipo de aislamiento combina una buena estabilidad dimensional con cierta capacidad de ajuste, lo que facilita una colocación continua si se ejecuta correctamente. Desde la obra, es importante evitar compresiones excesivas, ya que **alteran su espesor efectivo** y reducen su capacidad aislante.

Un fallo habitual con los aislamientos semirrígidos es confiar en su capacidad de "adaptarse" sin comprobar que **rellenan completamente el espacio disponible.** Huecos mal rellenados, solapes incorrectos o cortes imprecisos generan bolsas de aire no controladas que empeoran el comportamiento térmico. La precisión en el corte y el ajuste es fundamental para que estos materiales funcionen correctamente.

Los **aislamientos flexibles** suelen presentarse en mantas o rollos y tienen una gran capacidad de adaptación a superficies irregulares. Son habituales en cubiertas inclinadas, falsos techos y trasdosados interiores. Su principal ventaja es la facilidad de colocación en geometrías complejas, pero su mayor riesgo en obra es la **compresión o el desplazamiento** una vez colocados. Un aislamiento flexible aplastado o mal fijado pierde espesor y, con ello, gran parte de su eficacia térmica.

Desde la obra, los aislamientos flexibles requieren especial cuidado en la fijación y en la protección frente al aire y la humedad. Si quedan expuestos a corrientes de aire o se mueven con el tiempo, su comportamiento energético se degrada. Además, deben colocarse siempre de forma continua, sin huecos ni discontinuidades, algo que exige atención y rigor en la ejecución.

En conclusión, **no existe un tipo de aislamiento universalmente mejor,** sino soluciones más o menos adecuadas según la aplicación. Comprender las diferencias entre aislamientos rígidos, semirrígidos y flexibles permite al trabajador seleccionar y colocar el material correcto en cada situación. La eficiencia energética no depende solo del producto, sino de elegir el formato adecuado y ejecutarlo correctamente, respetando sus limitaciones y aprovechando sus ventajas dentro del sistema constructivo.

Comparación de aislamientos rígidos, semirrígidos y flexibles

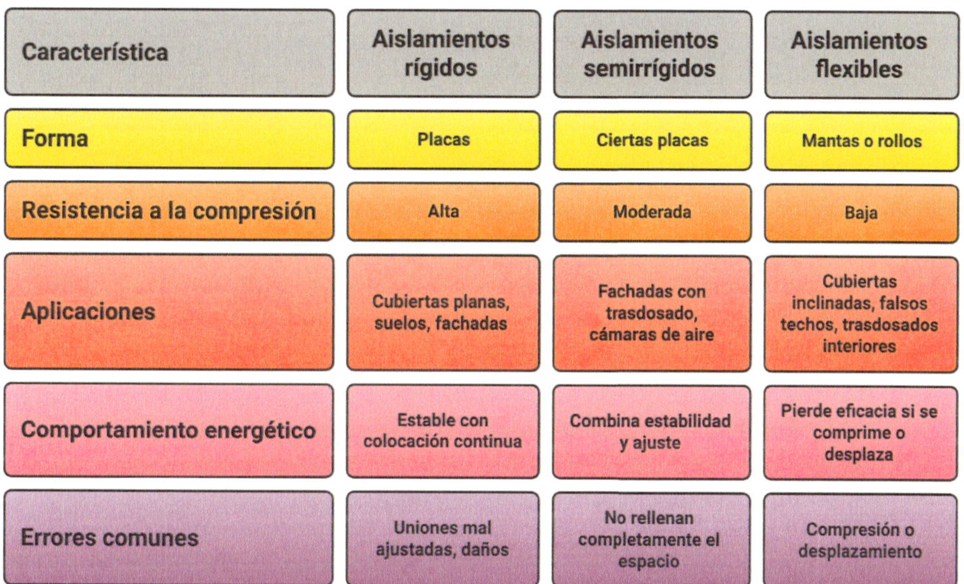

Característica	Aislamientos rígidos	Aislamientos semirrígidos	Aislamientos flexibles
Forma	Placas	Ciertas placas	Mantas o rollos
Resistencia a la compresión	Alta	Moderada	Baja
Aplicaciones	Cubiertas planas, suelos, fachadas	Fachadas con trasdosado, cámaras de aire	Cubiertas inclinadas, falsos techos, trasdosados interiores
Comportamiento energético	Estable con colocación continua	Combina estabilidad y ajuste	Pierde eficacia si se comprime o desplaza
Errores comunes	Uniones mal ajustadas, daños	No rellenan completamente el espacio	Compresión o desplazamiento

5. Barreras de Vapor y Láminas de Control de Condensaciones

Las **barreras de vapor y las láminas de control de condensaciones** son elementos fundamentales para el correcto funcionamiento energético y constructivo del edificio, aunque con frecuencia se **malinterpretan o se colocan incorrectamente en obra**. Su función principal no es aislar térmicamente, sino **regular el paso del vapor de agua a través de los cerramientos**, evitando condensaciones internas que deterioran los materiales y reducen la eficacia del aislamiento.

Para entender su importancia, es necesario recordar que el aire interior contiene **vapor de agua**, especialmente en edificios habitados. Este vapor tiende a desplazarse desde las zonas más cálidas y húmedas hacia las más frías. Cuando atraviesa un cerramiento y encuentra una capa fría en su recorrido, puede condensar en su interior. Estas **condensaciones intersticiales** no siempre son visibles, pero generan problemas graves: pérdida de prestaciones térmicas del aislamiento, humedades persistentes, aparición de moho y degradación de los materiales.

La **barrera de vapor** es una lámina con m**uy baja permeabilidad al vapor de agua**, cuya función es **impedir o limitar su paso** hacia el interior del cerramiento. Tradicionalmente, se coloca en la cara caliente del aislamiento, es decir, hacia el interior del edificio en climas fríos o templados. Desde la obra, uno de los errores más frecuentes es colocar la barrera de vapor en una posición incorrecta o directamente omitirla, pensando que el aislamiento "ya cumple su función". Sin embargo, aislamiento térmico y control de vapor **no son lo mismo**.

En los sistemas constructivos actuales, además de las barreras de vapor clásicas, se utilizan **láminas de control de vapor o láminas inteligentes**, que permiten un comportamiento variable según las condiciones de humedad. Estas láminas **frenan el paso del vapor cuando es necesario y lo permiten cuando conviene evacuar humedad**, ofreciendo mayor seguridad frente a condensaciones. En obra, su correcta colocación es esencial para que el sistema funcione como se ha previsto en proyecto.

Un aspecto crítico es la **continuidad de estas láminas**. Una barrera de vapor perforada, mal solapada o sin sellar en encuentros pierde gran parte de su eficacia. En obra, las perforaciones por pasos de instalaciones, fijaciones o registros son uno de los principales puntos de fallo. Cada rotura no sellada se convierte en una vía de paso del vapor, anulando el efecto protector de la lámina en esa zona. Por ello, su ejecución exige el mismo rigor que el aislamiento o la estanqueidad al aire.

Otro error habitual es confundir la barrera de vapor con una **lámina impermeable al agua**. Aunque algunas cumplen ambas funciones, su objetivo principal es controlar el vapor, no impedir filtraciones de agua líquida. Utilizar una lámina inadecuada o incompatible con el resto del sistema puede provocar acumulación de humedad en el cerramiento, justo el efecto contrario al deseado.

Desde el punto de vista energético, una mala gestión del vapor tiene consecuencias directas. Un aislamiento húmedo **aumenta su conductividad térmica**, lo que incrementa la demanda energética del edificio. Además, las patologías asociadas a la humedad reducen la durabilidad del sistema constructivo y generan costes de reparación que podrían haberse evitado con una ejecución correcta.

En conclusión, las barreras de vapor y las láminas de control de condensaciones son **elementos silenciosos pero decisivos** del sistema energético del edificio. No se ven una vez terminada la obra, pero condicionan su comportamiento durante décadas. El trabajador que comprende su función y las ejecuta correctamente protege el aislamiento, garantiza la durabilidad del cerramiento y contribuye de forma directa a la eficiencia energética y la salubridad del edificio.

6. Materiales Reflectantes y su Uso Real

Los **materiales reflectantes** suelen asociarse en obra a soluciones "de alta eficiencia", pero su uso genera a menudo **expectativas poco realistas** cuando no se comprende correctamente su función. Estos materiales no aíslan en el sentido clásico, ni sustituyen al aislamiento térmico convencional. Su aportación a la eficiencia energética se basa en **reducir la transferencia de calor por radiación**, y su eficacia depende en gran medida de **cómo y dónde se colocan**.

Desde un punto de vista técnico, un material reflectante es aquel que presenta una **alta reflectividad térmica,** es decir, devuelve gran parte de la radiación térmica que incide sobre su superficie. Normalmente se trata de láminas metálicas o multicapa con acabados aluminizados. En condiciones adecuadas, estos materiales reducen la ganancia de calor en verano y las pérdidas por radiación en invierno, pero **solo funcionan correctamente cuando existe una cámara de aire asociada**.

Uno de los errores más frecuentes en obra es pensar que una lámina reflectante **funciona por contacto directo con otros materiales**. En realidad, si se coloca pegada a un cerramiento sin cámara de aire, su efecto reflectante se anula casi por completo. En ese caso, el material se comporta como una capa más, con una contribución térmica muy limitada. Por ello, desde la obra, es fundamental entender que **la eficacia del material reflectante depende del sistema constructivo**, no solo del producto.

El uso real de estos materiales es especialmente adecuado en **cubiertas ligeras, cámaras ventiladas y soluciones donde la radiación solar es el principal problema**, como naves industriales, cubiertas metálicas o cerramientos expuestos. En estos casos, la lámina reflectante puede reducir de forma significativa la entrada de calor en verano, mejorando el confort interior y reduciendo la necesidad de refrigeración. Sin embargo, su eficacia es mucho menor en cerramientos pesados o en sistemas donde predomina la transmisión por conducción.

Otro aspecto importante es que los materiales reflectantes **no deben considerarse un sustituto del aislamiento térmico**. En obra, a veces se utilizan como solución "rápida" para cumplir exigencias energéticas, lo que conduce a edificios con un comportamiento térmico deficiente en invierno. La normativa actual exige valores de transmitancia que solo pueden alcanzarse con aislamiento térmico convencional. Los materiales reflectantes pueden complementar estas soluciones, pero **no reemplazarlas.**

La **ejecución en obra** es especialmente crítica en este tipo de materiales. La reflectividad se pierde si la superficie se ensucia, se oxida o se daña durante la colocación. Además, los solapes, fijaciones y encuentros deben ejecutarse con cuidado para no generar discontinuidades. Una lámina reflectante mal instalada ofrece una falsa sensación de eficiencia que no se traduce en un mejor comportamiento energético real.

Desde el punto de vista del trabajador, es esencial comprender que el valor de estos materiales **no está en su apariencia ni en su publicidad,** sino en su correcta integración en el sistema constructivo. Colocarlos sin respetar cámaras de aire, orientaciones o protecciones previstas conduce a soluciones ineficaces que pueden generar conflictos posteriores con la dirección facultativa o con el usuario final.

En conclusión, los materiales reflectantes tienen un **uso real y limitado**, y su eficacia depende de un conocimiento preciso de su funcionamiento. Utilizados correctamente, pueden mejorar el comportamiento energético en situaciones concretas; utilizados sin criterio, no aportan beneficios significativos. El operario que entiende esta diferencia ejecuta con mayor rigor técnico y evita errores frecuentes asociados a la mala interpretación de estos productos.

7. Compatibilidad entre Materiales

La **compatibilidad entre materiales** es un aspecto clave de la eficiencia energética que, en muchas ocasiones, **se infravalora en obra**. Un edificio puede incorporar materiales aislantes de alta calidad y soluciones técnicamente correctas, pero si estos materiales **no son compatibles entre sí o con el sistema constructivo**, el resultado final puede ser deficiente. La eficiencia energética no depende solo de qué material se coloca, sino de **cómo interactúa con los demás a lo largo del tiempo.**

Desde la práctica constructiva, la compatibilidad debe analizarse en varios niveles. El primero es la **compatibilidad física**, es decir, que los materiales puedan colocarse juntos sin generar tensiones, deformaciones o pérdidas de prestaciones. Por ejemplo, un aislamiento que se dilata de forma distinta al soporte puede provocar fisuras, separaciones o pérdidas de continuidad. En obra, estas incompatibilidades suelen aparecer cuando se sustituyen materiales previstos en proyecto por otros "equivalentes" sin comprobar su comportamiento conjunto.

Un segundo nivel es la **compatibilidad higrotérmica**. Los materiales tienen comportamientos distintos frente al paso del vapor de agua, la absorción de humedad y el secado. Combinar materiales muy impermeables al vapor con otros muy permeables sin un criterio claro puede provocar

acumulaciones de humedad en el interior del cerramiento. Desde la obra, esto obliga a respetar la posición de barreras de vapor, láminas de control y capas transpirables, entendiendo que no todos los materiales pueden colocarse en cualquier orden.

La **compatibilidad química** es otro aspecto relevante. Algunos aislamientos pueden reaccionar negativamente con determinados adhesivos, morteros, selladores o productos de limpieza. Estas reacciones no siempre son inmediatas, pero pueden degradar el material con el tiempo, reduciendo su eficacia térmica y su durabilidad. En obra, utilizar productos no recomendados por el fabricante o mezclar sistemas distintos suele ser el origen de este tipo de problemas.

Compatibilidad entre materiales

Característica	Compatibilidad física	Compatibilidad higrotérmica	Compatibilidad química	Compatibilidad mecánica
Descripción	Materiales colocados juntos sin tensiones	Comportamiento frente al vapor y humedad	Reacciones negativas entre materiales	Materiales protegidos de cargas
Problema	Dilatación diferente, fisuras	Acumulación de humedad	Degradación del material	Aplastamiento y pérdida de espesor
Solución	Comprobar el comportamiento conjunto	Respetar el orden de las capas	Utilizar productos recomendados	Proteger el aislamiento

También debe tenerse en cuenta la **compatibilidad mecánica**. Un material aislante puede funcionar correctamente si está protegido, pero deformarse o deteriorarse si se somete a cargas para las que no está diseñado. Colocar un aislamiento blando en una zona que recibe presión, tránsito o fijaciones sin protección adecuada provoca aplastamientos y pérdida de espesor efectivo. Desde el punto de vista energético, esto significa u**n aislamiento que deja de aislar**.

La compatibilidad afecta igualmente a la **secuencia de ejecución**. Hay materiales que deben colocarse antes que otros para garantizar su continuidad y protección. Alterar el orden previsto por comodidad o por falta de coordinación entre oficios suele generar cortes, solapes incorrectos o daños que comprometen el sistema energético. En obra, respetar esta secuencia es tan importante como el propio material.

Desde la experiencia práctica, muchos fallos energéticos no se deben a un material "malo", sino a **una mala combinación de materiales buenos**. Por ello, la eficiencia energética exige una visión de conjunto y no decisiones aisladas.

El trabajador que comprende la importancia de la compatibilidad entiende que **cada material forma parte de un sistema**, y que modificar uno sin analizar el resto puede romper el equilibrio energético del edificio.

En conclusión, la compatibilidad entre materiales es una condición imprescindible para que las soluciones de eficiencia energética funcionen correctamente. Desde la obra, garantizarla implica respetar el proyecto, seguir las recomendaciones técnicas y evitar improvisaciones.

Un edificio energéticamente eficiente no es el resultado de materiales excelentes por separado, sino de **materiales compatibles que trabajan juntos de forma coherente y duradera**.

8. Errores Frecuentes en Acopio, Corte y Colocación

En la eficiencia energética, **muchos fallos no se producen por una mala elección del material, sino por errores en el acopio, el corte y la colocación en obra**. Estos errores suelen considerarse menores o inevitables, pero tienen un impacto directo en el comportamiento térmico real del edificio. Un material aislante de altas prestaciones puede perder gran parte de su eficacia si no se manipula y ejecuta correctamente desde el primer momento.

El **acopio de materiales** es la primera fase crítica. Los aislamientos deben almacenarse en condiciones adecuadas, protegidos frente a la humedad, la radiación solar directa y las deformaciones. En obra, es habitual encontrar materiales aislantes apoyados directamente sobre el terreno, expuestos a la lluvia o aplastados por otros acopios. Estas situaciones deterioran el producto antes incluso de su colocación. Un aislamiento húmedo, deformado o dañado ya no ofrece las prestaciones previstas, aunque se instale correctamente después.

ERRORES FRECUENTES EN ACOPIO, CORTE Y COLOCACIÓN

¡El material **A EFICIENCIA ENERGÉTICA!** ¡¡

¡¡El material aislante debe, almacenarse, cortarse y colocarse de forma **rigurosa para ser eficiente!!**

1 ERRORES EN EL ACOPIO

- Almacenamiento al Aire Libre
- Contacto con Humedad y Barro
- Materiales Aplastados o Deformados
- Falta de Protección

2 ERRORES EN EL CORTE 2

- **Herramientas Inadecuadas**
- Cortes Imprecisos y con **Huecos**
- Ajustes a Base de Improvisaciones

3 ERRORES EN EL CORTE

- Herramientas **Inadecuadas**
- **Cortes Imprecisos** y con Huecos
- Ajustes a Base de Improvisaciones

3 ERRORES EN LA COLOCACIÓN 3

- **Compresión del Aislamiento**
- Huecos y Falta de Continuidad
- Golpes y Perforaciones Innecesarias

⚠ ¡MANIPULAR MAL EL AISLAMIENTO LO DETERIORA Y REDUCE SU EFICACIÁ!!

Aislamientos guardados, cortados o instalados sin rigor pierden gran parte de su **capacidad aislante.**

⚠ Visión Global | Rigor | Atención al Detalle | Ejecución Cuidadosa

El **corte de los materiales** es otro punto donde se generan numerosos errores. Cortes imprecisos, realizados sin herramientas adecuadas o sin tener en cuenta la geometría real del soporte, provocan huecos, solapes incorrectos o ajustes forzados. En obra, estos defectos suelen "arreglarse" rellenando con restos de material, espumas improvisadas o morteros, lo que genera discontinuidades y puentes térmicos. Un aislamiento debe **ajustarse con precisión**, no adaptarse de forma aproximada.

La **colocación del aislamiento** es, sin duda, la fase más determinante. Uno de los errores más frecuentes es la **compresión del material**, especialmente en aislamientos semirrígidos y flexibles. Al comprimir el aislamiento para que "quepa mejor", se reduce su espesor efectivo y, con ello, su capacidad aislante. Este error no es visible una vez cerrado el cerramiento, pero tiene consecuencias permanentes en la demanda energética del edificio.

Otro fallo habitual es la **falta de continuidad**. Dejar pequeñas zonas sin aislar, interrumpir el aislamiento en encuentros o no respetar el solape entre piezas genera puntos débiles por los que se transmite el calor. En obra, estos errores suelen producirse en zonas de difícil acceso o en encuentros complejos, donde se prioriza la rapidez frente a la precisión. Sin embargo, desde el punto de vista energético, **estos puntos son los más críticos.**

También son frecuentes los errores relacionados con la **protección del aislamiento** durante la ejecución. Golpes, perforaciones innecesarias, cortes posteriores para el paso de instalaciones o falta de protección frente al viento y la humedad deterioran el material ya colocado. En muchos casos, el aislamiento se instala correctamente, pero se daña en fases posteriores de la obra por falta de coordinación entre oficios.

Desde la experiencia en obra, estos errores se repiten porque **no se perciben de forma inmediata**. El edificio se termina, aparenta estar bien ejecutado y los problemas aparecen más tarde, en forma de mayor consumo, disconfort o patologías. Corregirlos una vez finalizada la obra suele ser costoso y complejo, lo que demuestra la importancia de prevenirlos desde el inicio.

En conclusión, el acopio, el corte y la colocación de los materiales aislantes son fases decisivas para la eficiencia energética. No basta con elegir buenos productos; es imprescindible **manipularlos y ejecutarlos con rigor**. El trabajador que cuida estos aspectos garantiza que el aislamiento funcione como se ha previsto y contribuye de forma directa a un edificio más eficiente, confortable y duradero.

9. Durabilidad y Envejecimiento de Materiales

La **durabilidad de los materiales** es un aspecto clave de la eficiencia energética que a menudo se pasa por alto en obra. Un edificio no es eficiente solo el día de su entrega, sino **durante toda su vida útil.** Por ello, los materiales relacionados con la eficiencia energética deben mantener sus prestaciones con el paso del tiempo. Cuando un material envejece mal o se degrada prematuramente, el comportamiento energético del edificio empeora, aunque en origen se haya ejecutado correctamente.

El **envejecimiento de los materiales** puede deberse a múltiples factores: exposición a la humedad, variaciones térmicas, radiación solar, esfuerzos mecánicos, agentes químicos o una ejecución deficiente. En el caso de los aislamientos térmicos, el envejecimiento suele manifestarse en forma de **pérdida de espesor, aumento de la conductividad térmica o deterioro físico**, lo que incrementa la demanda energética del edificio de forma progresiva y silenciosa.

Desde la obra, uno de los errores más habituales es **no considerar las condiciones reales a las que estará sometido el material**. Un aislamiento que funciona bien en laboratorio puede degradarse rápidamente si se coloca en una zona húmeda sin protección, si queda expuesto al aire en una cámara ventilada sin fijación adecuada o si se somete a cargas para las que no está diseñado. Estas situaciones no siempre provocan un fallo inmediato, pero sí reducen la vida útil del sistema energético.

Otro factor determinante es la **calidad de la ejecución**. Un material bien seleccionado puede envejecer mal si se instala con tensiones, cortes incorrectos o sin respetar las recomendaciones del fabricante. Por ejemplo, un aislamiento comprimido desde el primer día parte ya de una prestación inferior y es más susceptible a deformaciones futuras. Del mismo modo, una lámina mal solapada o perforada pierde eficacia con el tiempo, permitiendo el paso de aire o vapor de forma creciente.

DURABILIDAD Y EFICIENCIA ENERGÉTICA

Una elección y ejecución correcta aseguran
el rendimiento a largo plazo

ENVEJECIMIENTO DE LOS MATERIALES

¿Cómo afecta a la eficiencia energética?

Mayor Conductividad Térmica

- Pérdida de espesor
- Deterioro fisico

+ λ = 

Situaciones que **Debilitan** el Material y **Aceleran Su Degradación**

CONDICIONES REALES

- **Materiales susceptibles** al Agua Sin Protección Adecuada
- **Láminas al Aire sin Solapes Correctos** (en cámaras ventilada obras)
- **Aislamiento Semi-Rigido** sin Anclajes Suficientes

EJECUCIÓN CUIDADOSA

- ✔ **Respetar** las Prescripciones **Técnicas**
- ✔ **No Comprimir Ni Dañar** el Aislamiento
- ✔ **Compatibilidad** y Unión Correcta de Materiales
- ✔ **Proteger** los Materiales Durante Toda la Obra

MATERIALES DURABLES = EFICIENCIA A LARGO PLAZO

Elegir y ejecutar **correctamente los** materiales garantiza ún edificio eficiente **durante toda su vida útil.**

Aislamientos guardados, cortados o instalados sin rigor pierden gran parte de su capacidad aislante.

La durabilidad también está relacionada con la **compatibilidad entre materiales**. Cuando se combinan productos que reaccionan de forma distinta frente a la humedad o la temperatura, pueden generarse degradaciones aceleradas. En obra, estas incompatibilidades suelen pasar desapercibidas hasta que aparecen los primeros síntomas, momento en el que la corrección resulta compleja y costosa.

Desde el punto de vista energético, el envejecimiento de los materiales tiene un efecto acumulativo. Un pequeño aumento de la transmitancia térmica o una ligera pérdida de estanqueidad, mantenidos durante años, se traducen en **un incremento significativo del consumo energético total del edificio**. Por ello, la eficiencia energética debe entenderse como un compromiso a largo plazo, no como un cumplimiento puntual de requisitos.

En este contexto, la elección de materiales durables y la correcta ejecución en obra son una **inversión en eficiencia futura**. Un material que mantiene sus prestaciones reduce la necesidad de intervenciones, reparaciones y rehabilitaciones prematuras. Desde la obra, esto implica trabajar con criterio, respetar las prescripciones técnicas y proteger los materiales durante todas las fases de ejecución.

En conclusión, la durabilidad y el envejecimiento de los materiales condicionan directamente la eficiencia energética del edificio a lo largo del tiempo. El trabajador que comprende este aspecto sabe que su labor no termina al colocar un material, sino que está contribuyendo a que ese material f**uncione correctamente durante décadas**, garantizando un edificio más eficiente, sostenible y económicamente viable.

10. Responsabilidad del Operario en la Correcta Puesta en Obra

La **correcta puesta en obra** de los materiales relacionados con la eficiencia energética es una responsabilidad directa del operario y constituye uno de los factores más determinantes en el comportamiento final del edificio. Por muy bien definido que esté un proyecto o por muy avanzados que sean los materiales empleados, **si la ejecución no es rigurosa, la eficiencia energética prevista no se alcanza**. En este sentido, el operario no es un simple ejecutor, sino **un agente clave en la calidad energética del edificio**.

La responsabilidad del operario comienza con la **interpretación correcta de la documentación técnica**. Planos, detalles constructivos, memorias y fichas de producto contienen información esencial que debe trasladarse fielmente a la obra.

Cuando estos documentos se interpretan de forma superficial o se sustituyen por soluciones "habituales", se corre el riesgo de alterar el sistema energético del edificio. Entender el porqué de cada solución permite ejecutar con criterio y evitar errores que, aunque parezcan menores, tienen consecuencias a largo plazo.

Durante la ejecución, el operario es responsable de **respetar espesores, posiciones y continuidades**. Aislamientos mal ajustados, láminas perforadas, sellados incompletos o encuentros resueltos de forma improvisada rompen el sistema energético. Estos errores no siempre son visibles una vez finalizada la obra, pero condicionan el consumo y el confort durante toda la vida útil del edificio. Por ello, la puesta en obra debe realizarse con el mismo nivel de exigencia que cualquier otro elemento estructural o funcional.

Otro aspecto fundamental es la **protección de los materiales** antes, durante y después de su colocación. El operario debe evitar que los aislamientos se mojen, se deformen o se dañen por acciones posteriores de otros oficios. La eficiencia energética es un trabajo colectivo, y cada intervención debe respetar lo ya ejecutado. Cuando esta coordinación falla, el sistema energético se degrada progresivamente, incluso aunque cada oficio haya cumplido aparentemente con su tarea.

La responsabilidad del operario también incluye la **detección y comunicación de incidencias**. En obra surgen situaciones no previstas: encuentros complejos, incompatibilidades entre materiales o dificultades de ejecución. Ante estos casos, improvisar una solución sin criterio energético suele generar problemas posteriores. Un operario formado en eficiencia energética sabe cuándo debe detenerse, consultar y proponer una solución compatible con el sistema previsto. Esta actitud profesional evita errores irreversibles y mejora la calidad final de la obra.

Además, la correcta puesta en obra influye en la **durabilidad de las soluciones energéticas**. Un material bien colocado y protegido mantiene sus prestaciones durante décadas; uno mal ejecutado envejece prematuramente. Desde este punto de vista, la responsabilidad del operario no se limita al momento de la ejecución, sino que se proyecta en el tiempo, afectando al mantenimiento, al consumo y al valor del edificio.

En conclusión, la eficiencia energética en edificación **se construye en obra** y el operario es una pieza fundamental de ese proceso. Su conocimiento técnico, su rigor en la ejecución y su capacidad para comprender el sistema energético del edificio determinan el éxito o el fracaso de las soluciones previstas. Asumir esta responsabilidad eleva la calidad profesional del trabajo y contribuye a edificios más eficientes, confortables y sostenibles a largo plazo.

Resumen

Los materiales vinculados a la eficiencia energética desempeñan un papel esencial en el comportamiento térmico del edificio, pero su eficacia no depende únicamente de sus propiedades técnicas declaradas, sino también de su correcta selección, compatibilidad y ejecución en obra. El aislamiento y los materiales complementarios no deben considerarse productos genéricos o intercambiables, sino componentes técnicos que forman parte de un sistema constructivo que debe funcionar de manera coherente y continua.

La función principal de los materiales aislantes es reducir la transmisión de calor entre el interior y el exterior, limitando las pérdidas térmicas en invierno y las ganancias en verano. Esta capacidad se mide fundamentalmente a través de la conductividad térmica, representada por el valor λ. Cuanto menor es este valor, mayor es la resistencia del material al paso del calor. Sin embargo, este dato se obtiene en condiciones controladas de laboratorio y no siempre refleja el comportamiento real en obra. Factores como la humedad, la compresión, la falta de continuidad o una colocación inadecuada pueden aumentar la conductividad efectiva y reducir significativamente el rendimiento térmico.

Por ello, la correcta interpretación de las fichas técnicas es fundamental. No basta con conocer el valor de conductividad; es necesario analizar también la resistencia mecánica, la absorción de agua, la estabilidad dimensional y la compatibilidad con otros materiales del sistema constructivo. Un material con excelentes prestaciones térmicas puede resultar inadecuado si se coloca en un entorno donde esté expuesto a humedad sin protección o sometido a cargas que reduzcan su espesor efectivo. La eficiencia energética no consiste en elegir el producto con el mejor dato técnico, sino en garantizar que sus prestaciones se mantengan en condiciones reales de uso.

Los materiales habituales de construcción, como los cerámicos o el hormigón, no deben confundirse con materiales aislantes. Su aportación principal no es reducir la transmisión de calor, sino proporcionar inercia térmica, es decir, capacidad de acumular y liberar energía lentamente. Esta cualidad puede mejorar la estabilidad térmica interior cuando se combina con un aislamiento adecuado. Sin embargo, si estos materiales atraviesan la envolvente sin tratamiento térmico, se convierten en puentes térmicos que incrementan la demanda energética del edificio.

Los morteros, yesos y revestimientos tampoco aportan aislamiento significativo, pero influyen en el control del aire y de la humedad. Una ejecución cuidadosa mejora la estanqueidad del cerramiento, mientras que fisuras, juntas mal resueltas o discontinuidades favorecen filtraciones que incrementan el consumo energético. Asimismo, las carpinterías y acristalamientos, aunque no siempre se perciban como materiales aislantes, tienen un impacto decisivo en el rendimiento energético. Su eficacia depende tanto de sus prestaciones como de su correcta integración con el resto del cerramiento.

En función de su comportamiento mecánico, los aislamientos pueden clasificarse en rígidos, semirrígidos y flexibles. Los rígidos mantienen su forma y soportan cargas, siendo adecuados para cubiertas planas o suelos. Los semirrígidos combinan estabilidad y capacidad de adaptación a pequeñas irregularidades. Los flexibles, generalmente en mantas o rollos, se adaptan con facilidad a superficies complejas, pero son más sensibles a la compresión y al desplazamiento. Cada tipo exige una manipulación y colocación específicas para evitar discontinuidades, huecos o pérdida de espesor, que afectan directamente a la eficacia térmica.

Las barreras de vapor y las láminas de control de condensaciones cumplen una función diferente al aislamiento térmico. Su objetivo es regular el paso del vapor de agua a través del cerramiento para evitar condensaciones internas que deterioren los materiales y reduzcan la eficacia del aislamiento. Estas láminas deben colocarse en la posición adecuada dentro del sistema constructivo y mantenerse continuas, sin perforaciones ni solapes defectuosos. Aislamiento térmico y control del vapor son funciones distintas y complementarias, y confundirlas puede generar patologías y pérdidas energéticas.

Los materiales reflectantes, por su parte, actúan reduciendo la transferencia de calor por radiación, pero no sustituyen al aislamiento convencional. Su eficacia depende de que se integren en sistemas que incorporen cámaras de aire adecuadas. Cuando se colocan sin respetar estas condiciones, su contribución térmica es muy limitada. Por ello, deben entenderse como elementos complementarios en situaciones concretas y no como soluciones universales.

La compatibilidad entre materiales es un principio fundamental para garantizar el correcto funcionamiento del sistema energético. Los materiales deben ser compatibles desde el punto de vista físico, higrotérmico, químico y mecánico.

Incompatibilidades en cualquiera de estos aspectos pueden provocar fisuras, acumulaciones de humedad, reacciones indeseadas o pérdida de espesor efectivo. Muchos problemas energéticos no se deben a la baja calidad de un producto, sino a la combinación inadecuada de materiales que no trabajan de forma coordinada.

Además, la eficiencia energética puede verse comprometida por errores frecuentes en el acopio, el corte y la colocación. El almacenamiento inadecuado expone los aislamientos a humedad o deformaciones antes incluso de su instalación. Cortes imprecisos generan huecos o ajustes forzados que interrumpen la continuidad térmica. La compresión del aislamiento reduce su espesor efectivo y, por tanto, su capacidad aislante. Estos errores, aunque puedan parecer menores, tienen efectos acumulativos que se traducen en mayor demanda energética y menor confort.

La durabilidad y el envejecimiento de los materiales son factores decisivos para mantener la eficiencia a lo largo del tiempo. Un aislamiento que pierde espesor, absorbe humedad o se degrada físicamente aumenta progresivamente la transmitancia térmica del cerramiento. La eficiencia energética no es un resultado inmediato, sino una condición que debe sostenerse durante décadas. Por ello, la correcta ejecución, la protección durante la obra y la elección de materiales adecuados al entorno son inversiones en rendimiento futuro.

En este contexto, la responsabilidad del operario resulta determinante. La interpretación adecuada de la documentación técnica, el respeto a espesores y posiciones, la protección de los materiales y la coordinación con otros oficios influyen directamente en el comportamiento energético final. La eficiencia energética no se logra únicamente con buenos materiales, sino con una puesta en obra rigurosa y consciente. El trabajador que comprende que cada decisión constructiva afecta al sistema energético contribuye de manera decisiva a un edificio más eficiente, confortable y duradero.

En definitiva, la eficiencia energética depende de una correcta relación entre selección de materiales, compatibilidad, manipulación y ejecución. Solo cuando todos estos factores actúan de forma coherente puede garantizarse que las prestaciones técnicas previstas se traduzcan en resultados reales y sostenibles a lo largo del tiempo.

AUTOEVALUACIÓN

1. ¿Cuál es la función principal de un material aislante?

   A. Soportar cargas estructurales del edificio.
   B. Oponerse al paso del calor entre interior y exterior.
   C. Sustituir a las instalaciones de climatización.
   D. Impedir totalmente el paso del aire.

2. ¿Qué indica un valor bajo de conductividad térmica (λ)?

   A. Que el material transmite fácilmente el calor.
   B. Que el material es más resistente mecánicamente.
   C. Que el material ofrece mejor comportamiento aislante.
   D. Que el material no necesita espesor.

3. ¿Qué puede ocurrir si un aislamiento se moja?

   A. Mejora su capacidad aislante.
   B. Aumenta su conductividad térmica y pierde eficacia.
   C. No ocurre ningún cambio en sus prestaciones.
   D. Se vuelve más resistente a la compresión.

4. ¿Cuál es la principal aportación energética de materiales como el ladrillo o el hormigón?

   A. Son excelentes aislantes térmicos.
   B. Reducen completamente los puentes térmicos.
   C. Aportan masa térmica, acumulando y liberando calor lentamente.
   D. Sustituyen al aislamiento convencional.

5. ¿Qué caracteriza a los aislamientos rígidos?

   A. Se presentan en mantas o rollos.
   B. No soportan cargas mecánicas.
   C. Mantienen su forma y tienen alta resistencia a la compresión.
   D. Se colocan siempre sin juntas.

6. ¿Dónde debe colocarse normalmente la barrera de vapor en climas fríos o templados?

   A. En la cara exterior del cerramiento.
   B. En cualquier posición, es indiferente.
   C. En la cara caliente del aislamiento, hacia el interior.
   D. En contacto directo con el terreno.

7. ¿Cuál es un error frecuente al usar materiales reflectantes?

   A. Colocarlos con cámara de aire.
   B. Pensar que sustituyen al aislamiento térmico convencional.
   C. Utilizarlos en cubiertas ligeras.
   D. Protegerlos frente a la suciedad.

8. ¿Qué puede provocar la incompatibilidad higrotérmica entre materiales?

   A. Mejora de la estanqueidad.
   B. Acumulación de humedad en el interior del cerramiento.
   C. Reducción automática de la transmitancia.
   D. Mayor resistencia estructural.

9. ¿Qué efecto tiene comprimir un aislamiento flexible durante su colocación?

   A. Aumenta su espesor efectivo.
   B. Mejora su resistencia térmica.
   C. Reduce su espesor y su capacidad aislante.
   D. No influye en su comportamiento energético.

10. ¿Por qué es importante la durabilidad de los materiales en eficiencia energética?

   A. Porque solo afecta a la estética del edificio.
   B. Porque garantiza que el edificio sea eficiente únicamente al inicio.
   C. Porque permite mantener las prestaciones energéticas a lo largo del tiempo.
   D. Porque elimina la necesidad de mantenimiento.

MÓDULO

2. La Eficiencia Energética en el Proyecto

Contenido del Módulo

UNIDAD

2.1. Parámetros de Eficiencia Energética en el Proyecto de Construcción (Parte 1)

Contenido de la Unidad

- Qué es un Proyecto desde el Punto de Vista Energético
- La Memoria Energética y las Exigencias del CTE en Obra
- Soluciones Constructivas Definidas en Proyecto
- Conceptos Generales de los Aislamientos: Conductividad, Inercia, Vapor y Transmitancia
- Espesores de Aislamiento y Tolerancias Reales en Obra
- Continuidad del Aislamiento según Proyecto
- Detalles Constructivos y su Importancia Energética
- Puentes Térmicos Previstos en Proyecto
- Tratamiento de Encuentros en Fase de Diseño
- Huecos: Tipologías, Prestaciones del Vidrio, Marco y Hermeticidad
- Sistemas de Ventilación Previstos
- Compatibilidad entre Estructura y Envolvente
- Qué NO se Puede Modificar en Obra sin Consecuencias
- Cambios "Pequeños" que Generan Grandes Pérdidas Energéticas
- Resumen
- Autoevaluación

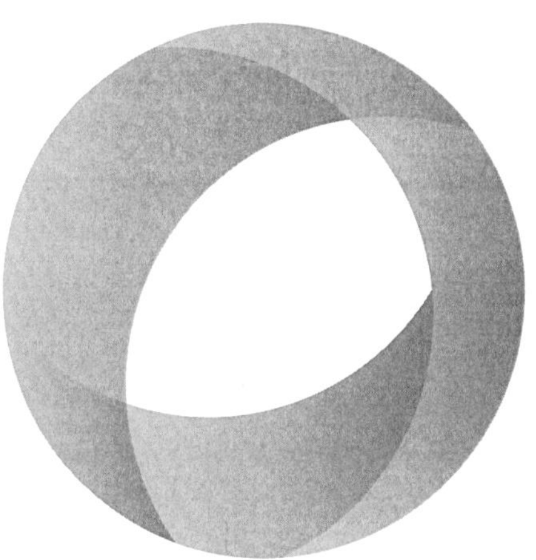

1. Qué es un Proyecto desde el Punto de Vista Energético

Desde el punto de vista energético, un proyecto de construcción no es únicamente un conjunto de planos, mediciones y definiciones técnicas destinadas a levantar un edificio, sino el documento donde se **decide, de forma anticipada, cómo se va a comportar energéticamente ese edificio durante toda su vida útil**. En el proyecto se fija la relación entre el edificio y el clima, la forma en que se controlan las pérdidas y ganancias de energía, el modo en que se garantiza el confort interior y el consumo que será necesario para mantenerlo.

Un proyecto energético define cómo el edificio responde al frío, al calor, al viento, a la radiación solar y a la humedad. A través de sus decisiones se establece si el edificio será eficiente o ineficiente, confortable o problemático, económico de mantener o costoso desde el primer día de uso. Por tanto, la eficiencia energética no es algo que se "añada" después, sino que **nace en el proyecto** y se materializa en obra.

Desde esta perspectiva, el proyecto actúa como una **hoja de ruta energética**. En él se determina la geometría del edificio, la compacidad, la orientación, el tamaño y disposición de los huecos, la continuidad de la envolvente térmica, los espesores de aislamiento y la elección de los sistemas constructivos. Todas estas decisiones influyen directamente en la demanda energética, es decir, en la cantidad de energía que el edificio necesitará para calefacción, refrigeración, ventilación e iluminación.

El proyecto también establece los valores que deben alcanzarse en términos de transmitancia térmica, control de infiltraciones de aire, protección frente a la radiación solar y reducción de pérdidas energéticas. Estos parámetros no son abstractos: se traducen en capas concretas, materiales específicos y soluciones constructivas que deben ejecutarse con precisión en obra. Cualquier desviación respecto a lo proyectado altera el equilibrio energético previsto.

Desde el punto de vista del trabajador de la construcción, entender el proyecto como un documento energético supone asumir que **cada elemento que se ejecuta tiene una función más allá de lo estructural o estético.**

Un aislamiento mal colocado, un encuentro resuelto de forma incorrecta o un hueco ejecutado sin respetar las especificaciones no es solo un defecto constructivo, sino una pérdida energética permanente que acompañará al edificio durante décadas.

Proyecto Energético: Una Hoja de Ruta

Característica	Descripción
Definición	Documento que anticipa el comportamiento energético del edificio
Propósito	Determina cómo el edificio responde al clima
Contenido	Geometría, orientación, aislamiento, sistemas
Impacto	Define la eficiencia, el confort y el costo
Ejecución	Requiere precisión para materializar el diseño
Compatibilidad	Asegura que los sistemas funcionen juntos
Límites	Establece qué ajustes son aceptables
Resultado	Transforma la idea en un edificio eficiente

El proyecto energético también fija las condiciones de compatibilidad entre los distintos sistemas del edificio. La envolvente, la estructura, los cerramientos, los huecos y las instalaciones deben funcionar como un conjunto coherente.

No se trata de piezas independientes, sino de un sistema único donde cualquier modificación afecta al comportamiento global. Por ello, el proyecto define no solo qué se construye, sino cómo y **en qué orden debe ejecutarse** para garantizar el resultado energético previsto.

Además, el proyecto establece los límites de actuación en obra. Hay elementos que admiten ajustes menores y otros que no pueden modificarse sin comprometer gravemente la eficiencia energética. Conocer esta diferencia es clave para evitar decisiones aparentemente pequeñas que generan grandes pérdidas de energía.

En definitiva, desde el punto de vista energético, un proyecto es el instrumento que transforma una idea arquitectónica en un edificio eficiente. Es el documento que anticipa el comportamiento térmico, fija las soluciones que deben respetarse y convierte la ejecución en obra en un proceso de materialización exacta de un diseño energético previamente calculado. Sin una correcta interpretación del proyecto, la eficiencia energética simplemente no puede cumplirse.

2. La Memoria Energética y las Exigencias del CTE en Obra

La memoria energética es una de las partes más determinantes del proyecto desde el punto de vista de la eficiencia energética, aunque con frecuencia es también una de las menos comprendidas en obra.

No se trata de un documento teórico ni de un simple requisito administrativo, sino del texto donde se **explica, justifica y fija cómo deben ejecutarse las soluciones energéticas del edificio**. Todo lo que aparece en la memoria energética tiene consecuencias directas en la forma de construir y en el resultado final del edificio.

En la memoria energética se describen los criterios adoptados para limitar la demanda energética del edificio y para cumplir las exigencias normativas en materia de ahorro de energía. En ella se justifica por qué se han elegido unos sistemas constructivos concretos, unos espesores de aislamiento determinados, unas carpinterías específicas o un sistema de ventilación concreto. No son decisiones arbitrarias: responden a cálculos previos y a un equilibrio entre comportamiento térmico, viabilidad constructiva y coste.

Desde el punto de vista práctico, la memoria energética define las **prestaciones mínimas que deben alcanzarse en obra**. Establece valores de transmitancia térmica, condiciones de continuidad del aislamiento, tratamientos de puentes térmicos, permeabilidad al aire de los huecos y criterios de protección solar. Estos valores no son orientativos, sino obligatorios, y cualquier modificación en obra que los altere afecta directamente al cumplimiento del proyecto.

La memoria energética también explica cómo debe comportarse el edificio frente al clima. En ella se describen las estrategias adoptadas para el invierno y para el verano, indicando si el diseño se apoya más en el aislamiento, en la inercia térmica, en el control solar o en la ventilación. Estas estrategias condicionan la ejecución: no es lo mismo un edificio diseñado para retener el calor que uno pensado para disiparlo, y los errores de interpretación en obra pueden anular completamente estas decisiones.

Otro aspecto fundamental de la memoria energética es que **vincula los materiales con su colocación**. No basta con emplear un aislamiento de un determinado espesor o una carpintería con unas prestaciones concretas; la memoria indica cómo deben instalarse para que funcionen correctamente. Una ejecución incorrecta convierte un material eficiente en un elemento ineficaz, y la memoria energética suele advertir de estas situaciones, aunque no siempre se lean con atención en obra.

Desde el punto de vista del trabajador, la memoria energética afecta directamente a la forma de ejecutar los trabajos. Define tolerancias, condiciones de solape entre capas, necesidad de continuidad entre elementos y orden lógico de ejecución. Ignorar estas indicaciones puede dar lugar a soluciones aparentemente correctas desde el punto de vista constructivo, pero incorrectas energéticamente.

Además, la memoria energética sirve como **documento de referencia en caso de conflictos o modificaciones**. Cuando se plantea un cambio en obra, es la memoria energética la que permite evaluar si ese cambio es compatible con el comportamiento energético previsto o si, por el contrario, supone una pérdida que debe corregirse o justificarse. Por ello, cualquier decisión en obra que afecte a cerramientos, aislamientos, huecos o instalaciones debería contrastarse siempre con este documento.

En muchos casos, los problemas energéticos de los edificios no se deben a un mal proyecto, sino a una mala interpretación de la memoria energética durante la ejecución. Espesores reducidos, materiales sustituidos sin criterio, encuentros resueltos “como siempre” o soluciones improvisadas suelen entrar en contradicción directa con lo que la memoria establece.

En resumen, la memoria energética es el texto que traduce los cálculos y decisiones del proyecto en instrucciones concretas para la obra. Afecta a la elección de materiales, a su colocación, al orden de ejecución y a los límites de actuación en obra.

Comprender su contenido no es solo responsabilidad del proyectista o de la dirección facultativa, sino también de todos los agentes que intervienen en la ejecución, ya que de su correcta aplicación depende que el edificio funcione energéticamente como fue diseñado.

El Código Técnico de la Edificación establece las exigencias básicas que deben cumplir los edificios en relación con la seguridad, la habitabilidad y el ahorro de energía.

Dentro de este marco, el **Documento Básico DB-HE**, dedicado al ahorro de energía, define las reglas y procedimientos que permiten justificar el cumplimiento de las exigencias energéticas del edificio. Su finalidad es que los edificios se proyecten, construyan, utilicen y mantengan de forma que el consumo energético sea limitado y compatible con unas condiciones adecuadas de confort y calidad interior.

Aunque el Código Técnico de la Edificación es un documento técnico y normativo, sus exigencias tienen una repercusión directa sobre la persona usuaria.

Desde su punto de vista, **el cumplimiento del CTE** no se percibe como un cálculo o como una justificación documental, sino como un edificio que consume menos energía, mantiene mejor la temperatura interior, evita corrientes de aire, reduce condensaciones, mejora la calidad del aire y ofrece unas condiciones de uso más confortables.

En materia de eficiencia energética, las exigencias del CTE afectan principalmente a la limitación del consumo energético, al control de la demanda, a la calidad de la envolvente térmica, al rendimiento de las instalaciones y a la incorporación de soluciones que reduzcan el uso de energía no renovable. El DB-HE especifica y cuantifica estas exigencias para edificios de nueva construcción y también para intervenciones en edificios existentes.

Desde el punto de vista de la persona usuaria, una de las consecuencias más importantes de estas exigencias es la reducción de la demanda energética. Esto significa que el edificio debe necesitar menos energía para mantener unas condiciones interiores adecuadas. Para conseguirlo, el proyecto define aislamientos, huecos, protecciones solares, soluciones de estanqueidad y tratamientos de puentes térmicos. Si estos elementos se ejecutan correctamente, el usuario necesitará menos calefacción en invierno y menos refrigeración en verano.

Otra consecuencia directa es la mejora del confort térmico. Un edificio que cumple adecuadamente las exigencias energéticas mantiene temperaturas interiores más estables, reduce la presencia de superficies frías y limita las diferencias de temperatura entre zonas. Esto mejora la sensación de bienestar y evita que el usuario tenga que compensar defectos constructivos mediante un uso intensivo de las instalaciones.

El CTE también tiene incidencia sobre la calidad del aire interior, especialmente a través de la ventilación. El edificio debe renovar el aire de forma suficiente para garantizar condiciones saludables, pero sin que esa renovación provoque pérdidas energéticas innecesarias. Por ello, el proyecto define sistemas de ventilación adecuados al uso del edificio, y su correcta ejecución resulta esencial para evitar ambientes cargados, exceso de humedad o consumos superiores a los previstos.

A nivel de persona usuaria, también son relevantes las exigencias relacionadas con la protección frente a condensaciones y humedades. Una envolvente mal aislada, con puentes térmicos o con filtraciones de aire puede generar superficies frías donde aparece condensación, con el consiguiente riesgo de mohos, deterioro de acabados y pérdida de salubridad. Las exigencias energéticas del proyecto buscan evitar estas situaciones mediante soluciones constructivas continuas, compatibles y correctamente ejecutadas.

Desde la obra, es importante comprender que el cumplimiento del CTE no depende únicamente de que el proyecto esté bien calculado. Las prestaciones previstas solo se alcanzan si los materiales, espesores, posiciones, sellados y encuentros se ejecutan conforme a lo definido. Un aislamiento reducido, una ventana mal colocada, una junta sin sellar o un puente térmico no resuelto pueden impedir que el edificio ofrezca al usuario las condiciones de eficiencia y confort previstas.

Por tanto, las exigencias del Código Técnico de la Edificación a nivel de persona usuaria se traducen en resultados muy concretos: menor consumo energético, mayor confort, mejor calidad del aire, reducción de condensaciones, mayor durabilidad de los elementos constructivos y menor dependencia de las instalaciones. El usuario no percibe directamente la norma, pero sí percibe sus efectos cuando el edificio funciona correctamente.

En conclusión, el Código Técnico de la Edificación no debe entenderse en obra como una obligación documental alejada de la realidad constructiva. Sus exigencias energéticas tienen como finalidad mejorar el comportamiento real de los edificios y las condiciones de uso de las personas que los ocupan. Por ello, cada decisión de ejecución que respeta el proyecto contribuye directamente a que el edificio cumpla su función energética y proporcione a la persona usuaria un espacio más eficiente, confortable y saludable.

3. Soluciones Constructivas Definidas en Proyecto

Las soluciones constructivas definidas en el proyecto son la traducción directa de los objetivos energéticos del edificio a elementos físicos concretos. A través de ellas, el proyecto transforma criterios abstractos como aislamiento, estanqueidad o control térmico en **capas, materiales, espesores y sistemas que deben ejecutarse con precisión en obra**.

Desde el punto de vista energético, estas soluciones no son intercambiables ni adaptables sin consecuencias, ya que cada una ha sido seleccionada para cumplir una función específica dentro del conjunto del edificio.

Una solución constructiva energética no se limita a describir un muro, una cubierta o un forjado, sino que define cómo ese elemento participa en el equilibrio térmico del edificio. En ella se especifican las capas que lo componen, el orden en que se disponen, el comportamiento frente al calor y al frío, y su relación con los elementos colindantes. El proyecto establece estas soluciones tras evaluar su comportamiento global, no de manera aislada, sino como parte de una envolvente continua.

Desde el punto de vista de la obra, es fundamental entender que **cada solución constructiva responde a un cálculo previo**. El espesor del aislamiento, la posición de la barrera de vapor, la presencia de cámaras de aire o la elección de un material determinado no se deben a una preferencia estética o a una costumbre constructiva, sino a la necesidad de alcanzar unos valores energéticos concretos. Alterar cualquiera de estos elementos modifica el resultado final.

Las soluciones constructivas definidas en proyecto también tienen en cuenta la compatibilidad entre sistemas. Un cerramiento no funciona igual si se apoya sobre una estructura de hormigón que sobre una estructura metálica, ni si se conecta con una cubierta plana o inclinada. Por ello, el proyecto define soluciones específicas para cada situación, evitando improvisaciones en obra que puedan generar discontinuidades en el aislamiento o pérdidas energéticas ocultas.

Otro aspecto clave es que estas soluciones establecen **límites claros a la actuación del personal de obra**. Aunque en la ejecución puedan surgir dificultades prácticas, no todas las soluciones admiten ajustes sin revisión técnica. Sustituir un material por otro "similar", reducir un espesor para facilitar la colocación o modificar el orden de las capas puede parecer una decisión menor, pero desde el punto de vista energético supone una alteración del proyecto que afecta al comportamiento del edificio.

Las soluciones constructivas energéticas también determinan el orden lógico de ejecución. Algunas capas solo funcionan correctamente si se colocan en un momento concreto del proceso constructivo y en coordinación con otros oficios. El proyecto tiene en cuenta esta secuencia, y saltarse el orden previsto suele generar soluciones incompletas o mal resueltas, especialmente en encuentros y zonas singulares.

Desde el punto de vista del trabajador, comprender las soluciones constructivas definidas en proyecto implica asumir que **no se trata solo de construir "como siempre"**, sino de ejecutar exactamente lo que se ha diseñado para que el edificio sea eficiente. La repetición de soluciones tradicionales sin atender a las especificaciones del proyecto es una de las principales causas de pérdida de eficiencia energética en obra.

Además, estas soluciones sirven como referencia para el control de calidad. Permiten comprobar si lo ejecutado coincide con lo proyectado, tanto **en materiales como en disposición y continuidad**. Cuando una solución constructiva no se ejecuta conforme al proyecto, el problema no siempre es visible a simple vista, pero sus efectos se manifiestan posteriormente en forma de consumos elevados, falta de confort o patologías térmicas.

En definitiva, las soluciones constructivas definidas en el proyecto son el núcleo físico del diseño energético del edificio. **Su correcta ejecución garantiza que el edificio funcione como se ha calculado**, mientras que cualquier desviación, por pequeña que parezca, rompe el equilibrio energético previsto y compromete el resultado final. Por ello, respetarlas no es una cuestión de formalidad, sino una condición imprescindible para que la eficiencia energética proyectada se convierta en una realidad construida.

4. Conceptos Generales de los Aislamientos: Conductividad, Inercia, Vapor y Transmitancia

Los aislamientos definidos en el proyecto no se eligen únicamente por su espesor o por su apariencia, sino por un conjunto de propiedades que determinan cómo se comportará energéticamente el edificio. Desde el punto de vista del proyecto, cada material aislante debe cumplir una función concreta dentro del cerramiento y debe ser compatible con el resto de capas que forman la solución constructiva.

Uno de los conceptos más importantes es la **conductividad térmica.** La conductividad indica la capacidad de un material para transmitir el calor. Cuanto menor es su valor, mayor es su capacidad aislante. En el proyecto, este dato permite seleccionar el tipo de aislamiento y calcular el espesor necesario para alcanzar la transmitancia térmica prevista en fachadas, cubiertas, suelos o particiones en contacto con espacios no climatizados.

Sin embargo, la conductividad térmica no debe interpretarse de forma aislada. Un material con una conductividad baja puede perder eficacia si se coloca de manera incorrecta, si se moja, si se comprime o si queda interrumpido en encuentros y puntos singulares. Por ello, el proyecto no solo define el material, sino también su posición, continuidad, protección y forma de colocación.

La **inercia térmica** también influye en el comportamiento energético del edificio. Aunque no es una propiedad exclusiva de los aislamientos, sí afecta al funcionamiento del conjunto del cerramiento. La inercia está relacionada con la capacidad de ciertos materiales para acumular calor y liberarlo lentamente. En proyecto, esta propiedad se tiene en cuenta para mejorar la estabilidad térmica interior, amortiguar cambios bruscos de temperatura y reducir la necesidad de climatización.

Es importante no confundir inercia térmica con aislamiento. Un material pesado, como el hormigón o la cerámica, puede tener elevada inercia, pero no necesariamente una buena capacidad aislante. Por eso, el proyecto combina materiales con distintas funciones: unos aportan masa térmica, otros reducen la transmisión de calor y otros controlan la humedad o la estanqueidad. La eficiencia energética surge de la correcta combinación de todos ellos.

Otro aspecto que debe contemplarse en el proyecto es el comportamiento frente al **vapor de agua**. Los cerramientos no solo están sometidos al paso del calor, sino también a movimientos de humedad en forma de vapor. Según el tipo de material y su posición dentro del cerramiento, el vapor puede desplazarse de una capa a otra y, si encuentra superficies frías, puede condensar en el interior del sistema constructivo.

Por este motivo, el proyecto define barreras de vapor, láminas de control de condensaciones o materiales con distinta permeabilidad al vapor. Estas soluciones buscan evitar acumulaciones de humedad que reduzcan las prestaciones del aislamiento, deterioren los materiales o generen patologías. Desde la obra, es fundamental respetar la posición prevista de estas capas, ya que colocarlas en un lugar incorrecto puede alterar el equilibrio higrotérmico del cerramiento.

La **transmitancia térmica** es el parámetro que permite valorar el comportamiento del cerramiento completo. A diferencia de la conductividad, que se refiere a un material concreto, la transmitancia tiene en cuenta el conjunto de capas que forman el elemento constructivo. Por ello, una fachada, una cubierta o un suelo no se evalúan solo por el aislamiento utilizado, sino por la solución completa definida en proyecto.

En el proyecto, la transmitancia térmica permite comprobar si el cerramiento cumple las exigencias energéticas previstas. Para alcanzarla, se combinan materiales, espesores, posiciones y detalles constructivos. Si en obra se reduce el espesor del aislamiento, se sustituye un material, se comprime una capa o se interrumpe la continuidad, la transmitancia real del cerramiento empeora respecto a la calculada.

Desde el punto de vista del trabajador, estos conceptos tienen una aplicación directa. La conductividad ayuda a comprender por qué se selecciona un aislamiento concreto; la inercia explica por qué importa la posición de ciertos materiales; el comportamiento frente al vapor justifica la colocación de láminas y barreras; y la transmitancia muestra que el resultado energético depende del conjunto del cerramiento, no de una única capa.

En conclusión, los conceptos de conductividad, inercia, vapor y transmitancia permiten entender por qué el proyecto define los aislamientos de una determinada manera. Respetar el material, el espesor, la posición, la continuidad y la compatibilidad entre capas es imprescindible para que el cerramiento alcance las prestaciones energéticas previstas. En obra, aplicar correctamente estos criterios evita pérdidas de eficiencia, condensaciones, deterioro de materiales y desviaciones respecto al comportamiento calculado del edificio.

5. Espesores de Aislamiento y Tolerancias Reales en Obra

El espesor del aislamiento es uno de los parámetros más sensibles del proyecto desde el punto de vista energético. Aunque pueda parecer un dato sencillo, unos pocos milímetros de diferencia en el espesor previsto pueden suponer **variaciones significativas en el comportamiento térmico del edificio**. Por esta razón, el proyecto define espesores concretos que no responden a criterios arbitrarios, sino a cálculos previos de transmitancia térmica y demanda energética.

Desde el punto de vista energético, el aislamiento es el principal elemento encargado de reducir las pérdidas de calor en invierno y las ganancias de calor en verano. Su espesor determina **la resistencia térmica del cerramiento** y, por tanto, la cantidad de energía que atraviesa ese elemento. Cuando el aislamiento se ejecuta con un espesor inferior al proyectado, el cerramiento deja de cumplir las prestaciones previstas, aunque el resto de la solución constructiva sea correcta.

En obra, sin embargo, entran en juego las llamadas tolerancias reales de ejecución. Estas tolerancias son inevitables hasta cierto punto, ya que la construcción no es un proceso industrial perfectamente controlado. No obstante, es importante distinguir entre tolerancias admisibles y **reducciones sistemáticas del espesor** que alteran de forma significativa el resultado energético. El proyecto suele contemplar márgenes de tolerancia razonables, pero nunca justifica una disminución deliberada del aislamiento.

Uno de los errores más frecuentes en obra es considerar que "un poco menos de aislamiento no se nota". Desde el punto de vista energético, esta afirmación es falsa. L**a pérdida de espesor afecta de forma directa a la transmitancia térmica** y, además, puede generar discontinuidades entre zonas correctamente ejecutadas y otras deficitarias, provocando puentes térmicos lineales o puntuales que multiplican las pérdidas energéticas.

Otro aspecto crítico es la **uniformidad del espesor**. No basta con que el aislamiento tenga el espesor correcto en la mayor parte del cerramiento; es imprescindible que lo mantenga en todo su desarrollo. Zonas comprimidas, recortes mal ajustados, encuentros mal resueltos o interferencias con instalaciones reducen localmente el espesor efectivo y generan puntos débiles desde el punto de vista térmico.

Las tolerancias reales en obra también están relacionadas con la calidad del soporte y con la correcta colocación del aislamiento. Un soporte irregular puede provocar deformaciones, huecos o aplastamientos del material aislante, reduciendo su espesor efectivo sin que sea fácilmente visible una vez finalizada la obra. Por ello, el proyecto y la dirección facultativa suelen insistir en la preparación adecuada de los paramentos antes de la colocación del aislamiento.

Desde el punto de vista del trabajador, es fundamental comprender que **el espesor proyectado no es orientativo**, sino una condición de funcionamiento del edificio.

Ajustar el aislamiento "para que encaje" o reducirlo para resolver un problema puntual de ejecución implica asumir una pérdida energética que acompañará al edificio durante toda su vida útil. Estas decisiones, aparentemente menores, tienen consecuencias permanentes.

Además, **la reducción de espesores suele tener un efecto acumulativo**. Si se reduce el aislamiento en fachada, en cubierta y en encuentros, el resultado global es un edificio mucho menos eficiente de lo previsto, aunque visualmente cumpla con la imagen proyectada. El proyecto energético se basa en la suma de prestaciones, y cada reducción contribuye a empeorar el resultado final.

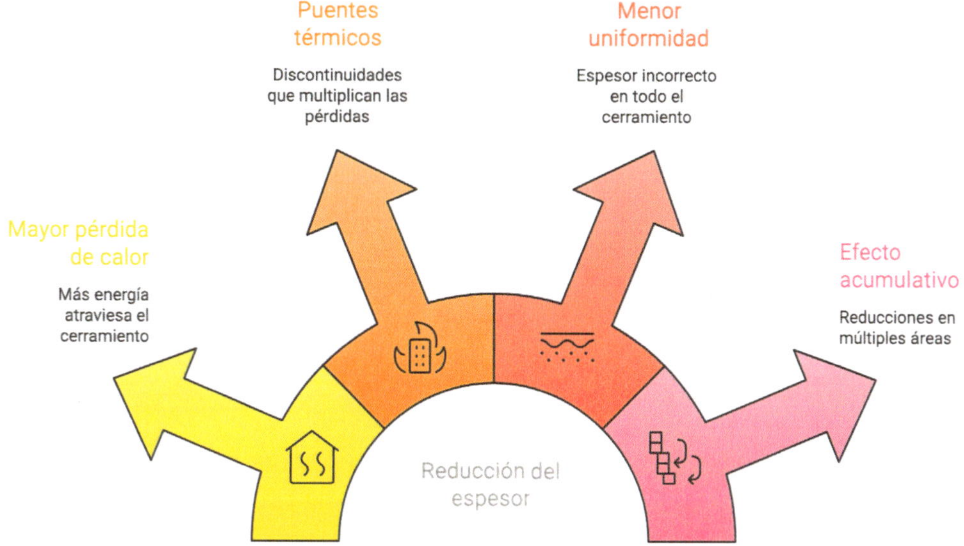

En resumen, los espesores de aislamiento definidos en proyecto son un elemento clave del diseño energético y deben respetarse con precisión. Las tolerancias reales en obra solo son admisibles dentro de los márgenes previstos y nunca deben convertirse en una excusa para reducir prestaciones. Garantizar el espesor correcto y su uniformidad es una responsabilidad compartida que condiciona directamente el consumo energético, el confort interior y la calidad final del edificio.

6. Continuidad del Aislamiento según Proyecto

La continuidad del aislamiento es uno de los principios fundamentales de la eficiencia energética en edificación y uno de los aspectos que más se ve comprometido durante la ejecución de la obra.

El proyecto define el aislamiento como una **capa continua** que envuelve el volumen habitable del edificio, sin interrupciones ni discontinuidades, de forma que se minimicen las pérdidas y ganancias de energía. Esta continuidad no es una recomendación, sino una condición imprescindible para que el edificio alcance el comportamiento térmico previsto.

Desde el punto de vista energético, un aislamiento discontinuo es casi tan ineficaz como un aislamiento inexistente en determinadas zonas. Una interrupción puntual, aunque sea pequeña, puede convertirse en un punto de fuga energética que anule en parte el efecto del aislamiento correctamente ejecutado en el resto del cerramiento. Por ello, el proyecto no solo define espesores y materiales, sino también cómo debe mantenerse la continuidad del aislamiento en encuentros, cambios de plano y zonas singulares.

La continuidad del aislamiento debe garantizarse en todos los elementos que conforman la envolvente térmica: fachadas, cubiertas, suelos en contacto con el terreno o con espacios no habitables, y elementos estructurales que atraviesan el cerramiento.

El proyecto establece cómo debe resolverse esta continuidad, indicando solapes, prolongaciones y soluciones específicas para evitar interrupciones.

Uno de los puntos más críticos en obra es la **transición entre distintos elementos constructivos**. El encuentro entre fachada y forjado, entre fachada y cubierta o entre cerramiento vertical y carpintería suele ser una fuente habitual de discontinuidades.

El proyecto define estas zonas con especial detalle porque son lugares donde el aislamiento tiende a interrumpirse si no se ejecuta exactamente como está previsto.

Desde el punto de vista del trabajador, mantener la continuidad del aislamiento **implica coordinar correctamente los trabajos con otros oficios**. El aislamiento no puede entenderse como una tarea aislada, sino como un proceso que debe integrarse con la ejecución de la estructura, la colocación de instalaciones y la ejecución de acabados. Si cada oficio actúa de manera independiente, es fácil que se generen interrupciones no previstas en el proyecto.

Otro aspecto clave es que la continuidad del aislamiento no se limita a la fase inicial de colocación. **Durante la obra pueden producirse perforaciones, rozas o ajustes posteriores que rompen la capa aislante**. El proyecto suele indicar cómo deben resolverse estas intervenciones para restituir la continuidad, pero en la práctica es frecuente que no se reparen adecuadamente, dejando puntos débiles ocultos.

Desde el punto de vista energético, estas discontinuidades generan **puentes térmicos no previstos**, aumentan las pérdidas de energía y pueden provocar problemas de confort, condensaciones y patologías a medio y largo plazo. Un aislamiento discontinuo provoca zonas frías en el interior del edificio, incrementa el consumo energético y reduce la eficacia de los sistemas de climatización.

El proyecto energético considera la continuidad del aislamiento como un sistema global. **No basta con que cada tramo esté correctamente ejecutado de forma independiente**; es imprescindible que todos los tramos se conecten entre sí sin interrupciones. Por ello, el control de la continuidad debe realizarse durante la ejecución y no solo al final de la obra, cuando ya no es posible corregir los errores sin un elevado coste.

En definitiva, la continuidad del aislamiento según proyecto es una condición esencial para garantizar la eficiencia energética del edificio. Respetarla exige atención al detalle, coordinación entre oficios y una ejecución rigurosa de las soluciones definidas. Cualquier interrupción, por pequeña que parezca, compromete el comportamiento térmico del conjunto y convierte una solución energética bien diseñada en un sistema ineficiente.

7. Detalles Constructivos y su Importancia Energética

Los detalles constructivos son el punto donde el proyecto energético se vuelve plenamente tangible. Aunque a menudo se consideran elementos secundarios frente a los grandes sistemas del edificio, desde el punto de vista de la eficiencia energética los detalles son **decisivos**, ya que en ellos se resuelven las zonas más delicadas de la envolvente.

Un edificio puede estar correctamente diseñado en términos generales y, sin embargo, presentar un comportamiento energético deficiente si los detalles constructivos no se ejecutan conforme a lo proyectado.

Desde el punto de vista energético, un detalle constructivo define cómo se comporta un encuentro concreto frente al paso del calor, del aire y de la humedad.

En estas zonas se concentran los mayores riesgos de pérdidas energéticas, infiltraciones de aire no controladas y condensaciones. Por este motivo, el proyecto dedica especial atención a los detalles, especificando con precisión cómo deben conectarse los distintos elementos del edificio para mantener la continuidad de la envolvente térmica.

Los detalles constructivos no son dibujos ornamentales ni soluciones genéricas. Cada uno responde a una situación concreta y ha sido diseñado para resolver un problema energético específico. El proyecto define, por ejemplo, cómo debe pasar el aislamiento por delante de un forjado, cómo se resuelve el apoyo de una carpintería, cómo se protege un encuentro con el terreno o cómo se garantiza la estanqueidad en un cambio de plano. Ignorar estos detalles equivale a anular parte del diseño energético del edificio.

En obra, uno de los errores más frecuentes es simplificar los detalles constructivos "para facilitar la ejecución". Desde un punto de vista energético, esta práctica suele tener consecuencias graves. Eliminar una pieza auxiliar, reducir un solape o modificar la disposición de las capas puede parecer una mejora constructiva, pero energéticamente supone la aparición de discontinuidades, puentes térmicos o puntos de infiltración que no estaban previstos en el proyecto.

Los detalles constructivos son especialmente importantes porque suelen concentrar **efectos acumulativos**. Un pequeño error en un único punto puede multiplicarse si se repite en toda la obra. Por ejemplo, un mal detalle en el encuentro de fachada con forjado, repetido planta a planta, genera una pérdida energética lineal que afecta a todo el edificio. Por ello, el proyecto define estos detalles con un alto nivel de precisión, consciente de su impacto global.

Desde el punto de vista del trabajador, comprender la importancia energética de los detalles constructivos implica asumir que no se trata solo de "rematar bien", sino de **ejecutar exactamente lo que está dibujado**.

Cada línea y cada capa representada en un detalle tiene una función energética. La interpretación libre o la adaptación improvisada suele romper la lógica del diseño y generar problemas que no siempre son visibles en el momento de la ejecución.

Otro aspecto clave es que los detalles constructivos sirven como referencia para la coordinación entre oficios. **En ellos se ve claramente qué trabajo corresponde a cada fase y cómo deben solaparse las actuaciones para garantizar el resultado energético**. Cuando los oficios no siguen el detalle proyectado o no coordinan su trabajo, es habitual que se produzcan interferencias que obligan a resolver los encuentros de forma improvisada, con el consiguiente perjuicio energético.

Además, **los detalles constructivos tienen una función preventiva frente a patologías futuras**. Un detalle bien ejecutado evita condensaciones, humedades y pérdidas de confort que, a largo plazo, generan reclamaciones, intervenciones correctivas y un aumento del consumo energético. Por el contrario, un detalle mal resuelto puede comprometer la durabilidad del edificio y su eficiencia desde el primer momento de uso.

En resumen, **los detalles constructivos son piezas clave del diseño energético del proyecto**. En ellos se concentran las decisiones más delicadas y su correcta ejecución marca la diferencia entre un edificio que cumple sus objetivos energéticos y otro que presenta pérdidas constantes. Respetar los detalles proyectados no es una cuestión de estética o formalidad, sino una condición imprescindible para garantizar la eficiencia energética real del edificio.

8. Puentes Térmicos Previstos en Proyecto

Los puentes térmicos son zonas del edificio donde se produce una **alteración del flujo normal de calor** debido a cambios en la geometría, en los materiales o en la continuidad del aislamiento. Desde el punto de vista energético, representan uno de los principales focos de pérdidas térmicas y, por tanto, un aspecto crítico del proyecto. Lejos de ser un defecto inevitable, los puentes térmicos son elementos que el proyecto **identifica, calcula y trata de forma específica** para minimizar su impacto.

El proyecto energético no parte de la idea de eliminar completamente los puentes térmicos, ya que muchos de ellos son estructuralmente inevitables, sino de **controlarlos y reducir su efecto**.

Por ello, en fase de diseño se analizan las zonas más sensibles del edificio, es decir, encuentros entre fachada y forjado, pilares embebidos en cerramientos, arranques de cubierta, contornos de huecos o encuentros con el terreno, y se definen soluciones constructivas que limitan las pérdidas de energía en estos puntos.

Desde el punto de vista del proyecto, los puentes térmicos previstos no son errores, sino zonas críticas conocidas que han sido consideradas en los cálculos energéticos. El diseño incorpora soluciones específicas para cada caso, como prolongaciones del aislamiento, rupturas de puente térmico, cambios en la disposición de los materiales o elementos auxiliares que mejoran el comportamiento térmico. Estas soluciones deben ejecutarse exactamente como están definidas para que el resultado energético previsto sea válido.

En obra, uno de los errores más habituales es **no diferenciar entre puentes térmicos previstos y puentes térmicos generados por una mala ejecución**. Cuando el aislamiento se interrumpe, se reduce un espesor o se resuelve un encuentro de forma distinta a la proyectada, se crean puentes térmicos adicionales que no han sido calculados ni compensados en el proyecto. Estos puentes térmicos no previstos incrementan las pérdidas energéticas y pueden provocar problemas de confort y condensaciones.

Desde el punto de vista del trabajador, es fundamental entender que los puentes térmicos previstos en proyecto **no deben empeorarse en obra**. Cualquier modificación en la solución diseñada altera el equilibrio térmico y puede convertir un puente térmico controlado en un punto crítico sin tratamiento adecuado. Por ello, los detalles de proyecto que afectan a estas zonas deben respetarse con especial atención.

Los puentes térmicos previstos **también influyen directamente en el comportamiento higrotérmico del edificio**. En estas zonas suele producirse un descenso de la temperatura superficial interior, lo que aumenta el riesgo de condensaciones superficiales y de aparición de moho si no se ejecutan correctamente las soluciones previstas. El proyecto tiene en cuenta estos riesgos y los mitiga mediante el diseño, pero solo si se ejecuta fielmente.

Otro aspecto relevante es que los puentes térmicos tienen un **efecto lineal.** A diferencia de una pérdida puntual, un puente térmico se extiende a lo largo de una línea; por ejemplo, todo el perímetro de un forjado, lo que multiplica su impacto energético. Un pequeño error repetido a lo largo de decenas o cientos de metros puede suponer una pérdida energética muy elevada, aunque pase desapercibido visualmente.

En fase de obra, la correcta identificación de los puentes térmicos previstos permite planificar mejor la ejecución. El personal debe conocer dónde se encuentran estas zonas críticas y qué soluciones específicas deben aplicarse, evitando improvisaciones que alteren el diseño energético. La coordinación entre oficios es especialmente importante en estos puntos, ya que suelen intervenir varios sistemas constructivos simultáneamente.

En definitiva, los puentes térmicos previstos en proyecto forman parte del diseño energético del edificio y han sido analizados para minimizar su impacto.

Respetar las soluciones definidas para su tratamiento es esencial para mantener la eficiencia energética calculada. Cualquier alteración en obra genera pérdidas adicionales, reduce el confort interior y compromete el comportamiento energético global del edificio.

Puentes Térmicos: Del Diseño a la Obra

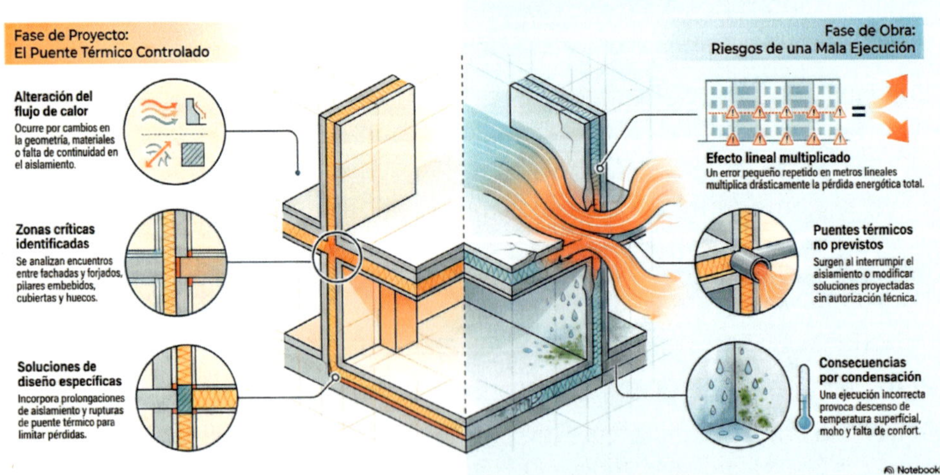

9. Tratamiento de Encuentros en Fase de Diseño

El tratamiento de los encuentros en fase de diseño es uno de los aspectos más determinantes para garantizar la eficiencia energética del edificio antes incluso de que comience la obra. Los encuentros son las zonas donde confluyen distintos **elementos constructivos —fachadas, forjados, cubiertas, suelos, huecos o estructura—** y, desde el punto de vista energético, constituyen los puntos más vulnerables de la envolvente. Por este motivo, el proyecto debe anticiparse a estos puntos críticos y resolverlos de forma precisa.

Desde el diseño, los encuentros se conciben como **zonas de continuidad energética**, no como simples uniones constructivas. El objetivo del proyecto es asegurar que el aislamiento térmico, la estanqueidad al aire y el control de la humedad se mantengan sin interrupciones en estos puntos. Para ello, el proyectista analiza cómo interactúan los distintos sistemas y define soluciones que permitan una transición energética correcta entre ellos.

En la fase de diseño, **el tratamiento de los encuentros tiene en cuenta tanto el comportamiento térmico como la viabilidad constructiva**. No basta con proponer soluciones teóricamente perfectas si no pueden ejecutarse correctamente en obra. Por ello, el proyecto define encuentros realistas, detallados y adaptados a los sistemas constructivos elegidos, de manera que puedan materializarse sin improvisaciones durante la ejecución.

Uno de los principales objetivos del tratamiento de encuentros en fase de diseño es **evitar la aparición de puentes térmicos no controlados**. El proyecto identifica dónde es inevitable la presencia de un encuentro crítico y define soluciones para minimizar su impacto, como prolongaciones del aislamiento, cambios en la posición de las capas o elementos específicos de ruptura térmica. Estas decisiones se toman en proyecto porque, una vez iniciada la obra, corregir un encuentro mal diseñado suele ser complejo y costoso.

Desde el punto de vista energético, **el diseño de los encuentros también debe garantizar la estanqueidad del edificio**. Las infiltraciones de aire no controladas suelen producirse en encuentros mal resueltos, como uniones entre carpinterías y cerramientos o encuentros entre distintos planos del edificio. El proyecto energético contempla estos riesgos y define soluciones que permiten sellar correctamente estas zonas sin comprometer la ventilación controlada del edificio.

El tratamiento de encuentros en fase de diseño también facilita **la coordinación posterior en obra**. Cuando los encuentros están bien definidos en proyecto, los distintos oficios saben qué parte del trabajo les corresponde y en qué momento deben intervenir. Esto reduce la necesidad de decisiones improvisadas y evita soluciones "de compromiso" que suelen ser energéticamente deficientes.

Desde el punto de vista del trabajador, **los encuentros diseñados correctamente son una ayuda, no una complicación**. Un detalle bien resuelto indica claramente cómo debe colocarse cada elemento y qué continuidad debe mantenerse. Por el contrario, un proyecto pobre en detalles obliga a resolver los encuentros en obra, aumentando el riesgo de errores y pérdidas energéticas.

Otro aspecto clave del tratamiento de encuentros en fase de diseño es que permite prever tolerancias y movimientos del edificio. Los encuentros deben admitir pequeñas deformaciones, dilataciones y ajustes sin perder continuidad energética. El proyecto tiene en cuenta estas circunstancias y propone soluciones flexibles que mantienen las prestaciones energéticas a lo largo del tiempo.

En resumen, **el tratamiento de los encuentros en fase de diseño es una herramienta preventiva fundamental para garantizar la eficiencia energética del edificio**. Resolver correctamente estos puntos antes de iniciar la obra evita pérdidas energéticas, simplifica la ejecución y reduce la aparición de patologías futuras. Un proyecto que cuida los encuentros energéticos facilita el trabajo en obra y asegura que el comportamiento térmico calculado se convierta en una realidad construida.

10. Huecos: Tipologías, Prestaciones del Vidrio, Marco y Hermeticidad

Los huecos del edificio constituyen uno de los elementos más sensibles desde el punto de vista energético. Ventanas, puertas exteriores y otros cerramientos acristalados representan una **discontinuidad inevitable en la envolvente térmica**, por lo que su correcta definición en proyecto es esencial para controlar las pérdidas de energía y garantizar el confort interior.

A diferencia de los cerramientos opacos, los huecos presentan prestaciones térmicas inferiores y, por tanto, requieren un tratamiento especialmente cuidadoso desde la fase de diseño.

El proyecto define **con precisión la tipología de cada hueco, teniendo en cuenta su orientación, dimensiones**, uso y relación con el espacio interior.

No todas las ventanas cumplen la misma función ni deben tener las mismas prestaciones. Un hueco orientado al norte tiene un comportamiento térmico muy distinto al de uno orientado al sur, y el proyecto energético ajusta las características de cada uno para equilibrar pérdidas y ganancias de energía.

Desde el punto de vista energético, **las prestaciones definidas para los huecos incluyen valores de transmitancia térmica, permeabilidad al aire, factor solar y comportamiento frente a la radiación**.

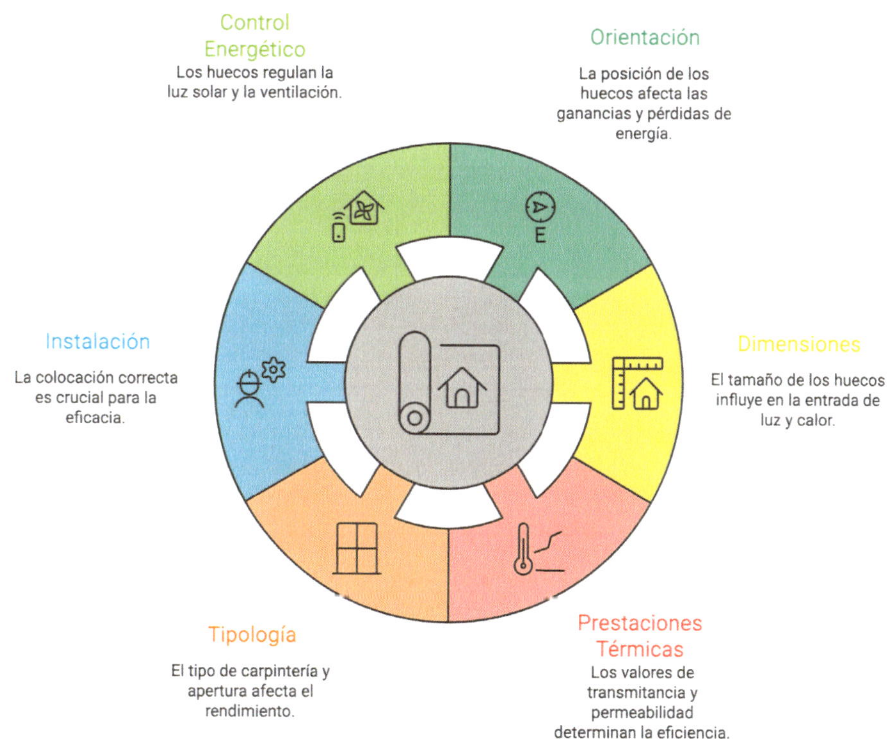

En el caso de los acristalamientos, el proyecto puede definir distintas prestaciones que conviene interpretar correctamente. La transmitancia térmica del vidrio indica la facilidad con la que el acristalamiento deja pasar el calor; cuanto menor sea este valor, menores serán las pérdidas térmicas a través del hueco. El factor luminoso expresa la cantidad de luz natural que atraviesa el vidrio, por lo que influye en la iluminación interior y en la necesidad de iluminación artificial.

El factor solar indica la proporción de energía solar que atraviesa el acristalamiento y llega al interior del edificio. Un factor solar elevado puede ser favorable en invierno, porque permite aprovechar ganancias solares, pero puede resultar perjudicial en verano si provoca sobrecalentamiento. Por ello, el proyecto selecciona el vidrio teniendo en cuenta la orientación, el clima, el uso del espacio y la existencia de protecciones solares.

También debe considerarse el comportamiento energético del marco. La ventana no está formada únicamente por el vidrio; el marco, las juntas y el sistema de apertura influyen en la transmitancia total del hueco. Un marco con elevada transmitancia o mal integrado con el cerramiento puede generar un puente térmico perimetral que reduzca las prestaciones del conjunto, aunque el vidrio tenga buenas características.

La hermeticidad al paso del aire es otra prestación esencial. Una ventana debe limitar las infiltraciones no controladas para evitar pérdidas energéticas, corrientes de aire y alteraciones en el funcionamiento de la ventilación prevista. Esta hermeticidad depende tanto de la calidad de la carpintería como de su correcta colocación, del sellado perimetral y de la continuidad con la capa estanca del edificio.

Desde la obra, estas prestaciones deben entenderse como parte del comportamiento energético global del hueco. Cambiar un vidrio, sustituir una carpintería, modificar el marco o ejecutar mal el sellado puede alterar la transmitancia, el control solar, la entrada de luz natural y la estanqueidad al aire. Por ello, los huecos deben instalarse respetando las características definidas en proyecto y los detalles de encuentro con el cerramiento.

En conjunto, estos parámetros determinan cuánto calor se pierde en invierno, cuánto calor puede entrar en verano, qué cantidad de luz natural llega al interior y qué grado de estanqueidad presenta el hueco. El proyecto selecciona estas prestaciones de forma conjunta, buscando un equilibrio entre eficiencia energética, iluminación natural, control solar y confort.

Además de las prestaciones del vidrio, del marco y del sellado, la tipología del hueco también influye en su comportamiento energético. El tipo de carpintería, el sistema de apertura, el número de hojas y la presencia de elementos de protección solar forman parte de la solución definida en proyecto. Estas decisiones no se toman de manera aislada, sino en relación con el resto del edificio y con las estrategias energéticas adoptadas para cada orientación y uso.

Desde el punto de vista de la obra, es fundamental comprender que las prestaciones definidas para los huecos no dependen solo del material, sino también de su correcta instalación. Una carpintería con excelentes valores energéticos pierde gran parte de su eficacia si no se coloca conforme a lo proyectado, si no se sellan adecuadamente las juntas o si no se respetan los detalles de encuentro con el cerramiento. El proyecto suele especificar estas condiciones, ya que forman parte del comportamiento energético del conjunto.

Otro aspecto relevante es que el proyecto define los huecos como parte de un sistema de control energético. No solo permiten la entrada de luz y la relación con el exterior, sino que regulan las ganancias solares y la ventilación natural cuando está prevista. Modificar la tipología de un hueco en obra, sustituir un sistema de apertura o alterar su tamaño puede descompensar completamente la estrategia energética diseñada.

Desde el punto de vista del trabajador, los huecos requieren una atención especial porque concentran múltiples funciones energéticas en un espacio reducido. Un error en su ejecución afecta simultáneamente a la transmitancia térmica, a la estanqueidad al aire, al control solar y a la entrada de luz natural. Por ello, la interpretación correcta de los planos y de las especificaciones del proyecto es esencial para garantizar el resultado previsto.

Además, los huecos son elementos repetitivos en la edificación, lo que amplifica el impacto de cualquier error. Una mala ejecución repetida en varias ventanas del edificio puede generar una pérdida energética elevada, aunque cada unidad individual parezca correcta. El proyecto tiene en cuenta esta repetición y ajusta las prestaciones de los huecos para minimizar su impacto global.

En resumen, los huecos definidos en proyecto son elementos clave del diseño energético del edificio. Su tipología y prestaciones responden a cálculos y estrategias específicas que no deben alterarse en obra sin una evaluación técnica previa. Respetar lo proyectado en estos elementos es fundamental para garantizar la eficiencia energética, el confort interior y el correcto funcionamiento del edificio a lo largo del tiempo.

11. Sistemas de Ventilación Previstos

Los sistemas de ventilación previstos en el proyecto son un componente esencial del diseño energético del edificio y cumplen una doble función: garantizar la calidad del aire interior y **controlar las pérdidas energéticas asociadas a la renovación de aire**. Desde el punto de vista energético, ventilar no significa simplemente introducir aire del exterior, sino hacerlo de forma controlada, en las cantidades necesarias y con los medios adecuados para evitar consumos innecesarios.

El proyecto **define el sistema de ventilación en función del uso del edificio, de su ocupación y de las condiciones climáticas**. No se trata de una decisión genérica, sino de una elección ajustada a las características concretas del inmueble. El tipo de ventilación, su caudal, su forma de funcionamiento y su integración con el resto de los sistemas forman parte del equilibrio energético global previsto en el diseño.

Desde el punto de vista energético, el mayor reto de la ventilación es que implica una **entrada directa de aire exterior**, que en invierno suele ser frío y en verano caliente. Si esta renovación se realiza sin control, el edificio pierde gran parte del calor acumulado en invierno o gana calor no deseado en verano, obligando a los sistemas de climatización a trabajar más de lo previsto. Por ello, el proyecto establece sistemas de ventilación que minimizan este impacto.

El proyecto puede prever ventilación natural, ventilación mecánica o sistemas híbridos, dependiendo del tipo de edificio y de la estrategia energética adoptada. En todos los casos, la ventilación se diseña para cumplir unos caudales mínimos de renovación de aire, pero sin penalizar el consumo energético. Esta condición solo se cumple si el sistema se ejecuta exactamente como está proyectado.

En muchos edificios energéticamente eficientes, el proyecto incluye sistemas de ventilación mecánica con recuperación de calor. **Estos sistemas permiten extraer el aire viciado del interior y aprovechar su energía térmica para precalentar o preenfriar el aire limpio que entra desde el exterior.** El proyecto define estos equipos, sus rendimientos y su integración con la envolvente, ya que su eficacia depende tanto del sistema como de su correcta instalación.

Desde el punto de vista de la obra, los sistemas de ventilación previstos exigen una ejecución cuidadosa. **La colocación de conductos, rejillas, bocas de extracción y equipos debe respetar las trazas y posiciones definidas en proyecto**. Modificar recorridos, reducir secciones o alterar la disposición de los elementos afecta directamente al funcionamiento del sistema y, por tanto, al consumo energético del edificio.

Otro aspecto clave es la estanqueidad del edificio en relación con la ventilación. El proyecto energético suele partir de la premisa de que el edificio es relativamente estanco y que la renovación de aire se produce principalmente a través del sistema previsto. Si en obra se generan infiltraciones no controladas por defectos de ejecución, la ventilación deja de ser eficiente y el consumo energético se incrementa de forma significativa.

Desde el punto de vista del trabajador, es importante comprender que la ventilación prevista en proyecto no es un elemento secundario ni independiente del resto del edificio. Forma parte del sistema energético global y su correcta ejecución influye tanto en el confort como en el gasto energético. Improvisar soluciones, anular elementos o modificar el sistema sin criterio energético rompe el equilibrio diseñado.

Además, **los sistemas de ventilación previstos condicionan el mantenimiento futuro del edificio**.

El proyecto tiene en cuenta accesos, registros y necesidades de limpieza para garantizar que el sistema funcione correctamente a lo largo del tiempo. Una ejecución que no respeta estas condiciones puede generar problemas de funcionamiento y un deterioro prematuro del rendimiento energético.

En resumen, **los sistemas de ventilación previstos en proyecto son una pieza clave del diseño energético del edificio**. Garantizan la calidad del aire interior y controlan el impacto energético de la renovación de aire. Respetar su diseño y ejecución es imprescindible para mantener el consumo energético dentro de los valores previstos y asegurar un funcionamiento eficiente y confortable del edificio.

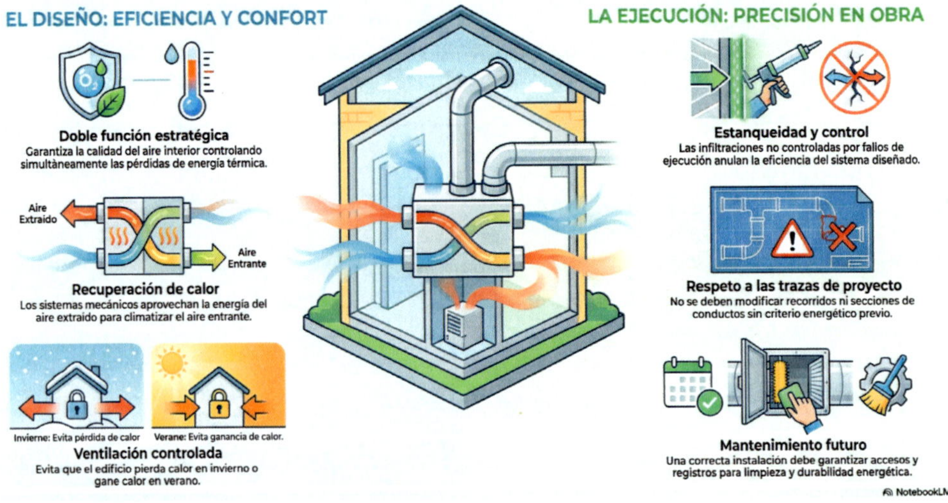

12. Compatibilidad entre Estructura y Envolvente

La compatibilidad entre la estructura y la envolvente es un aspecto fundamental del proyecto desde el punto de vista energético, aunque con frecuencia se percibe en obra como un problema puramente constructivo. Sin embargo, la relación entre ambos sistemas condiciona de forma directa la continuidad del aislamiento, la aparición de puentes y el comportamiento térmicos global del edificio. Por ello, el proyecto energético analiza esta compatibilidad desde la fase de diseño y define soluciones específicas para evitar interferencias que comprometan la eficiencia energética.

La estructura es el esqueleto del edificio y, por su naturaleza, suele estar formada por materiales con alta conductividad térmica, como el hormigón o el acero. La envolvente, por el contrario, tiene como función principal proteger el espacio interior frente a las condiciones exteriores, limitando las pérdidas y ganancias de energía mediante capas aislantes. Cuando ambos sistemas no se coordinan adecuadamente, la estructura atraviesa la envolvente y se convierte en un **puente térmico significativo.**

El proyecto energético tiene en cuenta esta realidad y define cómo debe integrarse la estructura dentro de la envolvente sin romper su continuidad. Esto implica decisiones sobre la posición del aislamiento, la forma de resolver los encuentros entre pilares, forjados y cerramientos, y el uso de elementos intermedios que reduzcan la transmisión térmica. Estas soluciones no son improvisadas, sino el resultado de un análisis previo que busca minimizar el impacto energético de la estructura.

Desde el punto de vista de la obra, **los problemas de compatibilidad suelen aparecer cuando se prioriza la facilidad constructiva frente al criterio energético**. Ajustes de última hora, cambios en la ejecución de la estructura o soluciones "rápidas" para resolver encuentros suelen traducirse en interrupciones del aislamiento o en contactos directos entre elementos estructurales y el exterior. Estas decisiones generan pérdidas energéticas permanentes que no siempre son visibles una vez finalizada la obra.

Otro aspecto clave de la compatibilidad entre estructura y envolvente es la secuencia de ejecución. El proyecto define un orden lógico que permite integrar correctamente ambos sistemas. Si este orden no se respeta, es frecuente que el aislamiento quede interrumpido o mal resuelto, especialmente en zonas como cantos de forjado, arranques de fachada o encuentros con la cubierta. Una mala planificación de la obra puede convertir una solución bien diseñada en un problema energético difícil de corregir.

Desde el punto de vista del trabajador, **entender esta compatibilidad implica asumir que la estructura no es un elemento neutro desde el punto de vista energético**. Cada contacto entre estructura y exterior debe resolverse conforme a lo proyectado, respetando las soluciones previstas para garantizar la continuidad térmica. Actuar sin tener en cuenta esta relación suele generar errores que afectan a todo el edificio.

La compatibilidad entre estructura y envolvente también influye en la durabilidad del edificio. Un mal tratamiento energético de estos encuentros puede provocar condensaciones internas, humedades y patologías que afectan tanto a la estructura como a los acabados. El proyecto prevé estas situaciones y propone soluciones que evitan problemas a medio y largo plazo, siempre que se ejecuten correctamente.

En resumen, **la compatibilidad entre estructura y envolvente no es un aspecto secundario del proyecto, sino una condición esencial para garantizar la eficiencia energética del edificio**. El diseño energético contempla esta relación y define soluciones precisas que deben respetarse en obra. Cualquier alteración en esta compatibilidad genera puentes térmicos, incrementa el consumo energético y compromete el confort y la durabilidad del edificio.

13. Qué NO se Puede Modificar en Obra sin Consecuencias

En la ejecución de una obra es habitual que surjan imprevistos, ajustes y decisiones que deben tomarse sobre la marcha. Sin embargo, desde el punto de vista energético, **no todos los elementos del proyecto admiten modificaciones sin consecuencias**. El proyecto energético establece una serie de condiciones que son estructurales para el comportamiento térmico del edificio y que, si se alteran en obra, generan pérdidas energéticas, incumplimientos normativos y problemas de confort difíciles o imposibles de corregir posteriormente.

Uno de los errores más frecuentes en obra es pensar que el proyecto energético es flexible y que pequeñas variaciones no afectan al resultado final. Esta percepción es incorrecta. El diseño energético funciona como un sistema equilibrado, en el que cada decisión está relacionada con el conjunto. Modificar un elemento clave rompe ese equilibrio y altera el comportamiento global del edificio.

Entre los elementos que no pueden modificarse sin consecuencias se encuentran, en primer lugar, **los espesores y tipos de aislamiento**. Reducir el espesor, cambiar el material por otro de distintas prestaciones o alterar su posición dentro del cerramiento modifica directamente la transmitancia térmica y la demanda energética. Estas variaciones, aunque no siempre sean visibles, suponen un aumento permanente del consumo energético del edificio.

Tampoco pueden modificarse sin consecuencias **las soluciones de continuidad del aislamiento**. Interrumpir el aislamiento en encuentros, pilares, forjados o huecos genera puentes térmicos no previstos que incrementan las pérdidas de calor y pueden provocar condensaciones. Estas alteraciones no suelen detectarse en el momento de la ejecución, pero se manifiestan más tarde en forma de disconfort y patologías.

Otro elemento crítico es **la tipología y prestaciones de los huecos**. Sustituir una carpintería por otra "similar", cambiar un sistema de apertura, modificar el acristalamiento o alterar el tamaño del hueco afecta a la transmitancia, a la estanqueidad y al control solar. Estas modificaciones alteran las ganancias y pérdidas energéticas previstas y pueden descompensar completamente la estrategia energética del proyecto.

Los **sistemas de ventilación previstos** tampoco admiten modificaciones sin una revisión técnica. Anular un recuperador de calor, cambiar recorridos de conductos, reducir secciones o alterar la ubicación de rejillas afecta al caudal de ventilación y al consumo energético. Además, una ventilación mal ejecutada puede generar problemas de calidad del aire interior y aumentar la demanda de climatización.

Desde el punto de vista energético, tampoco deben modificarse sin consecuencias los **detalles constructivos críticos**. Simplificar un detalle, eliminar una capa o resolver un encuentro de forma distinta a la proyectada suele generar pérdidas energéticas lineales o puntuales que no estaban contempladas en los cálculos iniciales. Estos errores se repiten a lo largo de la obra y su impacto se multiplica.

Otro aspecto que no debe modificarse es la **relación entre estructura y envolvente**. Cambios en la forma de ejecutar encuentros estructurales, apoyos o anclajes pueden introducir puentes térmicos adicionales que el proyecto había evitado. Estas decisiones, tomadas a menudo por facilidad constructiva, tienen consecuencias energéticas graves.

Desde el punto de vista del trabajador y del encargado de obra, **es fundamental identificar qué elementos son intocables desde el punto de vista energético**. Cuando surge la necesidad de un cambio, este debe comunicarse y evaluarse antes de ejecutarse. Actuar sin esta evaluación supone asumir un riesgo que afecta a la eficiencia, al cumplimiento normativo y a la responsabilidad profesional.

En definitiva, **el proyecto energético define una serie de condiciones que no pueden modificarse en obra sin consecuencias directas sobre el comportamiento del edificio**. Respetarlas es esencial para garantizar la eficiencia energética prevista, evitar problemas futuros y asegurar que el edificio construido responda a los criterios de calidad y sostenibilidad definidos en el proyecto.

14. Cambios "Pequeños" que Generan Grandes Pérdidas Energéticas

Uno de los aspectos más complejos de la eficiencia energética en obra es que muchas de las pérdidas más importantes no se deben a errores graves o visibles, sino a cambios **aparentemente pequeños**, asumidos como irrelevantes durante la ejecución. Desde el punto de vista energético, estas modificaciones menores pueden tener un impacto desproporcionado, ya que afectan a zonas estratégicas del edificio o se repiten de forma sistemática a lo largo de toda la obra.

El proyecto energético se basa en un equilibrio preciso entre demanda, aislamiento, estanqueidad y sistemas. **Cuando se altera uno de estos factores, aunque sea de forma leve, el resultado global se ve comprometido.** Un ejemplo habitual es la reducción puntual de un espesor de aislamiento "solo en una zona", que acaba repitiéndose en todas las plantas o en todos los encuentros similares, generando una pérdida energética acumulada muy superior a la inicialmente prevista.

Otro cambio aparentemente pequeño es la **sustitución de materiales por otros considerados equivalentes**. En obra es frecuente pensar que dos productos "se parecen" o "dan el mismo servicio", pero desde el punto de vista energético pequeñas diferencias en conductividad térmica, densidad o comportamiento frente a la humedad alteran significativamente el rendimiento del conjunto. Estas sustituciones suelen hacerse por disponibilidad de material o por facilidad de ejecución, sin valorar su impacto energético real.

La modificación de detalles constructivos es otro ejemplo claro. Eliminar una pieza auxiliar, reducir un solape o simplificar un encuentro puede parecer una mejora práctica, pero energéticamente suele traducirse en una discontinuidad del aislamiento o en un puente térmico no previsto. Estos cambios no siempre se detectan en el momento de la ejecución y pasan desapercibidos hasta que el edificio entra en uso y aparecen problemas de consumo o de confort.

También generan grandes pérdidas energéticas cambios pequeños en **la ejecución de los huecos**. Un sellado incompleto, una holgura excesiva, una espuma mal aplicada o una falta de continuidad entre la carpintería y el aislamiento convierten una ventana eficiente en un punto débil del edificio. Cuando este tipo de error se repite en decenas de huecos, el impacto energético es muy elevado.

Otro ejemplo habitual es la alteración del **orden de ejecución.** Colocar instalaciones antes de completar la envolvente o ejecutar cerramientos sin haber resuelto correctamente los encuentros provocan perforaciones y reparaciones posteriores que raramente restituyen la continuidad energética original. Estos ajustes, vistos como simples cambios de planificación, tienen consecuencias directas sobre la eficiencia del edificio.

Desde el punto de vista del trabajador, estos cambios pequeños suelen justificarse por la presión de los plazos, la costumbre constructiva o la necesidad de resolver un problema puntual. Sin embargo, es importante entender que **la eficiencia energética no admite improvisaciones**. Cada modificación, por mínima que sea, debe valorarse en conjunto y no de forma aislada.

Además, muchos de estos cambios pequeños afectan a elementos ocultos una vez finalizada la obra. Esto significa que no pueden corregirse sin una intervención costosa y, en la mayoría de los casos, el edificio arrastra estas pérdidas energéticas durante toda su vida útil. Lo que en obra parecía una solución rápida se convierte en un problema permanente para el usuario final.

En resumen, **los cambios "pequeños" en obra son una de las principales causas de la pérdida de eficiencia energética real respecto a la proyectada**. Su impacto no debe subestimarse, ya que actúan de forma acumulativa y afectan a zonas clave del edificio. Reconocer la importancia de estos detalles y evitar modificaciones sin criterio energético es esencial para que el proyecto se materialice correctamente y el edificio funcione como fue diseñado.

Resumen

El proyecto de construcción, desde el punto de vista energético, no es solo un conjunto de planos y especificaciones técnicas, sino el documento en el que se define cómo se comportará el edificio durante toda su vida útil en términos de consumo, confort y relación con el clima. En él se establecen decisiones fundamentales sobre orientación, compacidad, envolvente térmica, huecos, aislamiento, ventilación y control de pérdidas energéticas.

La eficiencia energética nace en el diseño, pero solo se alcanza si lo proyectado se ejecuta correctamente en obra.

La memoria energética traduce los cálculos y decisiones del proyecto en instrucciones concretas para la ejecución. Define materiales, espesores de aislamiento, condiciones de continuidad, tratamiento de puentes térmicos, prestaciones de los huecos, criterios de ventilación y estrategias frente al clima. No debe entenderse como un documento meramente administrativo, sino como una guía técnica que condiciona la forma de construir.

Las exigencias del Código Técnico de la Edificación, especialmente las relacionadas con el ahorro de energía, buscan que los edificios ofrezcan menor consumo, mayor confort térmico, mejor calidad del aire interior y menor riesgo de condensaciones o patologías. Desde el punto de vista de la persona usuaria, estas exigencias se perciben en forma de temperaturas interiores más estables, menor necesidad de calefacción y refrigeración, ausencia de corrientes de aire no deseadas y mejores condiciones de habitabilidad.

Las soluciones constructivas definidas en proyecto constituyen la materialización física del diseño energético. Cada cerramiento, cubierta, forjado, hueco o encuentro responde a una función térmica concreta.

Por ello, estas soluciones no deben modificarse sin revisión técnica. Sustituir materiales, alterar el orden de las capas, reducir espesores o simplificar detalles puede romper el equilibrio energético previsto.

Los aislamientos se definen en el proyecto a partir de propiedades como la conductividad térmica, la inercia, el comportamiento frente al vapor de agua y la transmitancia del cerramiento completo.

Estos conceptos permiten seleccionar el material adecuado, determinar su espesor, ubicarlo correctamente y evitar condensaciones o pérdidas de prestaciones. Un aislamiento con buenas características puede dejar de ser eficaz si se coloca comprimido, húmedo, discontinuo o en una posición distinta a la prevista.

El espesor y la continuidad del aislamiento son dos aspectos especialmente sensibles. Reducir el espesor aumenta la transmitancia térmica y, por tanto, la demanda energética. Del mismo modo, cualquier interrupción en la continuidad del aislamiento genera puentes térmicos, pérdidas de energía, riesgo de condensaciones y pérdida de confort. Por ello, el aislamiento debe ejecutarse de forma continua, uniforme y coordinada con el resto de oficios.

Los detalles constructivos y los encuentros tienen una importancia decisiva, ya que en ellos se concentran los mayores riesgos de pérdidas térmicas, infiltraciones de aire y condensaciones. El proyecto define cómo deben resolverse estos puntos para mantener la continuidad térmica y la estanqueidad. Modificarlos o improvisarlos en obra puede generar pérdidas energéticas acumulativas, especialmente cuando el error se repite en distintas zonas del edificio.

Los huecos son elementos especialmente sensibles dentro de la envolvente térmica. El proyecto define su tipología y prestaciones teniendo en cuenta el vidrio, el marco, el factor luminoso, el factor solar, la transmitancia térmica y la hermeticidad al paso del aire. Su eficacia depende tanto de los productos seleccionados como de su correcta instalación, del sellado perimetral y de su integración con el plano del aislamiento. Una mala ejecución repetida en varias ventanas puede generar pérdidas energéticas importantes.

Los sistemas de ventilación previstos completan el diseño energético del edificio. Su función es garantizar la calidad del aire interior sin provocar pérdidas energéticas innecesarias. Para ello, deben respetarse los caudales, recorridos, secciones, equipos y condiciones de instalación definidos en proyecto. Cualquier modificación no evaluada puede afectar al rendimiento del sistema y al consumo final.

La compatibilidad entre estructura y envolvente también es fundamental. Los elementos estructurales, por su elevada conductividad, pueden convertirse en puentes térmicos si atraviesan la envolvente sin el tratamiento adecuado. Por eso, el proyecto define soluciones específicas para mantener la continuidad térmica y evitar pérdidas permanentes.

En definitiva, no todos los elementos del proyecto admiten modificaciones sin consecuencias. Espesores, materiales, continuidad del aislamiento, huecos, ventilación, encuentros y detalles críticos forman parte de un equilibrio energético que debe respetarse. Muchas pérdidas reales no proceden de grandes errores, sino de pequeños cambios repetidos en obra que, aunque parezcan insignificantes, alteran el comportamiento energético del edificio durante toda su vida útil.

AUTOEVALUACIÓN

1. Desde el punto de vista energético, ¿qué es un proyecto de construcción?
   - **A.** Un conjunto de planos destinados únicamente a definir la estructura.
   - **B.** Un documento que anticipa el comportamiento energético del edificio durante su vida útil.
   - **C.** Un listado de materiales disponibles en obra.
   - **D.** Un presupuesto detallado sin implicaciones técnicas.

2. ¿Qué función cumple la memoria energética dentro del proyecto?
   - **A.** Es un documento administrativo sin influencia en la obra.
   - **B.** Resume únicamente el presupuesto energético.
   - **C.** Justifica y fija cómo deben ejecutarse las soluciones energéticas del edificio.
   - **D.** Sustituye a los planos de ejecución.

3. ¿Qué ocurre si se modifica una solución constructiva definida en proyecto sin revisión técnica?
   - **A.** Puede alterar el equilibrio energético previsto y afectar al rendimiento del edificio.
   - **B.** No afecta al comportamiento energético si el cambio es pequeño.
   - **C.** Mejora automáticamente la eficiencia del edificio.
   - **D.** Solo influye en el aspecto estético.

4. ¿Por qué es crítico respetar el espesor de aislamiento definido en proyecto?
   - **A.** Porque mejora únicamente la apariencia del cerramiento.
   - **B.** Porque determina la resistencia térmica y el comportamiento energético del edificio.
   - **C.** Porque facilita la colocación de instalaciones.
   - **D.** Porque reduce el peso de la estructura.

5. ¿Qué implica la continuidad del aislamiento según proyecto?
   - **A.** Mantener una capa aislante continua sin interrupciones en toda la envolvente térmica.
   - **B.** Colocar aislamiento solo en fachadas.
   - **C.** Aumentar el espesor en zonas visibles.
   - **D.** Sustituir el aislamiento por materiales estructurales.

6. ¿Cuál es la importancia energética de los detalles constructivos?
   - **A.** Son elementos decorativos sin influencia térmica.
   - **B.** Definen cómo se resuelven encuentros críticos frente al paso del calor, aire y humedad.
   - **C.** Solo sirven para facilitar la medición de obra.
   - **D.** Se pueden simplificar sin consecuencias.

7. ¿Qué caracteriza a los puentes térmicos previstos en proyecto?
   - **A.** Son errores que deben eliminarse completamente.
   - **B.** Son zonas críticas identificadas y tratadas para minimizar su impacto energético.
   - **C.** No influyen en la demanda energética.
   - **D.** Se generan únicamente por mala ejecución.

8. ¿Por qué los huecos requieren una definición precisa en proyecto?
   - **A.** Porque solo influyen en la estética de la fachada.
   - **B.** Porque no afectan al confort interior.
   - **C.** Porque regulan pérdidas y ganancias energéticas mediante sus prestaciones térmicas y de estanqueidad.
   - **D.** Porque su tamaño es irrelevante energéticamente.

9. ¿Cuál es la función de los sistemas de ventilación previstos en proyecto?
   - **A.** Renovar el aire sin considerar el consumo energético.
   - **B.** Garantizar la calidad del aire interior y controlar el impacto energético de la ventilación.
   - **C.** Sustituir completamente al aislamiento térmico.
   - **D.** Reducir el número de huecos en fachada.

10. ¿Por qué los cambios “pequeños” en obra pueden generar grandes pérdidas energéticas?
    - **A.** Porque afectan solo a elementos visibles.
    - **B.** Porque no tienen impacto si se realizan al final de la obra
    - **C.** Porque siempre mejoran la ejecución.
    - **D.** Porque se acumulan y alteran el equilibrio energético previsto en proyecto.

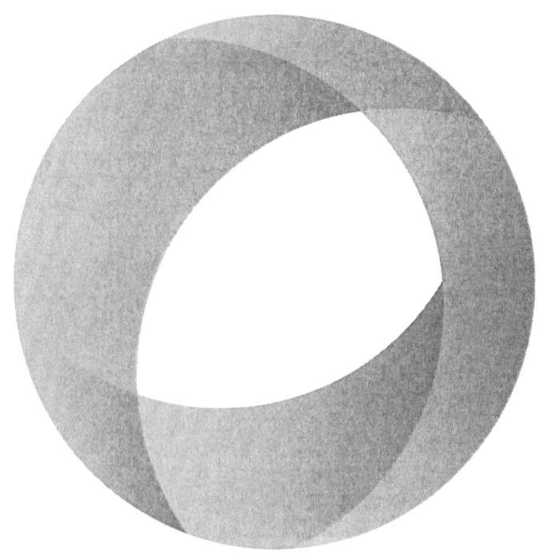

UNIDAD

2.2. Parámetros de Eficiencia Energética en el Proyecto de Construcción (Parte 2)

Contenido de la Unidad

- Interpretación Práctica de Planos y Detalles
- Coordinación entre Oficios
- El Trabajador como Ejecutor del Diseño Energético
- Errores Habituales por Desconocimiento del Proyecto
- Ejemplos Reales de Desviaciones en Obra
- Coste Energético de una Mala Interpretación
- Responsabilidad Compartida en la Ejecución
- Control de Calidad en Obra
- Seguimiento de Soluciones Energéticas
- Importancia del Replanteo
- Orden de Ejecución y Eficiencia
- Resumen Operativo para el Trabajador
- Resumen
- Autoevaluación

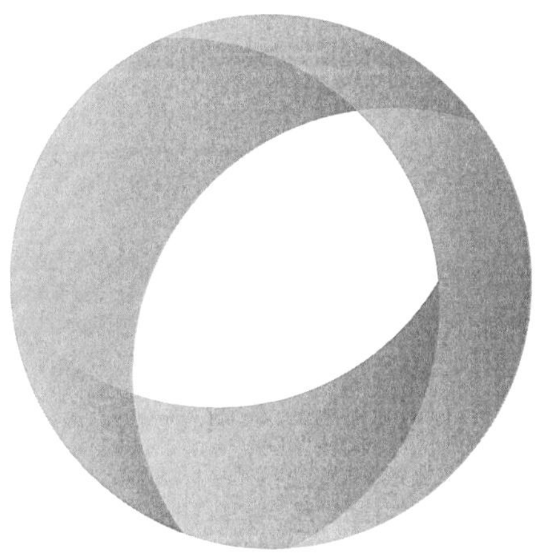

1. INTERPRETACIÓN PRÁCTICA DE PLANOS Y DETALLES

La correcta interpretación de planos y detalles es una de las competencias más importantes para garantizar que el proyecto energético se ejecute fielmente en obra.

Desde el punto de vista de la eficiencia energética, los planos no son solo una guía geométrica, sino **el medio principal para transmitir cómo deben ejecutarse las soluciones energéticas del edificio**. Una lectura superficial o incorrecta de estos documentos suele ser el origen de muchos de los errores que provocan pérdidas energéticas.

El proyecto energético **se apoya en planos generales, secciones y, especialmente, en detalles constructivos que definen con precisión la posición del aislamiento, la continuidad de la envolvente, el tratamiento de encuentros y la colocación de los distintos materiales**. Estos planos deben leerse de forma conjunta, entendiendo la relación entre ellos, y no como documentos independientes. Interpretar un detalle sin relacionarlo con el plano general puede llevar a ejecuciones parciales o incoherentes.

Desde el punto de vista práctico, interpretar correctamente un plano energético implica **identificar qué capas forman parte de la envolvente térmica** y cómo deben disponerse en cada punto del edificio.

El trabajador debe reconocer qué líneas representan aislamiento, qué elementos estructurales atraviesan la envolvente y cómo se resuelven las transiciones entre distintos sistemas constructivos. Esta lectura es esencial para evitar interrupciones del aislamiento o puentes térmicos no previstos.

Uno de los errores más frecuentes **es centrarse únicamente en las dimensiones y olvidar el significado funcional de los elementos representados**. En un plano energético, la posición relativa de las capas es tan importante como su espesor. Cambiar el orden de ejecución o invertir la disposición de los materiales altera el comportamiento térmico del cerramiento, aunque las dimensiones aparentes se mantengan.

Los detalles constructivos requieren una atención especial. En ellos se concentran las soluciones más sensibles desde el punto de vista energético y suelen representarse a mayor escala para facilitar su comprensión. Interpretarlos correctamente implica entender qué capas deben solaparse, dónde deben sellarse las juntas y cómo se garantiza la continuidad del aislamiento y de la estanqueidad al aire. Ejecutar un detalle "aproximado" equivale a no ejecutarlo correctamente.

Desde el punto de vista del trabajador, la interpretación práctica de los planos también exige **anticiparse a la secuencia de ejecución.** Un plano bien leído permite prever qué trabajos deben realizarse antes y cuáles después para no dañar las soluciones energéticas ya ejecutadas. Esta anticipación evita improvisaciones posteriores que suelen generar perforaciones, recortes y pérdidas de continuidad.

Otro aspecto clave es la identificación de las zonas críticas. **Los planos energéticos suelen señalar encuentros complejos, cambios de material o elementos singulares que requieren una ejecución más cuidadosa**. Reconocer estas zonas antes de intervenir en obra permite extremar el control y reducir el riesgo de errores repetitivos.

La interpretación correcta de los planos no es solo responsabilidad del técnico o del encargado, sino de todos los agentes que intervienen en la ejecución. Cuando los trabajadores comprenden el significado energético de lo que están ejecutando, se reduce la probabilidad de errores y se mejora la calidad final del edificio. Por el contrario, una ejecución basada únicamente en la costumbre constructiva suele entrar en conflicto con las soluciones proyectadas.

En resumen, **la interpretación práctica de planos y detalles es una condición imprescindible para que el proyecto energético se materialice correctamente en obra**. Leer, entender y aplicar lo que el proyecto define permite respetar la continuidad del aislamiento, ejecutar correctamente los encuentros y evitar pérdidas energéticas innecesarias. Un edificio eficiente no depende solo de un buen diseño, sino de una correcta lectura y ejecución de ese diseño en obra.

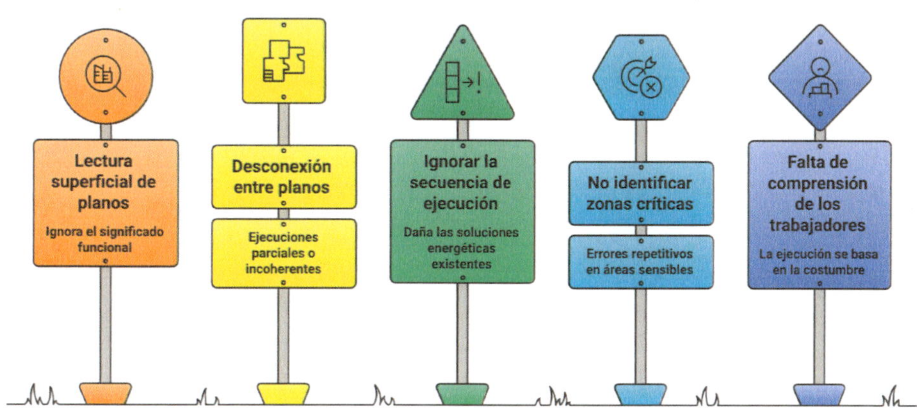

2. Coordinación entre Oficios

La coordinación entre oficios es uno de los factores más determinantes para que la eficiencia energética prevista en el proyecto se materialice correctamente en obra. Aunque el diseño energético esté bien resuelto, su ejecución depende de la **interacción ordenada y coherente** entre los distintos oficios que intervienen en la construcción. Cuando esta coordinación falla, aparecen interferencias, improvisaciones y soluciones de compromiso que afectan directamente al comportamiento energético del edificio.

Desde el punto de vista energético, **la envolvente térmica no pertenece a un único oficio**. Albañilería, estructura, instaladores, carpintería, aislamiento y acabados participan, en distintos momentos, en la configuración final de esa envolvente. El proyecto asume esta realidad y define soluciones que solo funcionan si cada oficio ejecuta su parte en el momento adecuado y respetando el trabajo de los demás. La falta de coordinación rompe esta cadena y genera discontinuidades difíciles de corregir.

Uno de los problemas más habituales **se produce cuando un oficio interviene sin conocer las exigencias energéticas del proyecto**. Por ejemplo, una instalación ejecutada sin tener en cuenta la continuidad del aislamiento puede atravesar un cerramiento y dejar un hueco mal sellado.

Aunque desde el punto de vista funcional la instalación esté correcta, energéticamente se ha creado un punto débil que incrementa las pérdidas de calor y las infiltraciones de aire.

La coordinación entre oficios también es esencial para respetar el **orden de ejecución previsto en proyecto**. El aislamiento, por ejemplo, debe colocarse en un momento concreto para garantizar su continuidad y protección. Si otro oficio actúa antes de que esta capa esté correctamente ejecutada, es frecuente que se produzcan recortes, desplazamientos o daños que no se reparan adecuadamente después. El proyecto energético contempla esta secuencia, pero solo se cumple si existe coordinación real en obra.

Desde el punto de vista del encargado y del jefe de obra, **la coordinación energética implica planificar los trabajos** no solo en términos de plazos, sino también en términos de compatibilidad entre oficios. Un calendario de obra que no tenga en cuenta las necesidades de la envolvente energética suele provocar solapes indebidos y soluciones improvisadas. Estas decisiones, tomadas para "ganar tiempo", suelen traducirse en pérdidas energéticas permanentes.

Para el trabajador, **la coordinación entre oficios supone entender que su trabajo forma parte de un sistema mayor**. Ejecutar correctamente una tarea no es suficiente si con ello se perjudica el trabajo energético de otro oficio. Por ello, es fundamental que exista comunicación y que se conozcan las zonas críticas del proyecto, especialmente en encuentros, huecos y pasos de instalaciones.

La falta de coordinación también **genera errores repetitivos**. Cuando un mismo detalle se ejecuta de forma incorrecta por varios oficios, el problema se multiplica a lo largo del edificio. Un pequeño fallo en un encuentro, repetido en todas las plantas, tiene un impacto energético muy superior al de un error puntual. El proyecto energético intenta evitar estas situaciones mediante detalles claros, pero su eficacia depende de la coordinación en obra.

Además, **la coordinación entre oficios facilita el control de calidad**. Cuando los trabajos se realizan de forma ordenada y coordinada, es más fácil comprobar que las soluciones energéticas se han ejecutado correctamente antes de que queden ocultas. Por el contrario, una ejecución desordenada dificulta las revisiones y hace que muchos errores pasen desapercibidos hasta que el edificio está terminado.

En resumen, **la coordinación entre oficios es una condición imprescindible para garantizar la eficiencia energética del edificio**. El proyecto energético se basa en la ejecución correcta y secuenciada de múltiples tareas interrelacionadas. Sin coordinación, incluso las mejores soluciones proyectadas se degradan en obra, dando lugar a un edificio con mayores consumos, menor confort y un comportamiento energético muy alejado del previsto.

3. El Trabajador como Ejecutor del Diseño Energético

El diseño energético de un edificio no se materializa únicamente en los planos ni en los cálculos del proyecto, sino en la **ejecución diaria realizada por los trabajadores en obra**. Desde este punto de vista, el trabajador se convierte en el verdadero ejecutor del diseño energético, ya que es quien transforma las decisiones teóricas del proyecto en soluciones físicas reales.

Sin una correcta ejecución, el diseño energético pierde su eficacia, por muy bien planteado que esté sobre el papel.

El proyecto energético define qué debe hacerse, pero es el trabajador quien decide cómo se hace en la práctica. Cada colocación de aislamiento, cada sellado, cada encuentro resuelto y cada ajuste realizado influyen directamente en el comportamiento energético final del edificio.

Por ello, la eficiencia energética no puede entenderse como una responsabilidad exclusiva del proyectista o de la dirección facultativa, sino como una **tarea compartida** en la que el papel del trabajador es esencial.

Desde el punto de vista energético, **el trabajador no ejecuta solo elementos constructivos, sino funciones térmicas**. Un aislamiento no es únicamente una capa más del cerramiento, sino el elemento que limita las pérdidas de energía. Un sellado no es solo un remate estético, sino la barrera que impide infiltraciones de aire no controladas. Comprender esta función permite al trabajador valorar la importancia de su trabajo más allá de la apariencia final.

El proyecto asume que la ejecución será fiel a lo diseñado, pero en obra surgen situaciones que requieren criterio. En estos casos, el trabajador es quien primero detecta problemas de ajuste, interferencias o dificultades prácticas. La forma en que se resuelvan estas situaciones puede respetar o destruir el diseño energético. Por ello, es fundamental que el trabajador sepa **cuándo puede actuar y cuándo debe consultar**, evitando decisiones unilaterales que comprometan la eficiencia del edificio.

Desde el punto de vista de la eficiencia energética, **el trabajador actúa como un filtro de calidad**. Una ejecución cuidadosa, respetando espesores, continuidad y detalles, garantiza que el edificio funcione como se ha calculado. Por el contrario, una ejecución basada en la rutina o en la simplificación genera pérdidas energéticas que acompañarán al edificio durante toda su vida útil.

Otro aspecto clave **es que el trabajo energético suele quedar oculto una vez finalizada la obra**. A diferencia de otros elementos visibles, el aislamiento, los sellados o los encuentros no pueden revisarse fácilmente después.

Esto convierte al trabajador en el último garante de la calidad energética, ya que muchas de sus decisiones no podrán corregirse sin intervenciones costosas.

Desde el punto de vista formativo, asumir al trabajador como ejecutor del diseño energético implica reconocer la necesidad de **comprensión del proyecto**. No se trata de convertir al trabajador en proyectista, sino de dotarlo de los conocimientos necesarios para entender por qué se ejecuta una solución de una determinada manera y cuáles son las consecuencias de no hacerlo correctamente.

Además, **el trabajador tiene un papel clave en la detección temprana de errores**. Si comprende el sentido energético de lo que está ejecutando, puede identificar incoherencias entre el proyecto y la realidad de la obra, comunicarlas a tiempo y evitar que se consoliden errores graves. Esta actitud proactiva mejora la calidad final del edificio y reduce problemas posteriores.

En resumen, **el trabajador es el eslabón final y decisivo del diseño energético.** Su labor convierte los cálculos y planos en un edificio eficiente o ineficiente. Reconocer su papel como ejecutor del diseño energético es esencial para garantizar que la eficiencia prevista en proyecto se traduzca en un comportamiento real, duradero y conforme a los objetivos de calidad y sostenibilidad del edificio.

4. Errores Habituales por Desconocimiento del Proyecto

Uno de los principales factores que explican la pérdida de eficiencia energética en los edificios construidos es **el desconocimiento del proyecto por parte de quienes ejecutan la obra.** No se trata, en la mayoría de los casos, de una mala praxis intencionada, sino de la falta de comprensión del sentido energético de las soluciones proyectadas.

Cuando el proyecto no se conoce o no se entiende, la ejecución se basa en hábitos, rutinas o soluciones tradicionales que entran en conflicto con el diseño energético previsto.

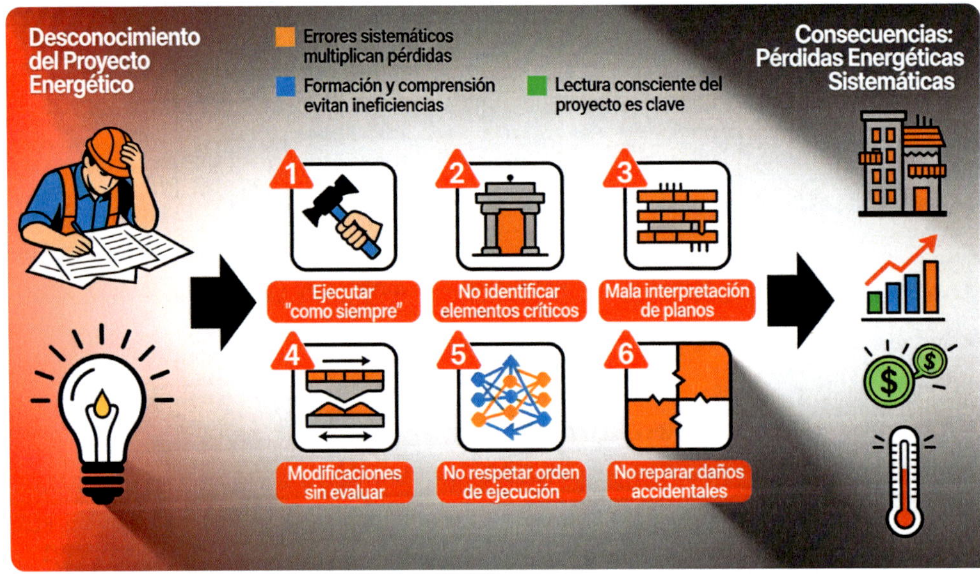

El error más habitual es ejecutar "como siempre", sin tener en cuenta que el proyecto energético exige una forma distinta de construir. Muchos trabajadores aplican soluciones que han funcionado en otros edificios, pero que no son compatibles con los requisitos energéticos actuales. Esta repetición automática de procedimientos genera discontinuidades en el aislamiento, encuentros mal resueltos y pérdidas energéticas que no estaban previstas en el diseño.

Otro error frecuente por desconocimiento del proyecto es **no identificar los elementos críticos**. Zonas como encuentros de fachada con forjados, pasos de instalaciones, contornos de huecos o arranques de cubierta requieren una ejecución especialmente cuidadosa. Cuando el trabajador no conoce el proyecto energético, trata estas zonas como puntos secundarios, resolviéndolos de forma genérica y generando puentes térmicos o infiltraciones de aire.

La mala interpretación de los planos es otra fuente habitual de errores. Ejecutar un detalle de forma aproximada, invertir el orden de las capas o suprimir un elemento "porque no parece necesario" suele tener consecuencias energéticas importantes. Estos errores no siempre se detectan durante la obra, ya que afectan a capas ocultas que solo manifiestan su efecto cuando el edificio está en uso.

También es frecuente que, por desconocimiento del proyecto, se **modifiquen soluciones sin evaluar su impacto energético.** Cambios de material, ajustes de espesores o alteraciones en la disposición de elementos se justifican por motivos prácticos, pero no se contrastan con la memoria energética ni con la dirección facultativa. Estas decisiones, tomadas de forma aislada, rompen el equilibrio del diseño y generan pérdidas acumulativas.

Otro error habitual es **no respetar el orden de ejecución previsto**. Cuando los trabajadores desconocen la lógica energética del proyecto, alteran la secuencia de trabajos para facilitar su tarea inmediata. Esto provoca perforaciones posteriores, cortes del aislamiento o reparaciones improvisadas que nunca restituyen completamente la continuidad energética original.

Desde el punto de vista energético, también es un error común **no reparar correctamente los daños accidentales.** Golpes, cortes o desplazamientos del aislamiento durante la obra suelen dejarse sin corregir, especialmente cuando quedan ocultos por otros elementos. El desconocimiento del proyecto lleva a minimizar la importancia de estos daños, cuando en realidad afectan directamente al comportamiento térmico del edificio.

Estos errores por desconocimiento del proyecto no suelen ser puntuales, sino sistemáticos. Cuando una solución se ejecuta mal en una zona y se repite en todo el edificio, el impacto energético se multiplica. El resultado es un edificio que, aun cumpliendo formalmente con el proyecto, presenta consumos superiores a los previstos y un menor nivel de confort.

En resumen, **el desconocimiento del proyecto es una de las principales causas de la pérdida de eficiencia energética en obra**. Evitar estos errores exige formación, comunicación y una lectura consciente del proyecto energético. Comprender qué se está ejecutando y por qué es la mejor garantía para que el edificio construido responda realmente a los objetivos energéticos definidos en el diseño.

5. Ejemplos Reales de Desviaciones en Obra

Las desviaciones en obra respecto al proyecto energético son más frecuentes de lo que suele reconocerse y, en muchos casos, se producen sin que exista una percepción inmediata de su gravedad. Estas desviaciones no siempre responden a una mala ejecución deliberada, sino a decisiones prácticas tomadas durante la obra que se alejan de lo proyectado. Analizar ejemplos reales permite comprender cómo **pequeños cambios en la ejecución generan grandes diferencias en el comportamiento energético final del edificio.**

Un ejemplo habitual de desviación en obra es la reducción del aislamiento en zonas ocultas. En muchas obras, el aislamiento se ejecuta correctamente en las superficies principales, pero se reduce o se elimina parcialmente en encuentros complejos, como trasdosados de pilares, arranques de fachada o zonas detrás de instalaciones.

Estas decisiones suelen justificarse por dificultad de ejecución o falta de espacio, pero generan puentes térmicos continuos que no estaban previstos en el proyecto.

Otro caso frecuente **es la ejecución incorrecta del contorno de los huecos**. Aunque la carpintería instalada cumpla las prestaciones exigidas en proyecto, la falta de continuidad entre el aislamiento del cerramiento y el marco de la ventana provoca infiltraciones de aire y pérdidas térmicas. En muchas obras, este fallo se repite en todos los huecos, lo que convierte una desviación puntual en un problema energético global.

También **se producen desviaciones reales en la ejecución de la ventilación**. Es habitual modificar recorridos de conductos, reducir secciones o eliminar elementos previstos, como recuperadores de calor, por razones de espacio o coordinación con otros oficios. Estas alteraciones suelen pasar desapercibidas durante la obra, pero una vez en funcionamiento incrementan el consumo energético y reducen la calidad del aire interior.

Otro ejemplo común **es la resolución improvisada de encuentros entre estructura y envolvente**. En lugar de aplicar la solución proyectada, se ejecutan apoyos directos de forjados o elementos estructurales sin el tratamiento térmico previsto. Estas desviaciones generan puentes térmicos lineales que afectan a todo el perímetro del edificio y aumentan de forma significativa las pérdidas de energía.

Las desviaciones también aparecen en la secuencia de ejecución. En algunas obras, el aislamiento se perfora repetidamente para el paso de instalaciones, sin que posteriormente se repare adecuadamente. Cada perforación no sellada se convierte en un punto de infiltración de aire y pérdida energética. Aunque cada intervención individual parece insignificante, el conjunto de todas ellas altera de forma notable el comportamiento del edificio.

Desde el punto de vista del control de obra, **estas desviaciones reales suelen detectarse tarde, cuando los elementos ya están ocultos por acabados**. En ese momento, corregirlas implica demoliciones, sobrecostes y retrasos, por lo que muchas veces se asumen como inevitables. El resultado es un edificio que no cumple las prestaciones energéticas previstas, aunque formalmente se haya ejecutado conforme al proyecto.

Estos ejemplos muestran que la desviación entre proyecto y obra no es una cuestión teórica, sino una realidad habitual. **La eficiencia energética del edificio depende de la suma de decisiones diarias tomadas durante la ejecución**. Cuando estas decisiones no respetan el diseño energético, el edificio pierde rendimiento de forma permanente.

En resumen, **los ejemplos reales de desviaciones en obra evidencian que la eficiencia energética no se garantiza solo con un buen proyecto**. Es imprescindible una ejecución rigurosa y una supervisión constante para evitar que pequeñas desviaciones se acumulen y comprometan el resultado final. Reconocer estos ejemplos y aprender de ellos es clave para mejorar la calidad energética de los edificios construidos.

6. Coste Energético de una Mala Interpretación

La mala interpretación del proyecto energético en obra tiene un coste que va mucho más allá de un error puntual de ejecución. Ese coste no siempre se percibe de inmediato ni se refleja directamente en el presupuesto de obra, pero se manifiesta de forma continua durante toda la vida útil del edificio en forma de **mayor consumo energético, menor confort y problemas de uso**. Desde el punto de vista energético, interpretar mal el proyecto equivale a construir un edificio distinto del que se ha calculado.

El primer coste asociado a una mala interpretación es el aumento permanente de la demanda energética. Cuando el aislamiento no se ejecuta correctamente, cuando aparecen puentes térmicos no previstos o cuando la estanqueidad al aire se ve comprometida, el edificio necesita más energía para mantener las condiciones interiores de confort. Este sobreconsumo no es puntual, sino diario, y se repite año tras año durante toda la vida del edificio.

Este coste energético acumulado suele ser muy superior al ahorro económico que se pudo obtener en obra al simplificar una solución o acelerar una ejecución. Reducir un espesor de aislamiento, eliminar un detalle o sustituir un material puede suponer un ahorro inmediato mínimo, pero genera un gasto energético constante que se multiplica durante décadas. Desde esta perspectiva, la mala interpretación del proyecto es una **decisión económicamente ineficiente a medio y largo plazo**.

Otro coste importante es la pérdida de confort térmico. Un edificio mal ejecutado desde el punto de vista energético presenta zonas frías en invierno, sobrecalentamiento en verano y corrientes de aire no deseadas. Estas situaciones obligan a los usuarios a incrementar el uso de sistemas de calefacción o refrigeración, aumentando aún más el consumo energético. El proyecto había previsto evitar estos problemas, pero la mala interpretación en obra los reintroduce.

La mala interpretación del proyecto también tiene un coste en términos de mantenimiento y correcciones posteriores. Cuando aparecen condensaciones, humedades o patologías térmicas derivadas de una ejecución deficiente, es necesario intervenir para corregirlas. Estas intervenciones suelen ser complejas y costosas, ya que afectan a elementos ocultos de la envolvente. En muchos casos, el coste de reparación supera con creces el coste de haber ejecutado correctamente la solución desde el principio.

Desde el punto de vista normativo, u**na mala interpretación del proyecto puede implicar incumplimientos de las exigencias energéticas**. Un edificio que no alcanza las prestaciones previstas puede tener problemas en procesos de certificación energética, auditorías o inspecciones posteriores. Esto genera un coste adicional en forma de informes correctivos, ajustes forzados o pérdida de valor del inmueble.

También existe un coste indirecto relacionado con la responsabilidad profesional. **Cuando un edificio no cumple con el comportamiento energético previsto,** pueden surgir reclamaciones por parte de los usuarios o del promotor. En estos casos, la mala interpretación del proyecto en obra se convierte en un problema legal y económico para los agentes implicados en la ejecución.

Desde el punto de vista del trabajador y del encargado de obra, es importante comprender que interpretar correctamente el proyecto energético no es una cuestión formal, sino una forma de evitar costes futuros para el edificio y para los propios profesionales. **Ejecutar conforme al proyecto protege la calidad del trabajo realizado y reduce la probabilidad de intervenciones correctivas posteriores**.

En resumen, **el coste energético de una mala interpretación del proyecto es elevado, continuo y acumulativo**. Se traduce en mayor consumo, menor confort, problemas de mantenimiento y posibles conflictos normativos y profesionales. Frente a ello, una correcta interpretación y ejecución del proyecto energético es la inversión más eficaz para garantizar un edificio eficiente, duradero y económicamente sostenible.

7. Responsabilidad Compartida en la Ejecución

La eficiencia energética de un edificio no es el resultado de una única decisión ni responsabilidad de un solo agente, sino el fruto de una **responsabilidad compartida** entre todos los que intervienen en la ejecución de la obra.

Desde el punto de vista energético, el proyecto establece unas condiciones claras, pero su cumplimiento depende de una cadena de actuaciones coordinadas en la que cada eslabón tiene un papel decisivo.

La responsabilidad compartida mejora la eficiencia energética del edificio

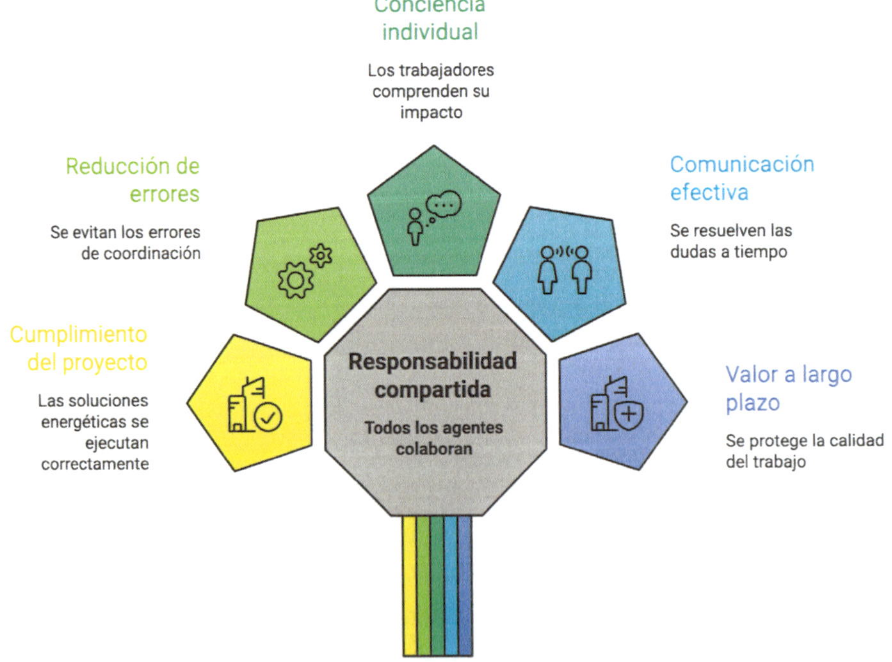

La responsabilidad comienza en el proyecto, donde se definen las soluciones energéticas, pero se extiende de forma directa a la ejecución. La dirección facultativa, el jefe de obra, el encargado y los trabajadores participan activamente en la materialización del diseño energético. Cuando alguno de estos agentes actúa al margen del proyecto o sin tener en cuenta sus implicaciones energéticas, el resultado final se ve comprometido.

Desde el punto de vista de la obra, la responsabilidad compartida implica que **nadie puede considerar la eficiencia energética como algo ajeno a su trabajo**. El encargado que organiza los tajos, el operario que coloca un aislamiento, el instalador que atraviesa un cerramiento o el carpintero que ejecuta un hueco están influyendo directamente en el comportamiento energético del edificio. Aunque sus tareas sean distintas, todas convergen en un resultado común.

Uno de los problemas más habituales es la fragmentación de responsabilidades. Cuando cada oficio se limita a cumplir su parte sin considerar el conjunto, aparecen errores de coordinación que afectan a la eficiencia energética. La responsabilidad compartida exige una visión global del edificio, donde cada intervención se evalúa en función de su impacto energético y no solo de su corrección constructiva inmediata.

La dirección facultativa **tiene un papel clave en esta responsabilidad compartida**, ya que debe supervisar que las soluciones proyectadas se ejecuten correctamente y resolver las incidencias que surjan en obra. Sin embargo, su labor no sustituye la responsabilidad individual de cada agente. La eficiencia energética no puede garantizarse solo mediante controles puntuales, sino mediante una ejecución consciente y alineada con el proyecto.

Desde el punto de vista del trabajador, asumir la responsabilidad compartida implica **comprender que una decisión individual puede afectar al conjunto del edificio**. Un pequeño ajuste realizado sin consultar, una solución improvisada o una reparación incompleta puede generar pérdidas energéticas que no se detectan hasta que el edificio está en uso. Esta conciencia es fundamental para evitar errores que luego son difíciles de corregir.

La responsabilidad compartida también se manifiesta en la comunicación. Cuando surge una duda o una dificultad de ejecución, comunicarla a tiempo permite buscar una solución compatible con el proyecto energético. Por el contrario, resolverla de forma unilateral suele generar desviaciones que comprometen el resultado final. La eficiencia energética exige diálogo y coordinación constante en obra.

Además, **esta responsabilidad tiene una dimensión a largo plazo**. Un edificio mal ejecutado energéticamente no solo consume más energía, sino que también genera insatisfacción en los usuarios y puede afectar a la reputación profesional de los agentes implicados. Asumir la responsabilidad compartida es, por tanto, una forma de proteger la calidad del trabajo realizado y el valor del edificio construido.

En resumen, **la eficiencia energética en la ejecución de la obra es una responsabilidad colectiva.** Cada agente, desde el proyecto hasta la última fase de ejecución, contribuye al resultado final. Reconocer y asumir esta responsabilidad compartida es esencial para que el edificio construido responda realmente a los criterios de eficiencia, confort y sostenibilidad definidos en el proyecto.

8. Control de Calidad en Obra

El control de calidad en obra es una herramienta fundamental para garantizar que la eficiencia energética definida en el proyecto se materializa correctamente durante la ejecución. Desde el punto de vista energético, no basta con confiar en que las soluciones se ejecuten bien por inercia o experiencia previa; es necesario **verificar de forma sistemática** que lo construido coincide con lo proyectado y que las prestaciones energéticas se mantienen en todas las fases de la obra.

El proyecto energético define unas soluciones concretas, **pero es el control de calidad el que permite comprobar que esas soluciones se están ejecutando correctamente antes de que queden ocultas**. A diferencia de otros aspectos constructivos, los elementos energéticos, aislamiento, sellados, encuentros y continuidad de la envolvente, suelen desaparecer tras los acabados, por lo que cualquier error no detectado a tiempo se convierte en un defecto permanente.

Desde el punto de vista práctico, **el control de calidad en obra debe centrarse en los elementos críticos del comportamiento energético del edificio**. Esto incluye la verificación de espesores reales de aislamiento, la continuidad de las capas térmicas, la correcta ejecución de los detalles constructivos y el sellado adecuado de huecos y pasos de instalaciones.

Estos controles no son genéricos, sino específicos para cada solución definida en el proyecto.

El control de calidad energético también implica comprobar que los materiales utilizados son los previstos en proyecto. Sustituciones no autorizadas, cambios de producto o variaciones en las prestaciones pueden alterar el resultado energético final. Por ello, el control no se limita a la ejecución, sino que comienza con la recepción de materiales y su correcta identificación antes de la colocación.

Otro aspecto clave del control de calidad es la **verificación en el momento adecuado**. Muchos errores energéticos solo pueden detectarse durante la ejecución, antes de que se coloquen capas posteriores. Si el control se realiza tarde, cuando los elementos ya están ocultos, corregir el problema resulta costoso o inviable. El proyecto energético asume que el control se realiza de forma continua y preventiva, no solo al final de la obra.

Desde el punto de vista del encargado y del jefe de obra, **el control de calidad energético exige planificación y coordinación**. Es necesario programar revisiones específicas de los trabajos energéticos y no considerarlos secundarios frente a otros aspectos más visibles de la obra. Esta planificación permite detectar desviaciones a tiempo y corregirlas sin afectar al ritmo general de ejecución.

Para el trabajador, el control de calidad no debe entenderse como una fiscalización negativa, sino como una **garantía de que el trabajo se está realizando correctamente.** Una revisión a tiempo permite corregir pequeños errores antes de que se conviertan en problemas graves. Además, refuerza la importancia de las soluciones energéticas y contribuye a una mayor conciencia profesional.

El control de calidad en obra también tiene una función documental. Registrar cómo se han ejecutado las soluciones energéticas permite justificar el cumplimiento del proyecto y facilita futuras comprobaciones, auditorías o certificaciones. Esta documentación es especialmente importante en edificios con altas exigencias energéticas, donde cualquier desviación puede tener consecuencias relevantes.

En resumen, **el control de calidad en obra es una pieza clave para garantizar la eficiencia energética del edificio**. Permite verificar que las soluciones proyectadas se ejecutan correctamente, detectar errores a tiempo y asegurar que el comportamiento energético previsto se convierta en una realidad construida. Sin un control de calidad riguroso, incluso los mejores proyectos energéticos pueden fracasar durante la ejecución.

9. Seguimiento de Soluciones Energéticas

El seguimiento de las soluciones energéticas durante la ejecución de la obra es una prolongación natural del control de calidad y un elemento imprescindible para garantizar que el edificio construido mantiene las prestaciones previstas en el proyecto. Mientras que el control de calidad se centra en verificar actuaciones concretas, el seguimiento implica una **visión continua y global del proceso**, asegurando que las decisiones energéticas se respetan desde el inicio hasta la finalización de la obra.

El seguimiento permite comprobar que las soluciones no solo se ejecutan correctamente en un momento puntual, sino que se **mantienen coherentes a lo largo de toda la obra**, incluso cuando cambian las fases, los oficios o las condiciones de ejecución. La eficiencia energética no se garantiza con una sola revisión, sino con una supervisión constante que detecte desviaciones progresivas o acumulativas.

El proyecto energético define una serie de soluciones que deben mantenerse estables durante toda la ejecución. Sin embargo, la realidad de la obra implica ajustes, replanteos y modificaciones que pueden afectar indirectamente a estas soluciones. El seguimiento energético permite evaluar estos cambios en tiempo real y decidir si son compatibles con el diseño previsto o si requieren correcciones o autorizaciones específicas.

Uno de los principales riesgos que aborda el seguimiento es la **pérdida progresiva de prestaciones energéticas**. En muchas obras, las primeras fases se ejecutan conforme al proyecto, pero a medida que avanza la ejecución aparecen simplificaciones, cambios de criterio o soluciones improvisadas que degradan el resultado final. El seguimiento permite detectar estas tendencias antes de que se consoliden.

Desde el punto de vista del encargado y del jefe de obra, el seguimiento energético implica integrar la eficiencia energética en la gestión diaria de la obra. No se trata de añadir una tarea adicional, sino de incorporar el criterio energético en las decisiones habituales de planificación, coordinación y resolución de incidencias. Este enfoque reduce conflictos y evita correcciones tardías.

Para el trabajador, el seguimiento de las soluciones energéticas refuerza la importancia de su labor. Saber que las soluciones se revisan y se valoran a lo largo de toda la obra fomenta una ejecución más cuidadosa y consciente. Además, facilita la comunicación cuando surge una duda o una dificultad, ya que el seguimiento crea un marco claro para plantear y resolver incidencias.

El seguimiento también permite **verificar la coherencia entre lo proyectado y lo ejecutado en fases sucesivas**. Por ejemplo, comprobar que los encuentros energéticos resueltos en plantas inferiores se mantienen en las superiores, o que las soluciones aplicadas en una fachada se replican correctamente en el resto del edificio. Esta coherencia es esencial para evitar desviaciones sistemáticas.

Otro aspecto relevante del seguimiento es la **documentación del proceso**. Registrar cómo se han ejecutado las soluciones energéticas, qué incidencias han surgido y cómo se han resuelto aporta una trazabilidad que resulta muy valiosa en fases posteriores, como la certificación energética, el mantenimiento o posibles reclamaciones. Esta documentación también permite aprender de la experiencia y mejorar futuras ejecuciones.

En resumen, **el seguimiento de las soluciones energéticas es una herramienta clave para garantizar que el proyecto energético se respeta durante toda la obra**. Permite detectar desviaciones a tiempo, mantener la coherencia del diseño y asegurar que el edificio final responde a los criterios de eficiencia definidos. Sin seguimiento, incluso un buen control inicial puede resultar insuficiente para garantizar un resultado energético satisfactorio.

10. Importancia del Replanteo

El replanteo es una fase clave del proceso constructivo y adquiere una relevancia especial desde el punto de vista de la eficiencia energética. Aunque tradicionalmente se asocia a la correcta ubicación geométrica de los elementos del edificio, en un proyecto energético el replanteo es también el momento en el que se **garantiza que las soluciones térmicas previstas pueden ejecutarse sin interferencias ni improvisaciones**. Un replanteo incorrecto compromete desde el inicio el comportamiento energético del edificio.

Desde el punto de vista energético, el replanteo define la posición exacta de la envolvente térmica, de los huecos, de los encuentros y de los elementos estructurales en relación con el aislamiento. Si estas posiciones no se ajustan a lo proyectado, aparecen problemas de continuidad, espesores insuficientes o encuentros imposibles de resolver correctamente. Estos errores, una vez iniciada la ejecución, son difíciles de corregir sin modificar el proyecto o asumir pérdidas energéticas.

Uno de los aspectos más importantes del replanteo energético es la **reserva de espacio para las capas de la envolvente**. El proyecto define espesores concretos de aislamiento, cámaras, trasdosados y acabados. Si el replanteo no contempla correctamente estas dimensiones, el aislamiento acaba comprimido, reducido o desplazado para "hacerlo encajar", con la consiguiente pérdida de prestaciones térmicas. Este problema es frecuente cuando el replanteo se realiza pensando solo en dimensiones estructurales o útiles.

El replanteo también es fundamental para garantizar la correcta ejecución de los huecos. **La posición exacta de ventanas y puertas influye en la continuidad del aislamiento**, en el tratamiento de los encuentros y en el control de puentes térmicos. Un replanteo impreciso obliga a ajustar carpinterías, a modificar detalles o a improvisar soluciones que no estaban previstas en el proyecto energético.

Desde el punto de vista de la obra, **un buen replanteo permite anticipar conflictos entre sistemas**. Detectar a tiempo interferencias entre estructura, cerramientos e instalaciones evita perforaciones posteriores del aislamiento o modificaciones improvisadas de las soluciones energéticas.

El proyecto asume que estas interferencias se resuelven en fase de replanteo, no durante la ejecución avanzada de la obra.

Para el trabajador, e**l replanteo es una referencia clara de cómo debe ejecutarse su trabajo**. Un replanteo bien definido facilita la colocación correcta de los materiales y reduce la necesidad de ajustes posteriores.

Por el contrario, un replanteo deficiente obliga a tomar decisiones en obra que suelen perjudicar la eficiencia energética, ya que se prioriza la resolución rápida frente al criterio energético.

El replanteo energético también influye en el orden de ejecución. Definir correctamente la posición de los elementos permite planificar cuándo y cómo debe colocarse el aislamiento, evitando que quede interrumpido o dañado por trabajos posteriores. Esta planificación es esencial para mantener la continuidad de la envolvente térmica.

La Integridad Energética en Obra: Lo que NO se debe cambiar

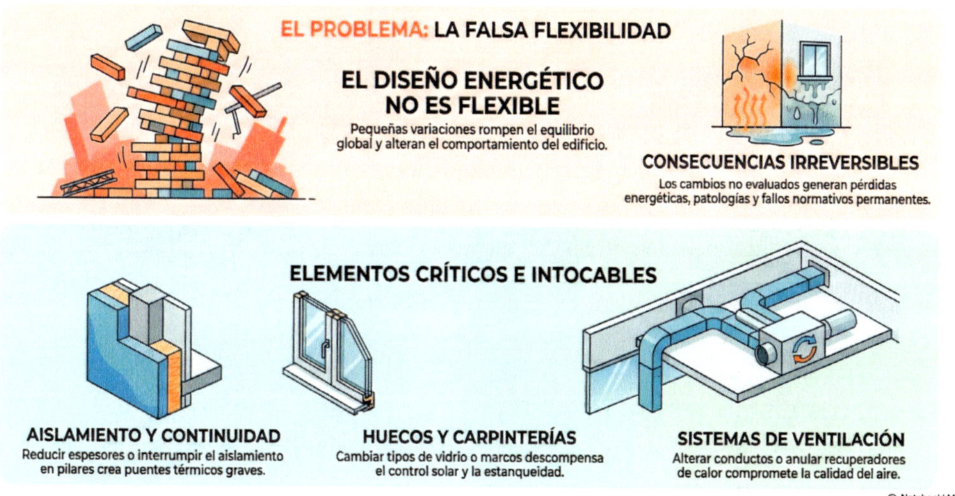

Además, el replanteo es el momento idóneo para verificar que el proyecto es ejecutable tal y como está definido. Si durante el replanteo se detectan incompatibilidades energéticas, estas pueden corregirse mediante ajustes de proyecto o soluciones alternativas justificadas, evitando errores sistemáticos durante la obra.

En resumen, **la importancia del replanteo en un proyecto energético va mucho más allá de la precisión geométrica**. Un replanteo correcto garantiza que las soluciones de eficiencia energética previstas puedan ejecutarse sin pérdidas de prestaciones, facilita la coordinación entre oficios y reduce la necesidad de improvisaciones en obra. Es una fase preventiva clave para asegurar que el edificio construido responda realmente al diseño energético proyectado.

11. Orden de Ejecución y Eficiencia

El orden de ejecución es un factor determinante para que las soluciones de eficiencia energética previstas en el proyecto se materialicen correctamente en obra. Aunque a menudo se planifica la obra en función de plazos, disponibilidad de recursos o secuencias tradicionales, desde el punto de vista energético **el orden en que se ejecutan los trabajos condiciona directamente la calidad final de la envolvente y de los sistemas**. Un orden inadecuado obliga a realizar correcciones posteriores que rara vez restituyen las prestaciones energéticas originales.

El proyecto energético no solo define qué soluciones deben ejecutarse, sino que presupone un **orden lógico de ejecución** que permite mantener la continuidad del aislamiento, la estanqueidad al aire y el correcto tratamiento de los encuentros. Alterar este orden por motivos organizativos suele generar interferencias entre oficios, perforaciones innecesarias y daños en capas ya ejecutadas, especialmente en el aislamiento térmico.

Desde el punto de vista energético, **uno de los errores más comunes es ejecutar instalaciones antes de haber completado la envolvente térmica**. Cuando conductos, tuberías o cableados se colocan sin haber definido y protegido correctamente el aislamiento, es frecuente que este deba cortarse o desplazarse para permitir el paso de las instalaciones. Estas perforaciones, aunque luego se "rellenen", generan discontinuidades y pérdidas de estanqueidad difíciles de eliminar por completo.

Otro problema habitual relacionado con el orden de ejecución es la **protección insuficiente de las soluciones energéticas ya ejecutadas**.

El aislamiento, los sellados y los detalles constructivos pueden dañarse durante fases posteriores si no se protegen adecuadamente. El proyecto energético asume que estas capas se ejecutan y se mantienen intactas hasta su cierre definitivo, algo que solo es posible si el orden de ejecución está bien planificado.

Desde el punto de vista del encargado de obra, **el orden de ejecución debe tener en cuenta las exigencias energéticas del proyecto**, no solo las estructurales o funcionales. Planificar correctamente cuándo entra cada oficio y qué trabajos se realizan antes o después permite evitar improvisaciones y reduce la probabilidad de errores energéticos repetitivos.

Para el trabajador, el orden de ejecución influye directamente en la calidad de su trabajo. **Ejecutar una solución energética en el momento adecuado facilita su correcta colocación y reduce la necesidad de ajustes posteriores**. Por el contrario, trabajar en un entorno desordenado o con soluciones ya ejecutadas que deben adaptarse genera errores, prisas y decisiones que perjudican la eficiencia del edificio.

El orden de ejecución también **afecta a la posibilidad de control y verificación**. Cuando los trabajos se realizan en la secuencia prevista, es más sencillo comprobar que las soluciones energéticas se han ejecutado correctamente antes de que queden ocultas. Un orden incorrecto dificulta estas comprobaciones y hace que muchos errores pasen desapercibidos hasta que el edificio está terminado.

Desde el punto de vista energético, **un mal orden de ejecución tiene un efecto acumulativo**. Cada pequeña interferencia o daño no corregido se suma a otros similares, generando un edificio con múltiples puntos débiles que incrementan el consumo energético y reducen el confort interior. Estos problemas no suelen atribuirse a una sola causa, sino a una ejecución desordenada que degrada progresivamente el diseño energético.

En resumen, **el orden de ejecución es un elemento clave para garantizar la eficiencia energética en obra.** Respetar la secuencia prevista en el proyecto facilita la correcta ejecución de las soluciones energéticas, reduce errores y permite un control eficaz. Un edificio eficiente no depende solo de lo que se construye, sino también de cuándo y cómo se construye cada elemento.

12. Resumen Operativo para el Trabajador

Desde el punto de vista operativo, la eficiencia energética en el proyecto de construcción se concreta en una serie de **principios prácticos** que el trabajador debe tener presentes durante la ejecución de la obra. Este resumen no pretende sustituir al proyecto ni a la dirección facultativa, sino traducir el diseño energético a criterios claros y aplicables en el trabajo diario.

El primer principio fundamental es entender que **todo lo que afecta a la envolvente térmica es crítico**. Aislamientos, encuentros, huecos, sellados y pasos de instalaciones no son elementos secundarios, sino componentes clave del comportamiento energético del edificio.

Cualquier actuación sobre ellos debe realizarse con especial cuidado y conforme a lo definido en el proyecto.

El segundo principio es respetar siempre los **espesores, materiales y posiciones definidos**. El proyecto energético no admite interpretaciones libres en estos aspectos. Reducir un espesor, cambiar un material o desplazar una capa altera el funcionamiento térmico del edificio. Si surge una dificultad de ejecución, debe comunicarse antes de actuar, nunca resolverse de forma improvisada.

Un tercer criterio operativo es garantizar la **continuidad del aislamiento y de la estanqueidad**. El trabajador debe asumir que cualquier interrupción, por pequeña que parezca, genera una pérdida energética. Encuentros, esquinas, pilares, forjados y huecos deben ejecutarse manteniendo esa continuidad, siguiendo los detalles del proyecto y reparando cualquier daño que se produzca durante la obra.

El cuarto principio es prestar atención especial a los **detalles constructivos.** Los detalles no son opcionales ni orientativos; son soluciones diseñadas para evitar puentes térmicos y pérdidas de energía. Ejecutarlos correctamente y sin simplificaciones es esencial para que el edificio funcione como se ha calculado.

Otro aspecto operativo clave es respetar el **orden de ejecución previsto**.

Alterar la secuencia de trabajos suele generar perforaciones, recortes y reparaciones deficientes que afectan a la eficiencia energética. Trabajar en el momento adecuado facilita la correcta ejecución de las soluciones energéticas y reduce errores.

El trabajador también debe ser consciente de que **los errores energéticos suelen quedar ocultos**. A diferencia de otros defectos visibles, una mala ejecución energética no se ve una vez finalizada la obra, pero sus efectos se notan durante toda la vida útil del edificio. Esta circunstancia convierte cada actuación en una decisión de largo plazo.

La coordinación con otros oficios es otro principio básico. La eficiencia energética no pertenece a un solo oficio, sino al conjunto de la obra. Comunicar incidencias, respetar el trabajo previo y evitar interferencias es parte esencial del trabajo bien hecho desde el punto de vista energético.

Por último, el trabajador debe asumir su papel como **ejecutor directo del diseño energético**. El proyecto define el objetivo, pero es la ejecución la que lo hace realidad. Actuar con criterio energético, consultar ante la duda y respetar lo proyectado es la mejor garantía para entregar un edificio eficiente, confortable y de calidad.

En definitiva, este resumen operativo pone de manifiesto que la eficiencia energética en obra no depende de gestos aislados, sino de una forma de trabajar consciente y rigurosa. El trabajador, como último eslabón del proceso, tiene un papel decisivo para que el proyecto energético deje de ser un documento técnico y se convierta en un edificio que funciona correctamente desde el primer día.

Resumen

La correcta ejecución del proyecto energético en obra depende, en gran medida, de la capacidad para interpretar adecuadamente la documentación técnica y trasladarla con precisión a la realidad constructiva. Los planos y detalles no son únicamente representaciones gráficas de dimensiones o formas, sino herramientas fundamentales para comunicar cómo deben ejecutarse las soluciones que garantizan el comportamiento energético del edificio. Una lectura superficial o fragmentada de estos documentos suele ser el origen de errores que generan pérdidas energéticas permanentes.

Interpretar correctamente un plano energético implica comprender qué capas forman parte de la envolvente térmica, cómo deben disponerse y de qué manera se relacionan entre sí. No basta con respetar medidas; es necesario entender la función térmica de cada elemento. La posición relativa de los materiales, la continuidad del aislamiento y el tratamiento de los encuentros son aspectos decisivos. Ejecutar un detalle de forma aproximada, alterar el orden de las capas o simplificar soluciones previstas rompe la coherencia del diseño energético y compromete el resultado final.

La coordinación entre oficios constituye otro factor esencial para que el edificio funcione como sistema energético. La envolvente térmica no pertenece a un único gremio, sino que es el resultado de intervenciones sucesivas de albañiles, estructuristas, instaladores, carpinteros y aplicadores de aislamiento. Cuando cada oficio actúa de manera aislada, sin tener en cuenta las implicaciones energéticas de su trabajo, aparecen interferencias, perforaciones y discontinuidades que deterioran el comportamiento térmico del conjunto. La eficiencia energética exige una interacción ordenada y consciente, donde cada actuación respete la continuidad del sistema.

En este contexto, el trabajador se convierte en el ejecutor directo del diseño energético. Los cálculos y decisiones adoptadas en proyecto solo adquieren sentido cuando se transforman en soluciones físicas correctamente ejecutadas. Cada colocación de aislamiento, cada sellado y cada encuentro resuelto influyen en el comportamiento energético real del edificio. El trabajador no ejecuta únicamente elementos constructivos, sino funciones térmicas.

Comprender esta dimensión permite valorar la importancia de actuaciones que, aunque queden ocultas tras los acabados, determinan el consumo y el confort durante décadas.

Uno de los principales problemas en obra es el desconocimiento del proyecto. Ejecutar "como siempre", aplicar soluciones habituales sin atender a las especificaciones energéticas actuales o no identificar las zonas críticas genera errores sistemáticos. Encuentros mal resueltos, pasos de instalaciones sin sellado adecuado, modificaciones no evaluadas o daños no reparados en el aislamiento producen pérdidas acumulativas que alteran significativamente la demanda energética prevista. Estos errores no suelen ser aislados, sino repetitivos, y su impacto se multiplica a lo largo de todo el edificio.

Las desviaciones respecto al proyecto son frecuentes y, en muchos casos, se producen sin plena conciencia de sus consecuencias. Reducir aislamiento en zonas ocultas, modificar recorridos de instalaciones, simplificar encuentros estructurales o perforar la envolvente sin reparar adecuadamente son ejemplos habituales. Aunque cada decisión parezca menor, su efecto acumulativo incrementa el consumo energético y reduce el confort interior. Además, muchas de estas desviaciones se detectan cuando los elementos ya están ocultos, lo que dificulta su corrección y convierte el defecto en permanente.

La mala interpretación del proyecto tiene un coste energético continuo y acumulativo. Un edificio que no respeta las soluciones previstas requiere mayor energía para mantener las condiciones de confort, generando sobreconsumo durante toda su vida útil. El ahorro puntual obtenido en obra al simplificar una solución resulta insignificante frente al gasto energético prolongado que se deriva de esa decisión. Además del impacto económico, aparecen problemas de confort térmico, posibles patologías por condensaciones y riesgos de incumplimiento normativo, que pueden traducirse en responsabilidades profesionales.

La eficiencia energética en obra es una responsabilidad compartida. Desde la dirección facultativa hasta el último operario, todos los agentes influyen en el resultado final. La fragmentación de responsabilidades genera errores de coordinación que afectan al conjunto.

Asumir una visión global del edificio implica comprender que cada intervención individual tiene repercusiones energéticas. La comunicación ante cualquier duda o incidencia es una herramienta clave para evitar desviaciones y mantener la coherencia del diseño.

El control de calidad en obra desempeña un papel decisivo en este proceso. Verificar espesores reales de aislamiento, comprobar la continuidad de las capas térmicas, revisar sellados y encuentros antes de que queden ocultos y confirmar que los materiales empleados son los previstos permite detectar errores a tiempo. Sin un control riguroso y sistemático, incluso un proyecto bien definido puede fracasar en su ejecución. La revisión preventiva es mucho más eficaz y económica que la corrección posterior.

Más allá del control puntual, el seguimiento continuo de las soluciones energéticas garantiza que las prestaciones previstas se mantengan durante todas las fases de la obra. La eficiencia no se asegura con una inspección aislada, sino mediante una supervisión constante que detecte desviaciones progresivas o acumulativas. Este seguimiento permite integrar el criterio energético en la gestión diaria de la obra y evitar que simplificaciones sucesivas degraden el resultado final.

El replanteo adquiere una importancia especial desde la perspectiva energética. No se trata únicamente de ubicar correctamente los elementos desde el punto de vista geométrico, sino de garantizar que las soluciones térmicas previstas puedan ejecutarse sin interferencias. Un replanteo que no reserve el espacio necesario para el aislamiento o que no tenga en cuenta la posición exacta de los huecos genera problemas de continuidad difíciles de corregir posteriormente. Detectar incompatibilidades en esta fase preventiva evita pérdidas de prestaciones y modificaciones improvisadas.

Del mismo modo, el orden de ejecución influye directamente en la eficiencia energética. Alterar la secuencia prevista en proyecto puede obligar a perforar aislamientos ya colocados, desplazar capas o realizar reparaciones incompletas. Ejecutar cada solución en el momento adecuado facilita la continuidad de la envolvente y permite un control más eficaz. Una ejecución desordenada, aunque aparentemente funcional, suele traducirse en múltiples puntos débiles que incrementan el consumo energético del edificio.

Autoevaluación

1. ¿Qué implica una correcta interpretación de planos desde el punto de vista energético?
   - A. Leer únicamente las dimensiones generales del edificio.
   - B. Entender la función térmica de las capas y su correcta disposición en la envolvente.
   - C. Copiar soluciones utilizadas en obras anteriores.
   - D. Priorizar la rapidez frente a la precisión.

2. ¿Por qué es fundamental la coordinación entre oficios en eficiencia energética?
   - A. Porque reduce el número de trabajadores en obra.
   - B. Porque permite acelerar los plazos sin planificación.
   - C. Porque la envolvente térmica depende de la interacción ordenada de varios oficios.
   - D. Porque cada oficio trabaja de forma independiente.

3. ¿Cuál es el papel del trabajador en el diseño energético?
   - A. Actuar como ejecutor directo del diseño energético definido en proyecto.
   - B. Ejecutar únicamente tareas mecánicas sin criterio técnico.
   - C. Modificar soluciones si resultan complejas.
   - D. Delegar las decisiones energéticas en otros oficios.

4. ¿Cuál es uno de los errores más habituales por desconocimiento del proyecto?
   - A. Respetar estrictamente los detalles constructivos.
   - B. Ejecutar “como siempre” sin atender a las exigencias energéticas actuales.
   - C. Consultar ante cualquier duda técnica.
   - D. Documentar correctamente la ejecución.

5. ¿Qué consecuencia tiene reducir aislamiento en zonas ocultas?
   - A. No afecta si no es visible.
   - B. Mejora la ventilación interior.
   - C. Genera puentes térmicos continuos no previstos en el proyecto.
   - D. Reduce el peso del edificio sin efectos térmicos.

6. ¿Cuál es el principal coste de una mala interpretación del proyecto energético?

   A. Un pequeño retraso en la entrega de la obra.
   B. Un aumento puntual del presupuesto inicial.
   C. Una mejora en la estética del edificio
   D. Un incremento permanente del consumo energético del edificio..

7. ¿Qué significa que la eficiencia energética sea una responsabilidad compartida?

   A. Que solo la dirección facultativa es responsable.
   B. Que todos los agentes que intervienen en la obra influyen en el resultado energético final.
   C. Que el trabajador no tiene responsabilidad directa.
   D. Que el proyecto puede modificarse libremente.

8. ¿Cuál es el objetivo del control de calidad en obra desde el punto de vista energético?

   A. Verificar únicamente la estética de los acabados.
   B. Comprobar que lo ejecutado coincide con lo proyectado antes de que quede oculto.
   C. Aumentar el número de inspecciones administrativas.
   D. Sustituir la función del proyectista.

9. ¿Por qué es importante el replanteo en un proyecto energético?

   A. Porque garantiza que las soluciones térmicas puedan ejecutarse sin pérdidas de prestaciones.
   B. Porque solo afecta a la geometría estructural.
   C. Porque permite reducir el espesor del aislamiento.
   D. Porque elimina la necesidad de coordinación.

10. ¿Cómo influye el orden de ejecución en la eficiencia energética?

   A. No tiene influencia si los materiales son correctos.
   B. Solo afecta a la organización del personal.
   C. Condiciona la continuidad del aislamiento y la calidad final de la envolvente.
   D. Permite modificar libremente los detalles constructivos.

UNIDAD

2.3. Evaluación de Soluciones Alternativas

Contenido de la Unidad

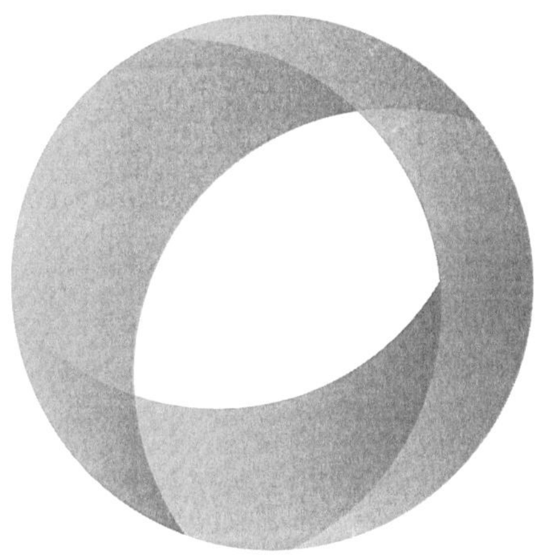

1. Qué es una Solución Alternativa

En el contexto de la ejecución de una obra, una solución alternativa es cualquier **modificación respecto a lo definido en el proyecto original** que afecta a materiales, sistemas constructivos, detalles de ejecución o procesos previstos. Desde el punto de vista energético, una solución alternativa no es un simple cambio constructivo, sino una alteración del equilibrio energético del edificio, ya que el proyecto ha sido calculado y justificado en base a unas condiciones concretas.

Una solución alternativa puede surgir por múltiples motivos: falta puntual de materiales, problemas de suministro, dificultades de ejecución, mejoras aparentemente evidentes, reducción de costes o decisiones organizativas de obra. Sin embargo, lo que distingue a una solución alternativa aceptable de una incorrecta no es su intención, sino **su compatibilidad con el comportamiento energético previsto en el proyecto.**

Desde el punto de vista energético, el proyecto es un sistema cerrado y coherente. Cada solución constructiva, cada espesor, cada material y cada detalle están interrelacionados. Cuando se introduce una solución alternativa, se modifica una pieza de ese sistema y, aunque el cambio parezca pequeño, puede tener consecuencias significativas sobre la demanda energética, la estanqueidad, la continuidad del aislamiento o el funcionamiento de las instalaciones.

Es importante entender que una solución alternativa **no es necesariamente un error**. Existen situaciones en las que puede plantearse una alternativa técnicamente válida e incluso equivalente desde el punto de vista energético. No obstante, para que una solución alternativa sea correcta, debe cumplir una condición imprescindible: mantener, como mínimo, las prestaciones energéticas del proyecto original. Cualquier alternativa que reduzca estas prestaciones supone un empeoramiento del edificio, aunque constructivamente pueda parecer correcta.

Desde el punto de vista de la obra, una solución alternativa suele percibirse como una forma de resolver un problema inmediato. Sin embargo, el proyecto energético no responde solo a la lógica del momento de ejecución, sino al funcionamiento del edificio durante décadas.

Por ello, una solución que facilita la obra, pero empeora el comportamiento energético **traslada el problema al usuario final**, en forma de mayor consumo, menor confort y posibles patologías.

Una característica habitual de las soluciones alternativas mal planteadas es que se justifican de manera parcial. Se analiza su facilidad de ejecución, su disponibilidad o su coste, pero no se evalúa su impacto energético global. Desde el punto de vista del proyecto, esta evaluación es imprescindible, ya que una solución alternativa afecta al conjunto del edificio y no solo al elemento modificado.

Una solución alternativa es cualquier modificación al proyecto original (materiales, sistemas o procesos). Aunque surgen por necesidades logísticas o de costes, estos cambios pueden romper el equilibrio energético del edificio si no se gestionan bajo criterios técnicos rigurosos.

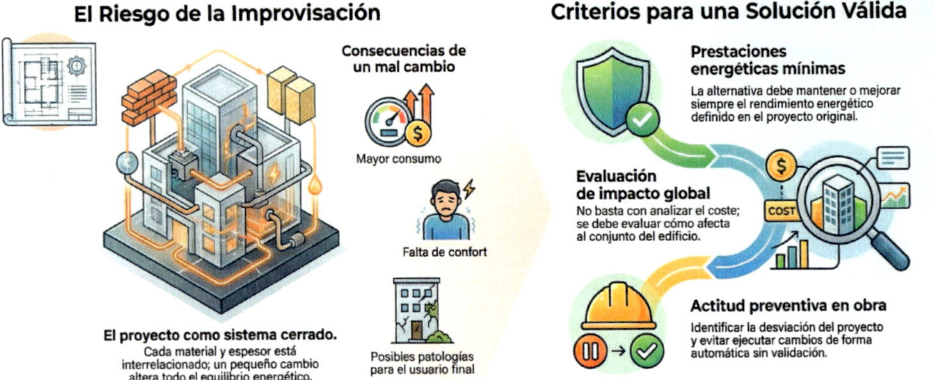

También es importante diferenciar entre una solución alternativa y **una mejora real del proyecto.** No todo cambio supone una mejora, aunque así se presente en obra. Una mejora energética debe demostrarse mediante criterios técnicos y no basarse únicamente en la intuición o la experiencia previa. El proyecto energético ya ha optimizado las soluciones dentro de unas condiciones concretas, y cualquier mejora debe justificarse de forma rigurosa.

Desde el punto de vista del trabajador y del encargado, reconocer qué es una solución alternativa implica identificar cuándo se está saliendo del proyecto. Cualquier actuación que no coincida exactamente con lo proyectado debe considerarse una alternativa y tratarse como tal, evitando ejecutarla de forma automática. Esta actitud preventiva es clave para no introducir errores energéticos irreversibles.

En resumen, **una solución alternativa es toda modificación respecto al proyecto original que afecta al diseño energético del edificio**. Puede ser necesaria en determinadas circunstancias, pero siempre debe evaluarse desde el punto de vista energético antes de ejecutarse. Entender qué es una solución alternativa es el primer paso para evitar decisiones improvisadas que comprometan la eficiencia, el confort y la calidad final del edificio.

2. Cuando Puede Plantearse en Obra

Plantear una solución alternativa en obra no debería ser un acto impulsivo ni una respuesta automática ante un problema puntual, sino una **decisión excepcional** que se toma cuando concurren determinadas circunstancias objetivas. Desde el punto de vista energético, el proyecto define unas soluciones optimizadas y cualquier desviación solo es admisible cuando existen razones justificadas que impiden su ejecución tal y como estaba prevista.

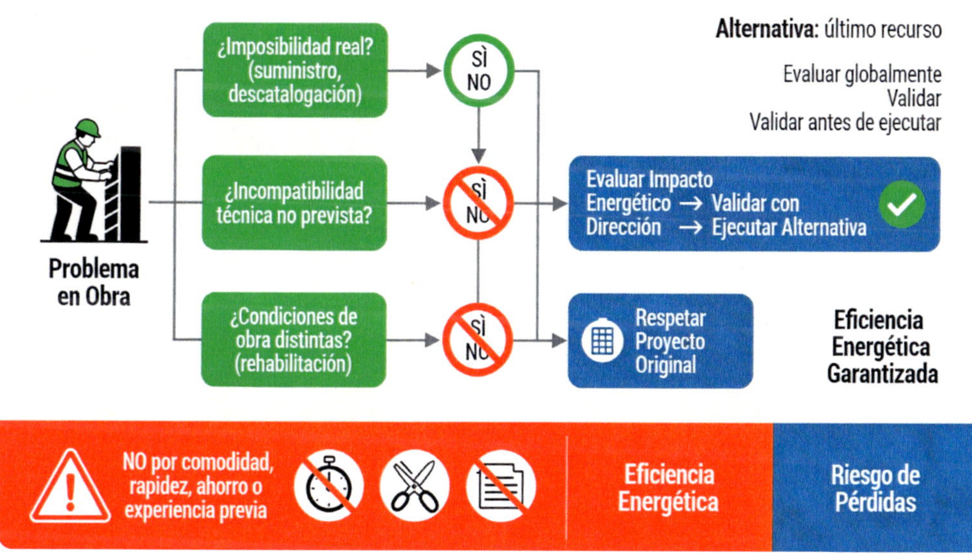

Una solución alternativa puede plantearse en obra cuando aparece una **imposibilidad real de ejecutar lo proyectado**. Esta imposibilidad puede deberse a factores ajenos a la voluntad del equipo de obra, como la discontinuidad en el suministro de un material específico, la descatalogación de un producto o un problema técnico no detectable en fase de proyecto.

En estos casos, la alternativa no surge como una mejora voluntaria, sino como una necesidad para poder continuar la ejecución.

También puede plantearse una solución alternativa cuando se detecta una **incompatibilidad técnica no prevista**. Durante la ejecución pueden aparecer interferencias entre sistemas, errores de coordinación entre disciplinas o situaciones constructivas que no eran visibles en los planos. Si estas incompatibilidades afectan a elementos energéticos y no pueden resolverse respetando exactamente el proyecto, puede ser necesario proponer una alternativa que mantenga el comportamiento energético previsto.

Otro escenario habitual es el relacionado con **condiciones reales de obra distintas a las previstas**, especialmente en rehabilitación. En edificios existentes, la realidad constructiva puede diferir de la documentada, apareciendo irregularidades, patologías ocultas o limitaciones geométricas que impiden aplicar la solución proyectada. En estos casos, la alternativa debe adaptarse a la realidad del edificio sin empeorar sus prestaciones energéticas.

Desde el punto de vista energético, nunca debería plantearse una solución alternativa por **comodidad, rapidez o ahorro inmediato**. Cambios motivados únicamente por facilitar la ejecución, reducir tiempos o simplificar un detalle suelen generar pérdidas energéticas que no se compensan a largo plazo. Estas decisiones trasladan el problema del momento de la obra al uso futuro del edificio, incrementando el consumo y reduciendo el confort.

Tampoco es justificable plantear una solución alternativa basándose solo en la experiencia previa. Aunque un sistema haya funcionado en otras obras, eso no garantiza su compatibilidad con el proyecto energético actual. Cada edificio responde a unas condiciones específicas de diseño, orientación, clima y uso, y una solución válida en un contexto puede ser inadecuada en otro.

Desde el punto de vista operativo, el momento adecuado para plantear una solución alternativa es **antes de ejecutarla**. Detectar el problema, detener la ejecución de esa parte concreta y comunicar la incidencia permite evaluar la alternativa con criterio técnico. Ejecutar primero y justificar después suele conducir a errores irreversibles, especialmente en elementos energéticos que quedan ocultos.

El planteamiento de una solución alternativa también debe considerar su **alcance real**. Un cambio aparentemente localizado puede afectar a otros elementos del edificio, como la continuidad del aislamiento, el tratamiento de puentes térmicos o el funcionamiento de las instalaciones. Por ello, incluso cuando la alternativa parece menor, debe analizarse su impacto global.

Desde el punto de vista del trabajador y del encargado, **saber cuándo puede plantearse una solución alternativa implica reconocer los límites de actuación en obra**. No todo problema exige una alternativa, y muchas dificultades pueden resolverse respetando el proyecto si se planifican adecuadamente los trabajos. La alternativa es el último recurso, no la primera opción.

En resumen, **una solución alternativa puede plantearse en obra solo cuando existe una imposibilidad real de ejecutar lo proyectado, una incompatibilidad técnica no prevista o una condición de obra que lo justifique objetivamente**. En todos los casos, debe evaluarse previamente su impacto energético y contar con la validación correspondiente. Plantear alternativas sin estas condiciones supone asumir un riesgo innecesario para la eficiencia energética del edificio.

3. Cambios Habituales por Falta de Material

La falta puntual de material es una de las causas más frecuentes por las que se plantean soluciones alternativas en obra. Retrasos en el suministro, problemas logísticos, descatalogaciones o errores de previsión pueden obligar a tomar decisiones rápidas para no paralizar los trabajos. Sin embargo, desde el punto de vista energético, **la falta de material no justifica automáticamente cualquier sustitución**, ya que muchas de estas decisiones tienen un impacto directo y permanente en el comportamiento del edificio.

Uno de los cambios más habituales por falta de material se produce en los **aislamientos térmicos**. Ante la ausencia del producto especificado en proyecto, se tiende a sustituirlo por otro disponible en obra con un espesor o una composición diferente.

Aunque visualmente el aislamiento "esté colocado", energéticamente puede no cumplir las prestaciones previstas, ya sea por una conductividad térmica distinta, una menor resistencia térmica o un comportamiento diferente frente a la humedad.

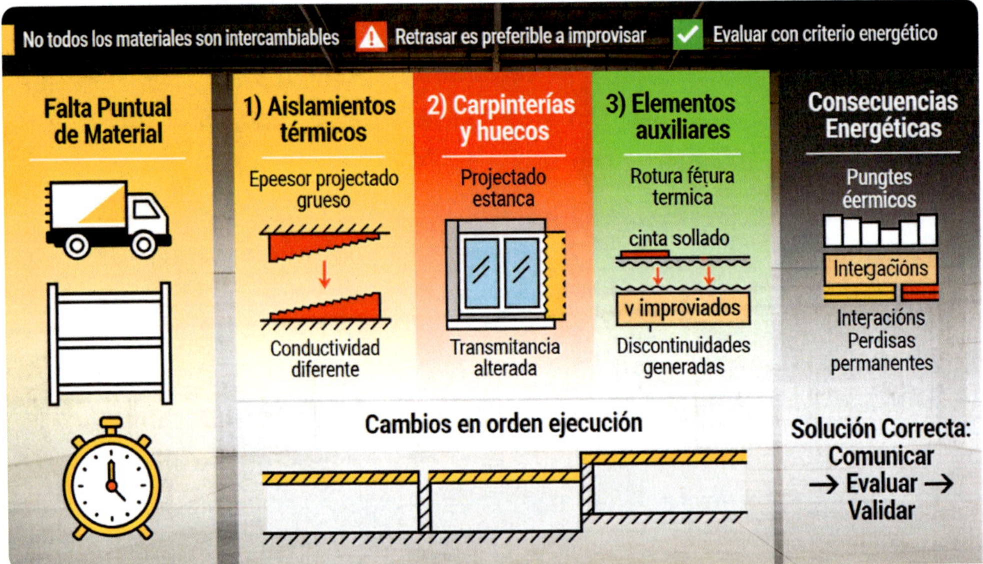

Otro cambio frecuente afecta a las **carpinterías y huecos**. Cuando un modelo concreto no está disponible en plazo, se opta por una carpintería "equivalente" sin verificar que sus prestaciones de transmitancia, estanqueidad y control solar coincidan con las definidas en proyecto. Este tipo de sustituciones, motivadas por la urgencia, suelen alterar de forma significativa las pérdidas energéticas del edificio y afectan al confort interior.

También se producen cambios por falta de material en **elementos auxiliares,** como cintas de sellado, barreras de vapor, piezas de ruptura térmica o sistemas de fijación específicos. Estos elementos suelen considerarse secundarios, pero desde el punto de vista energético cumplen funciones clave. Sustituirlos por soluciones improvisadas o prescindir de ellos genera discontinuidades en la envolvente que incrementan las infiltraciones y los puentes térmicos.

Desde el punto de vista operativo, estos cambios se justifican a menudo como soluciones temporales que "ya se corregirán después". Sin embargo, en la práctica, muchas de estas correcciones no llegan a realizarse, especialmente cuando los elementos quedan ocultos por otras capas. El resultado es un edificio que arrastra una pérdida energética permanente causada por una decisión tomada por urgencia.

La falta de material también puede afectar al **orden de ejecución**, obligando a adelantar o retrasar trabajos que no estaban previstos en esa fase. Este cambio de secuencia genera interferencias con otras soluciones energéticas, provocando cortes del aislamiento o sellados deficientes que no se restituyen correctamente más adelante.

Desde el punto de vista energético, es importante entender que **no todos los materiales son intercambiables,** aunque cumplan una función constructiva similar. El proyecto energético ha seleccionado cada material por sus prestaciones concretas y su compatibilidad con el conjunto del edificio. Sustituirlo sin una evaluación técnica rompe ese equilibrio y degrada el resultado final.

Comparación de Sustituciones de Materiales por Falta de Material

Característica	Aislamientos Térmicos	Carpinterías y Huecos	Elementos Auxiliares	Orden de Ejecución
Sustitución Típica	Espesor o composición diferente	Carpintería "equivalente" sin verificar prestaciones	Soluciones improvisadas o prescindir	Adelantar o retrasar trabajos
Impacto Energético	No cumple prestaciones previstas	Altera pérdidas energéticas y confort	Incrementa infiltraciones y puentes térmicos	Cortes del aislamiento o sellados deficientes
Justificación Operativa	Soluciones temporales que se corregirán	Urgencia	Considerados secundarios	Urgencia
Consecuencia Energética	Pérdida energética permanente	Pérdida energética permanente	Pérdida energética permanente	Pérdida energética permanente
Acción Correcta	Comunicar la incidencia y valorar opciones	Comunicar la incidencia y valorar opciones	Comunicar la incidencia y valorar opciones	Comunicar la incidencia y valorar opciones

Para el trabajador y el encargado, **gestionar cambios por falta de material exige una actitud preventiva**. Ante una ausencia puntual, lo correcto no es improvisar, sino comunicar la incidencia y valorar las opciones disponibles con criterio energético.

En muchos casos, retrasar ligeramente la ejecución es preferible a introducir una solución que comprometa la eficiencia del edificio durante toda su vida útil.

En resumen, **los cambios habituales por falta de material son una fuente frecuente de soluciones alternativas mal justificadas**. Aunque la presión de los plazos y la continuidad de la obra influyen en estas decisiones, desde el punto de vista energético deben evaluarse con cautela. La falta de material no debe convertirse en una excusa para introducir soluciones que reduzcan las prestaciones energéticas previstas en el proyecto.

4. Sustituciones Frecuentes y sus Riesgos Energéticos

Las sustituciones frecuentes en obra son una de las principales fuentes de desviación entre el comportamiento energético previsto en proyecto y el funcionamiento real del edificio terminado. Estas sustituciones suelen presentarse como cambios menores o soluciones "equivalentes", pero desde el punto de vista energético **raramente son neutras**. Cada sustitución implica una variación en materiales, prestaciones o forma de ejecución que puede alterar de manera significativa el equilibrio térmico del edificio.

Una de las sustituciones más habituales afecta a los **materiales aislantes.** En obra se tiende a considerar que todos los aislamientos cumplen la misma función, cuando en realidad existen grandes diferencias entre ellos en términos de conductividad térmica, comportamiento frente a la humedad, estabilidad dimensional y durabilidad. Sustituir un aislamiento por otro con mayor conductividad o menor espesor reduce la resistencia térmica del cerramiento y aumenta la demanda energética, aunque la solución siga pareciendo correcta a simple vista.

Otra sustitución frecuente se produce en las **carpinterías exteriores.** Cambiar un sistema de ventanas por otro "similar" puede alterar parámetros clave como la transmitancia del conjunto, la permeabilidad al aire o el factor solar del acristalamiento.

Estas diferencias afectan tanto a las pérdidas de calor en invierno como a las ganancias en verano, descompensando la estrategia energética definida en proyecto y obligando a un mayor uso de los sistemas de climatización.

También son habituales las sustituciones en **elementos de sellado y estanqueidad,** como espumas, cintas, láminas o barreras de vapor. Estos productos suelen considerarse accesorios, pero cumplen una función esencial en el control de infiltraciones de aire y condensaciones. Sustituirlos por soluciones genéricas o de menor calidad incrementa las pérdidas energéticas y puede generar problemas higrotérmicos a medio plazo.

En el ámbito de las instalaciones, las sustituciones afectan con frecuencia a **equipos y componentes de los sistemas de ventilación**. Cambiar un recuperador de calor por otro de menor rendimiento, modificar ventiladores o alterar secciones de conductos puede reducir drásticamente la eficiencia del sistema. Estas decisiones suelen tomarse por disponibilidad o coste, sin valorar su impacto energético real.

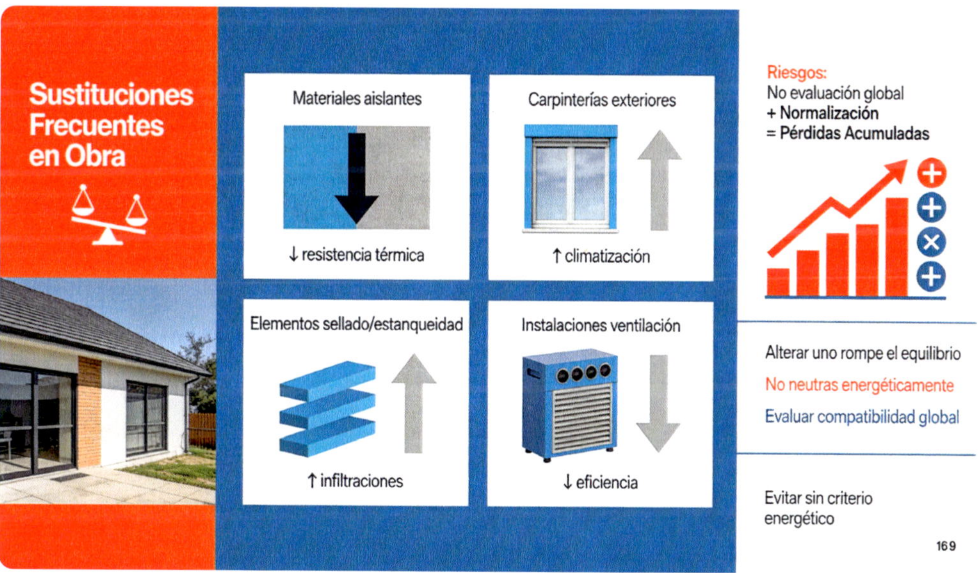

Desde el punto de vista energético, el principal riesgo de estas sustituciones es que **no se evalúan de forma global.** Cada cambio se analiza de manera aislada, sin tener en cuenta cómo afecta al conjunto del edificio. El proyecto energético, sin embargo, funciona como un sistema integrado, donde cada componente influye en el resultado final. Alterar uno de ellos sin revisar el conjunto rompe ese equilibrio.

Otro riesgo importante es la **normalización del cambio**. Cuando una sustitución se acepta en una zona concreta, tiende a repetirse en toda la obra, multiplicando su impacto energético. Un pequeño empeoramiento repetido decenas o cientos de veces genera una pérdida acumulada muy superior a la inicialmente prevista.

Desde el punto de vista del trabajador y del encargado, **es fundamental reconocer que una sustitución no es un simple ajuste constructivo, sino una decisión con consecuencias energéticas a largo plazo**. Antes de ejecutar una sustitución, debe analizarse si mantiene las prestaciones del proyecto y si es compatible con el resto de las soluciones energéticas definidas.

En resumen, **las sustituciones frecuentes en obra conllevan riesgos energéticos elevados cuando no se evalúan adecuadamente**. Aunque puedan resolver un problema inmediato, suelen degradar el comportamiento térmico del edificio y aumentar su consumo energético durante toda su vida útil. Evitar sustituciones sin criterio energético es una condición esencial para garantizar que el edificio construido responda a las exigencias de eficiencia previstas en el proyecto.

5. Compatibilidad Térmica entre Soluciones

La compatibilidad térmica entre soluciones es un criterio esencial cuando se plantea cualquier alternativa en obra. Desde el punto de vista energético, no basta con que una solución funcione de manera aislada; es imprescindible que **sea compatible con el conjunto del sistema constructivo** y mantenga el equilibrio térmico definido en el proyecto. Muchas de las pérdidas energéticas en edificios terminados se deben a soluciones que, aun siendo correctas individualmente, no funcionan bien en combinación con el resto de los elementos.

El proyecto energético define un sistema coherente en el que cada solución **—cerramientos, aislamientos, huecos, encuentros y sistemas de ventilación—** está pensada para trabajar en conjunto. Cuando se introduce una solución alternativa sin analizar su compatibilidad térmica, se pueden generar desequilibrios que afectan al comportamiento global del edificio.

Estos desequilibrios no siempre son evidentes durante la obra, pero se manifiestan claramente en la fase de uso.

Un ejemplo habitual de incompatibilidad térmica se produce cuando se combinan **materiales con comportamientos muy distintos frente al calor y la humedad**. Sustituir un aislamiento por otro con diferente capacidad de difusión del vapor puede generar condensaciones intersticiales si el resto del cerramiento no se adapta a ese cambio. Aunque el nuevo material tenga una buena resistencia térmica, su incompatibilidad con las capas adyacentes puede provocar patologías y pérdidas de prestaciones.

También aparecen problemas de compatibilidad térmica cuando se combinan soluciones con **distintos niveles de inercia térmica**. Un cerramiento diseñado para trabajar con una determinada masa térmica puede comportarse de forma muy distinta si se altera uno de sus componentes. Estas variaciones afectan al desfase térmico y al confort interior, especialmente en climas con grandes oscilaciones de temperatura.

La compatibilidad térmica es especialmente crítica en los encuentros. Una solución alternativa aplicada en un punto concreto puede no integrarse correctamente con las soluciones adyacentes, generando discontinuidades del aislamiento o puentes térmicos no previstos. El proyecto define estos encuentros como un todo, y cualquier modificación debe analizarse teniendo en cuenta su efecto en las zonas colindantes.

Desde el punto de vista de las instalaciones, **la compatibilidad térmica también juega un papel clave**. Cambiar un sistema de ventilación, un recuperador de calor o un equipo de climatización sin revisar su interacción con la envolvente puede generar desajustes importantes. Un edificio con una envolvente muy estanca, por ejemplo, requiere sistemas de ventilación compatibles con ese nivel de estanqueidad; introducir una solución no adaptada rompe el equilibrio energético.

Para el trabajador y el encargado de obra, evaluar la compatibilidad térmica entre soluciones implica ir más allá de la lógica constructiva inmediata. No se trata solo de "si encaja" o "si se puede colocar", sino de si **funciona térmicamente con el resto del edificio**. Esta evaluación requiere consultar el proyecto y, en caso de duda, comunicar la incidencia antes de ejecutar la alternativa.

Otro riesgo frecuente **es asumir que una solución "mejor" en un aspecto concreto mejora automáticamente el conjunto**. Por ejemplo, un material con mayor aislamiento térmico puede generar problemas si no es compatible con la ventilación o con el control de la humedad previstos en proyecto. La eficiencia energética no se basa en maximizar prestaciones aisladas, sino en equilibrarlas correctamente.

En resumen, **la compatibilidad térmica entre soluciones es un criterio imprescindible para aceptar cualquier alternativa en obra**. Una solución solo es válida si mantiene la coherencia del sistema energético global del edificio. Ignorar esta compatibilidad conduce a pérdidas energéticas, problemas de confort y patologías que podrían haberse evitado con una evaluación previa adecuada.

6. Errores Comunes al "Mejorar" el Proyecto

Uno de los planteamientos más engañosos que se producen en obra es la idea de que ciertas modificaciones suponen una mejora automática del proyecto. Desde el punto de vista energético, **no toda mejora aparente es una mejora real,** y muchos de los errores más graves se cometen precisamente cuando se actúa con la convicción de estar optimizando el edificio. El proyecto energético ya ha sido calculado y equilibrado, por lo que cualquier "mejora" debe analizarse con rigor para no romper ese equilibrio.

Un error común es aumentar prestaciones de forma aislada. Por ejemplo, añadir más aislamiento en un punto concreto sin tener en cuenta el resto del cerramiento puede generar incompatibilidades térmicas o higrotérmicas. Aunque el aumento de aislamiento pueda parecer positivo, si no se adapta el conjunto de capas y encuentros, el resultado puede ser la aparición de condensaciones, pérdida de inercia térmica o problemas de ventilación no previstos.

Otro error habitual **es sustituir materiales por otros considerados de mayor calidad comercial, sin valorar su comportamiento energético real en el sistema del edificio**. Un producto más caro o moderno no garantiza una mejora energética si no responde a los mismos criterios de conductividad, difusión de vapor, estanqueidad o compatibilidad con los elementos colindantes. Estas sustituciones suelen hacerse con buena intención, pero sin respaldo técnico.

También se cometen errores **al "mejorar" simplificando detalles constructivos**. Eliminar una capa, reducir un solape o modificar un encuentro para facilitar la ejecución suele justificarse como una mejora práctica. Sin embargo, desde el punto de vista energético, estas simplificaciones suelen eliminar elementos clave del control térmico y de la estanqueidad, generando pérdidas que no estaban previstas en el proyecto original.

Otro caso frecuente es modificar los **sistemas de ventilación o climatización con la intención de hacerlos más eficientes**. Cambiar un equipo por otro de mayor potencia o diferente tecnología sin revisar su integración con la envolvente puede aumentar el consumo energético en lugar de reducirlo. El proyecto energético define estos sistemas en función de la demanda calculada; alterarlos sin revisar esa demanda genera desajustes.

Desde el punto de vista de la obra, también es un error común confundir mejora energética con **reducción de costes**. Ajustar soluciones para ahorrar en ejecución suele presentarse como una optimización, pero energéticamente suele traducirse en un empeoramiento del comportamiento del edificio. El ahorro inmediato en obra se convierte en un sobrecoste permanente para el usuario final.

Para el trabajador y el encargado, el principal problema de estos errores es que se cometen con la convicción de estar haciendo lo correcto. Esta percepción dificulta la detección del fallo, ya que no se considera una desviación del proyecto, sino una mejora. Por ello, es fundamental asumir que **ninguna mejora es válida si no está justificada energéticamente.**

Desde el punto de vista del proyecto, **cualquier mejora debe mantener o superar las prestaciones previstas sin generar efectos secundarios negativos.** Esto exige evaluar la solución en su conjunto, considerando su impacto en la envolvente, en las instalaciones y en el comportamiento global del edificio. Sin este análisis, la supuesta mejora se convierte en una fuente de problemas.

En resumen, **los errores comunes al "mejorar" el proyecto se producen cuando se actúa sin criterio energético global.** Aumentar prestaciones aisladas, sustituir materiales sin análisis, simplificar detalles o reducir costes sin valorar consecuencias suele empeorar el resultado final. La verdadera mejora energética no se basa en la intuición, sino en el respeto al diseño y en la evaluación técnica rigurosa de cualquier modificación.

7. Decisiones sin Criterio Energético

Las decisiones tomadas en obra sin criterio energético son una de las causas más habituales de la pérdida de eficiencia en los edificios terminados. Estas decisiones no suelen responder a una mala intención, sino a la **ausencia de una visión energética global** en el momento de resolver problemas constructivos, organizativos o de suministro. Cuando el criterio energético no está presente, la obra se resuelve únicamente desde la urgencia o la costumbre, con consecuencias que se arrastran durante toda la vida útil del edificio.

Una decisión **sin criterio energético** es aquella que se toma atendiendo solo a la facilidad de ejecución, al ahorro inmediato o a la experiencia previa, sin valorar cómo afecta al comportamiento térmico del edificio. Cambiar un material por otro disponible, modificar un detalle para "que sea más sencillo" o ajustar una solución para cumplir plazos son ejemplos habituales de este tipo de decisiones. Aunque puedan resolver un problema puntual, energéticamente suelen ser perjudiciales.

Desde el punto de vista del proyecto, **estas decisiones rompen el equilibrio del diseño energético**. El edificio ha sido calculado considerando unas condiciones concretas de aislamiento, estanqueidad, ventilación y control solar. Alterar cualquiera de estos factores sin análisis previo modifica la demanda energética y el funcionamiento de los sistemas. El problema no es la decisión en sí, sino no evaluar su impacto energético antes de ejecutarla.

Uno de los ámbitos donde más decisiones sin criterio energético se producen es en los encuentros y zonas ocultas. Al no ser visibles en el resultado final, se tiende a resolverlos de forma rápida, sin respetar los detalles proyectados. Estas zonas, sin embargo, concentran gran parte de las pérdidas energéticas y son especialmente sensibles a cambios improvisados.

También se toman decisiones sin criterio energético al modificar el orden de ejecución. Adelantar instalaciones, retrasar la colocación del aislamiento o cerrar cerramientos sin haber completado los sellados necesarios son decisiones organizativas que afectan directamente a la continuidad energética. Estas decisiones suelen justificarse por la necesidad de avanzar en la obra, pero generan problemas difíciles de corregir posteriormente.

Desde el punto de vista del trabajador, **estas decisiones suelen tomarse bajo presión y sin información completa**. La falta de comunicación con la dirección facultativa o el desconocimiento del proyecto energético favorecen que se actúe de forma autónoma. Sin embargo, es importante entender que decidir sin criterio energético equivale a decidir contra el proyecto, aunque no exista esa intención.

Otro problema asociado a estas decisiones es que **suelen normalizarse**. Cuando una solución improvisada funciona constructivamente, se repite en toda la obra, multiplicando su impacto energético. Lo que comenzó como una decisión puntual se convierte en un defecto sistemático que afecta al conjunto del edificio.

Desde el punto de vista energético, **las decisiones sin criterio no solo incrementan el consumo, sino que también pueden generar problemas de confort, condensaciones y desequilibrios térmicos**. Estos efectos no siempre son inmediatos, lo que dificulta relacionarlos con la decisión tomada en obra y complica su corrección.

En resumen, **las decisiones sin criterio energético son uno de los mayores riesgos en la ejecución de soluciones alternativas.** Evitarlas exige conciencia, formación y comunicación. Ante cualquier duda o dificultad, la alternativa no debe ejecutarse de forma automática, sino evaluarse desde el punto de vista energético. Solo así es posible mantener la coherencia del proyecto y garantizar que el edificio construido funcione como fue diseñado.

8. Consecuencias Reales en el Edificio Terminado

Las consecuencias de aplicar soluciones alternativas sin criterio energético no siempre se perciben durante la ejecución de la obra, pero se manifiestan de forma clara una vez el edificio entra en uso.

En ese momento, el edificio deja de ser un conjunto de soluciones constructivas y se convierte en un **sistema energético en funcionamiento**, donde cualquier desviación respecto al proyecto original tiene efectos reales, medibles y, en muchos casos, permanentes.

Una de las primeras consecuencias es el **incremento del consumo energético**. Un edificio que ha sufrido cambios no justificados en aislamientos, huecos, encuentros o ventilación necesita más energía para mantener las condiciones interiores de confort. Este aumento del consumo afecta directamente al usuario final, que se encuentra con facturas energéticas superiores a las previstas y con un edificio que no responde a las expectativas generadas por el proyecto.

Otra consecuencia habitual es la **pérdida de confort térmico**. Las desviaciones energéticas generan zonas frías en invierno y sobrecalentadas en verano, corrientes de aire no deseadas y una mayor dificultad para mantener una temperatura homogénea en el interior. Estos problemas suelen atribuirse erróneamente a los sistemas de climatización, cuando en realidad tienen su origen en una envolvente mal ejecutada o en soluciones alternativas mal planteadas.

En muchos casos, las consecuencias se manifiestan también en forma de **patologías higrotérmicas**. Puentes térmicos no previstos, falta de continuidad del aislamiento o incompatibilidades entre soluciones generan condensaciones superficiales o intersticiales. Estas condensaciones pueden dar lugar a humedades, aparición de moho y deterioro de acabados, afectando tanto a la durabilidad del edificio como a la salud de sus ocupantes.

Desde el punto de vista funcional, un edificio con desviaciones energéticas suele presentar un **mal funcionamiento de las instalaciones**. Sistemas de ventilación que no alcanzan los caudales previstos, recuperadores de calor con bajo rendimiento o equipos de climatización sobredimensionados para compensar pérdidas energéticas son síntomas habituales de un edificio ejecutado sin respetar el proyecto energético.

Otra consecuencia relevante es la **pérdida de valor del edificio**. Un inmueble que no alcanza las prestaciones energéticas previstas puede obtener una calificación energética inferior a la esperada, lo que afecta a su valor en el mercado y a su atractivo para compradores o usuarios. Además, en un contexto normativo cada vez más exigente, estos edificios quedan en desventaja frente a otros mejor ejecutados.

Las consecuencias también se extienden al ámbito de la responsabilidad profesional. Cuando aparecen problemas energéticos, el análisis posterior suele identificar desviaciones en obra que no fueron justificadas ni autorizadas. Esto puede dar lugar a reclamaciones, conflictos entre agentes y costes adicionales asociados a informes, peritaciones o intervenciones correctivas.

Desde el punto de vista del mantenimiento, un edificio con soluciones alternativas mal evaluadas requiere **más intervenciones a lo largo del tiempo.** Ajustes en sistemas, reparaciones de humedades, mejoras posteriores de aislamiento o sellados correctivos suponen costes adicionales que podrían haberse evitado con una ejecución correcta desde el inicio.

En resumen, **las consecuencias reales de aplicar soluciones alternativas sin criterio energético son múltiples y afectan al consumo, al confort, a la durabilidad, al valor del edificio y a la responsabilidad de los agentes implicados**. Estas consecuencias no son teóricas ni excepcionales, sino una realidad frecuente en edificios donde el proyecto energético no se ha respetado durante la ejecución. Por ello, evaluar correctamente cualquier alternativa en obra es esencial para evitar problemas que solo se hacen visibles cuando ya es demasiado tarde para corregirlos fácilmente.

9. Comunicación con Dirección Facultativa

La comunicación con la dirección facultativa es un elemento clave cuando se plantea cualquier solución alternativa en obra, especialmente si esta afecta al comportamiento energético del edificio. Desde el punto de vista del proyecto, la dirección facultativa es la encargada de **velar por el cumplimiento de las prestaciones energéticas** definidas y de evaluar cualquier modificación que pueda alterar el equilibrio previsto. Sin una comunicación adecuada, las decisiones tomadas en obra suelen derivar en errores difíciles de corregir.

El proyecto energético no es un documento rígido, pero tampoco admite cambios improvisados. La comunicación con la dirección facultativa permite trasladar las dificultades reales de ejecución y analizar, con criterio técnico, si una solución alternativa es viable desde el punto de vista energético. Esta comunicación debe producirse **antes de ejecutar el cambio,** no cuando la solución ya está materializada y resulta costoso revertirla.

Uno de los errores más habituales en obra es resolver una incidencia sin informar, confiando en que el cambio "no tendrá importancia". Desde el punto de vista energético, esta práctica es especialmente problemática, ya que muchas consecuencias no son visibles en el momento de la ejecución. La dirección facultativa necesita conocer cualquier variación para poder evaluar su impacto global y decidir si es compatible con el proyecto.

La comunicación eficaz **implica explicar con claridad cuál es el problema detectado**, qué solución alternativa se propone y por qué se considera necesaria. No se trata solo de informar, sino de aportar información suficiente para que la dirección facultativa pueda valorar la alternativa en relación con el conjunto del edificio. Esta información incluye materiales, espesores, forma de ejecución y zonas afectadas.

Desde el punto de vista energético, **la dirección facultativa puede aceptar una solución alternativa si esta mantiene o mejora las prestaciones previstas.** En ese caso, la solución queda justificada y documentada. Por el contrario, si la alternativa supone una pérdida energética, la dirección puede exigir ajustes, modificaciones adicionales o el mantenimiento de la solución original. Esta decisión protege el resultado final del edificio.

Para el trabajador y el encargado de obra, **la comunicación con la dirección facultativa no debe percibirse como un obstáculo**, sino como una herramienta de apoyo. Informar a tiempo evita conflictos posteriores, correcciones costosas y responsabilidades derivadas de decisiones no autorizadas. Además, facilita la toma de decisiones coherentes con el proyecto energético.

La comunicación también permite anticipar problemas repetitivos. Si una dificultad aparece en una zona concreta, comunicarla permite ajustar la solución para el resto de la obra, evitando que el error se reproduzca sistemáticamente. Esta anticipación es fundamental para mantener la coherencia energética del edificio.

Otro aspecto importante **es la trazabilidad.** Cuando las soluciones alternativas se comunican y se aprueban correctamente, queda constancia documental de las decisiones tomadas. Esta trazabilidad es esencial para justificar el cumplimiento del proyecto, para la certificación energética y para el mantenimiento futuro del edificio.

En resumen, **la comunicación con la dirección facultativa es un paso imprescindible en la evaluación de soluciones alternativas**. Permite analizar los cambios con criterio energético, evitar errores irreversibles y garantizar que el edificio final responda a los objetivos definidos en el proyecto. Sin esta comunicación, las decisiones en obra se convierten en riesgos que afectan al consumo, al confort y a la calidad global del edificio.

10. Casos Prácticos de Soluciones Incorrectas

Los casos prácticos de soluciones incorrectas permiten comprender de forma clara cómo decisiones tomadas en obra, aparentemente razonables, pueden derivar en **errores energéticos graves** cuando no se evalúan correctamente. Estos casos no son excepcionales ni teóricos, sino situaciones reales que se repiten con frecuencia en la construcción y que evidencian la importancia de respetar el proyecto energético.

Un caso muy habitual es la sustitución de un aislamiento proyectado por otro de menor espesor o distinta conductividad térmica debido a la falta de suministro. En obra se decide continuar con un material disponible, asumiendo que "cumple la misma función". Sin embargo, una vez el edificio entra en uso, se detecta un aumento significativo del consumo de calefacción y refrigeración. El error no es visible en la ejecución, pero su efecto energético es permanente y afecta a todo el cerramiento donde se aplicó la sustitución.

Otro caso frecuente **se produce en el encuentro entre fachada y forjado**. El proyecto define una solución específica para evitar el puente térmico, pero en obra se resuelve de forma simplificada para facilitar el hormigonado o el cerramiento. Esta solución incorrecta se repite en todas las plantas del edificio, generando una pérdida energética lineal continua. Posteriormente aparecen zonas frías en el interior, condensaciones y quejas de los usuarios, sin que sea sencillo corregir el problema sin una intervención costosa.

Un tercer ejemplo habitual **es la ejecución deficiente de los contornos de huecos**. Aunque las carpinterías instaladas cumplen las prestaciones exigidas, el sellado entre el marco y el cerramiento se realiza de forma incompleta o con materiales inadecuados.

El resultado es un edificio con infiltraciones de aire, sensación de corrientes y un consumo energético mayor del previsto. Este tipo de solución incorrecta suele pasar desapercibida hasta que el edificio está ocupado.

También son frecuentes **las soluciones incorrectas en sistemas de ventilación**. En algunos casos, se elimina un recuperador de calor previsto en proyecto para simplificar la instalación o reducir costes. Aunque el sistema sigue funcionando desde el punto de vista mecánico, el edificio pierde una parte esencial de su eficiencia energética. **El consumo de energía aumenta** y la calidad del aire interior se resiente, generando un problema que no estaba presente en el diseño original.

Otro caso práctico se da cuando **se alteran recorridos de instalaciones atravesando la envolvente sin el tratamiento térmico adecuado**. Cada paso mal sellado genera un punto de fuga energética. Cuando estos errores se repiten en toda la obra, el edificio presenta una estanqueidad muy inferior a la prevista, anulando en parte el efecto del aislamiento y del sistema de ventilación proyectado.

Estos casos prácticos tienen en común **que las soluciones incorrectas se adoptan para resolver un problema inmediato**, sin valorar su impacto energético global. En todos ellos, el coste de la corrección posterior es muy superior al coste de haber ejecutado correctamente la solución desde el inicio.

En resumen, **los casos prácticos de soluciones incorrectas demuestran que la eficiencia energética se pierde, en la mayoría de los casos, por decisiones aparentemente menores tomadas en obra**. Analizar estos ejemplos permite identificar errores recurrentes y refuerza la importancia de evaluar cualquier solución alternativa desde el punto de vista energético antes de ejecutarla.

11. Casos Aceptables y Bien Justificados

Aunque muchas soluciones alternativas en obra generan pérdidas energéticas, existen situaciones en las que un cambio respecto al proyecto original puede considerarse **aceptable y correctamente justificado**, siempre que se haya evaluado con criterio técnico y se mantengan las prestaciones energéticas previstas.

Estos casos no son improvisaciones, sino decisiones fundamentadas que responden a una necesidad real y que se integran de forma coherente en el diseño energético del edificio.

Un primer caso aceptable se produce cuando se sustituye un material por otro **con prestaciones energéticas equivalentes o superiores**, debidamente acreditadas. Por ejemplo, un aislamiento alternativo con la misma resistencia térmica, similar comportamiento higrotérmico y compatibilidad con el resto de las capas puede ser una solución válida si se demuestra que mantiene el nivel de eficiencia previsto. En estos casos, la clave no es el material en sí, sino que sus prestaciones reales sean equivalentes a las del proyecto.

Otro caso aceptable se da cuando la solución alternativa **mejora una condición energética sin generar efectos secundarios negativos**. Por ejemplo, aumentar el espesor de aislamiento en una zona concreta puede ser correcto si se adapta el resto del cerramiento y se garantiza la compatibilidad térmica y la correcta gestión de la humedad. Estas mejoras deben analizarse de forma global y no limitarse a un único parámetro.

También pueden considerarse aceptables las soluciones alternativas derivadas de **condiciones reales de obra no previsibles**, especialmente en rehabilitación. Cuando la realidad del edificio existente impide ejecutar la solución proyectada, puede plantearse una alternativa que se adapte a las condiciones encontradas, siempre que se justifique técnicamente y no empeore el comportamiento energético del conjunto.

Desde el punto de vista de las instalaciones, un caso aceptable puede ser la sustitución de un equipo por otro **de mayor rendimiento energético**, siempre que sea compatible con la envolvente y con el sistema global del edificio. Esta sustitución debe evaluarse teniendo en cuenta la demanda real, evitando sobredimensionamientos o desajustes que anulen la mejora prevista.

Otro ejemplo de solución bien justificada es la adaptación de detalles constructivos para **mejorar la ejecutabilidad sin perder prestaciones**. En algunos casos, el detalle proyectado puede ajustarse para facilitar la ejecución, siempre que se mantenga la continuidad del aislamiento, la estanqueidad y el control de puentes térmicos. Estas adaptaciones deben definirse claramente y aprobarse antes de su ejecución.

Desde el punto de vista del proceso, un elemento clave en estos casos aceptables es la **documentación y aprobación previa.** Una solución alternativa bien justificada debe quedar registrada, explicando el motivo del cambio, la solución adoptada y la justificación de que mantiene o mejora las prestaciones energéticas. Esta documentación protege a todos los agentes implicados y garantiza la trazabilidad del cambio.

Para el trabajador y el encargado, estos casos muestran que no se trata de prohibir cualquier alternativa, sino de **diferenciar entre improvisación y decisión técnica**. Una solución alternativa puede ser correcta si se analiza, se comunica y se ejecuta con rigor. La diferencia entre una solución incorrecta y una aceptable está en el criterio energético aplicado.

En resumen, **los casos aceptables y bien justificados demuestran que la flexibilidad en obra es posible sin comprometer la eficiencia energética**, siempre que se actúe con criterio técnico, se mantengan las prestaciones del proyecto y se cuente con la aprobación correspondiente. Estas situaciones refuerzan la importancia de evaluar las alternativas desde una perspectiva energética global y no solo constructiva.

12. El Papel del Encargado y del Operario

En la evaluación y aplicación de soluciones alternativas, el papel del encargado y del operario es determinante para preservar la eficiencia energética del edificio. Ambos actúan como **primer nivel de decisión en obra,** ya que son quienes detectan los problemas reales de ejecución y quienes, en muchas ocasiones, deben reaccionar ante imprevistos. Desde el punto de vista energético, su actuación puede ser la diferencia entre mantener el diseño previsto o introducir una desviación irreversible.

El encargado de obra ocupa una posición clave como intermediario entre el proyecto y la ejecución. Es quien coordina los trabajos, organiza los oficios y gestiona los tiempos de obra. Desde esta posición, su responsabilidad energética consiste en **identificar cuándo una incidencia afecta a soluciones energéticas** y evitar que se resuelva de forma improvisada. El encargado no debe decidir unilateralmente soluciones alternativas energéticas, pero sí tiene la obligación de detectarlas, comunicarlas y canalizarlas adecuadamente.

Desde el punto de vista energético, **el encargado debe conocer los elementos críticos del proyecto: aislamientos, encuentros, huecos, sistemas de ventilación y detalles constructivos sensibles**. Este conocimiento le permite anticipar problemas y organizar la ejecución de manera que se respeten las soluciones proyectadas. Cuando el encargado desconoce el proyecto energético, es más probable que priorice la rapidez o la facilidad de ejecución frente al criterio energético.

El operario, por su parte, es quien ejecuta físicamente las soluciones energéticas y quien se enfrenta directamente a las dificultades prácticas de la obra.

Su papel como ejecutor del diseño energético implica **actuar con criterio y responsabilidad**, entendiendo que su trabajo no se limita a cumplir una tarea constructiva, sino a materializar una función térmica concreta. Un operario informado es capaz de detectar cuándo una solución no puede ejecutarse correctamente y comunicarlo antes de improvisar.

Desde el punto de vista energético, **el operario tiene una ventaja clave: es quien ve el problema en el momento en que se produce**. Si actúa sin consultar, introduce una desviación que queda oculta y que difícilmente se corrige después. Si comunica la incidencia, permite que se evalúe una solución alternativa compatible con el proyecto. Esta diferencia de actuación tiene consecuencias directas sobre el comportamiento energético del edificio.

La relación entre encargado y operario es esencial para garantizar una respuesta adecuada ante soluciones alternativas. El encargado debe fomentar un entorno en el que **la comunicación sea fluida** y donde el operario se sienta respaldado para plantear dudas o problemas sin temor a retrasos o reproches. Esta cultura de obra es fundamental para evitar decisiones energéticamente incorrectas.

Otro aspecto clave del papel del encargado y del operario **es la repetición de soluciones**. Cuando una alternativa se aplica correctamente en un punto, suele replicarse en otros similares. Por ello, es fundamental que la primera decisión sea correcta y esté bien justificada. Un error inicial, repetido por inercia, multiplica su impacto energético en todo el edificio.

Desde el punto de vista formativo, ambos perfiles deben comprender que la eficiencia energética no es una exigencia abstracta, sino una **condición real de calidad del edificio**. Su actuación diaria influye directamente en el consumo futuro, el confort de los usuarios y la durabilidad del inmueble. Asumir este papel refuerza la profesionalidad y el valor del trabajo realizado.

Comparación de roles: Encargado vs. Operario

Característica	Encargado	Operario
Posición	Intermediario entre proyecto y ejecución	Ejecutor físico de soluciones energéticas
Responsabilidad Energética	Identificar incidencias que afectan soluciones energéticas	Actuar con criterio y responsabilidad
Conocimiento	Elementos críticos del proyecto energético	Problema en el momento en que se produce
Comunicación	Detectar, comunicar y canalizar soluciones alternativas	Comunicar incidencias para evaluar soluciones alternativas
Relación	Fomentar comunicación fluida y respaldo	No especificado
Repetición	Asegurar que la primera decisión sea correcta	No especificado
Formación	Comprender la eficiencia energética como calidad	No especificado
Impacto	Evitar soluciones improvisadas y desviaciones	Evitar desviaciones ocultas y difíciles de corregir

En resumen, **el encargado y el operario son actores clave en la evaluación y aplicación de soluciones alternativas**. Su capacidad para detectar incidencias, comunicar problemas y respetar el proyecto energético determina en gran medida el éxito del edificio desde el punto de vista de la eficiencia energética. Actuar con criterio, responsabilidad y coordinación es esencial para evitar errores que acompañarán al edificio durante toda su vida útil.

13. Registro y Control de Cambios

El registro y control de cambios es un aspecto fundamental en la evaluación de soluciones alternativas y una herramienta clave para preservar la coherencia energética del proyecto durante la ejecución de la obra.

Desde el punto de vista energético, **todo cambio que afecte a materiales, soluciones constructivas o sistemas debe quedar identificado, evaluado y documentado**, ya que solo así es posible garantizar que el edificio final mantiene las prestaciones previstas.

El proyecto energético define unas condiciones concretas que sirven de referencia. Cuando en obra se introduce una solución alternativa, aunque esté bien justificada, se produce una desviación respecto a esa referencia inicial. El registro de cambios permite conocer exactamente qué se ha modificado, por qué motivo y con qué alcance, evitando que las alteraciones se diluyan entre el conjunto de decisiones tomadas durante la obra.

Desde el punto de vista práctico, **el registro de cambios no debe entenderse como un trámite burocrático, sino como un instrumento de control técnico.** Documentar un cambio obliga a reflexionar sobre su impacto energético y a verificar que no se ha tomado una decisión impulsiva. Además, permite que la dirección facultativa evalúe la alternativa con información completa y tome una decisión fundamentada.

El control de cambios **es especialmente importante** porque muchas soluciones alternativas afectan a elementos ocultos una vez finalizada la obra.

Sin un registro claro, resulta imposible identificar posteriormente el origen de problemas energéticos, condensaciones o consumos elevados. El registro permite reconstruir el proceso de ejecución y relacionar los resultados reales del edificio con las decisiones tomadas en obra.

Desde el punto de vista energético, **el control de cambios también evita la acumulación de pequeñas modificaciones** que, consideradas de forma individual, pueden parecer irrelevantes, pero que en conjunto alteran significativamente el comportamiento del edificio. Llevar un control sistemático permite detectar patrones de desviación y corregirlos antes de que se generalicen en toda la obra.

Para el encargado y el jefe de obra, **el registro de cambios es una herramienta de gestión que facilita la coordinación entre oficios y la comunicación con la dirección facultativa**. Un cambio registrado y aprobado se convierte en una referencia clara para el resto de la ejecución, evitando interpretaciones distintas o aplicaciones inconsistentes de la solución alternativa.

Desde el punto de vista del trabajador, **el control de cambios aporta seguridad**. Ejecutar una solución alternativa aprobada y documentada protege frente a responsabilidades futuras y clarifica cómo debe realizarse el trabajo. Por el contrario, actuar sin registro deja al operario expuesto a posibles reclamaciones si el edificio presenta problemas energéticos.

El registro de cambios también **tiene un papel importante en fases posteriores del edificio**, como la certificación energética, el mantenimiento o futuras intervenciones. Conocer qué soluciones se han ejecutado en realidad permite ajustar correctamente los cálculos energéticos y planificar actuaciones de mejora con información fiable.

En resumen, **el registro y control de cambios es una condición imprescindible para gestionar soluciones alternativas sin comprometer la eficiencia energética del edificio**. Documentar, evaluar y aprobar cada modificación permite mantener la coherencia del proyecto, evitar desviaciones acumulativas y garantizar que el edificio construido responde a los criterios energéticos definidos. Sin este control, la obra se convierte en una suma de decisiones aisladas con consecuencias difíciles de gestionar a largo plazo.

14. Impacto Económico a Largo Plazo

El impacto económico a largo plazo de las soluciones alternativas mal evaluadas es uno de los aspectos más relevantes y, al mismo tiempo, menos visibles durante la fase de obra. Muchas decisiones se toman atendiendo únicamente al coste inmediato o a la necesidad de mantener el ritmo de ejecución, sin considerar que el edificio tendrá una vida útil de varias décadas. Desde el punto de vista energético, **el verdadero coste de una solución no se mide en obra, sino durante el uso continuado del edificio.**

Una solución alternativa que reduce las prestaciones energéticas genera un incremento permanente del consumo de energía. Este sobreconsumo se traduce en mayores gastos de calefacción, refrigeración y ventilación para los usuarios. Aunque el incremento mensual pueda parecer reducido, su acumulación a lo largo de los años supone un coste económico muy elevado, muy superior al ahorro puntual que pudo obtenerse durante la ejecución de la obra.

El impacto económico también se manifiesta **en la necesidad de sobredimensionar o forzar los sistemas de climatización**. Un edificio con pérdidas energéticas superiores a las previstas exige un mayor esfuerzo de los equipos para mantener el confort interior. Esto no solo incrementa el consumo energético, sino que acelera el desgaste de los equipos, reduce su vida útil y aumenta la frecuencia de mantenimiento y sustitución.

Otro aspecto económico relevante **es el coste de las intervenciones correctivas posteriores.** Cuando aparecen problemas de confort, condensaciones o humedades derivados de soluciones alternativas incorrectas, la corrección suele implicar obras complejas y costosas. Estas intervenciones afectan a elementos ocultos de la envolvente y, en muchos casos, requieren demoliciones parciales, con un coste muy superior al de haber ejecutado correctamente la solución desde el inicio.

Desde el punto de vista del valor del inmueble, **un edificio con un comportamiento energético deficiente pierde competitividad en el mercado**. Una calificación energética inferior a la prevista afecta al precio de venta o alquiler y a la percepción de calidad por parte de los usuarios. En un contexto normativo y social cada vez más orientado a la eficiencia energética, este impacto económico adquiere una importancia creciente.

El impacto económico a largo plazo también afecta a las administraciones y promotores en términos de **cumplimiento normativo y responsabilidad.** Un edificio que no alcanza las prestaciones energéticas exigidas puede requerir actuaciones adicionales para adaptarse a futuras normativas, con el consiguiente coste económico. Además, las reclamaciones derivadas de un mal comportamiento energético generan gastos legales, técnicos y de gestión.

Desde el punto de vista de la obra, **es importante comprender que el ahorro inmediato obtenido mediante una solución alternativa mal evaluada es engañoso.** Reducir costes en materiales, simplificar detalles o acelerar plazos a costa de la eficiencia energética traslada el gasto al futuro, convirtiéndolo en un problema recurrente para los usuarios y para la imagen profesional de los agentes implicados.

Para el trabajador y el encargado, **considerar el impacto económico a largo plazo implica adoptar una visión más amplia del trabajo realizado**. Ejecutar correctamente una solución energética no solo mejora la calidad del edificio, sino que protege el valor económico del conjunto y evita costes futuros que podrían haberse prevenido con una ejecución rigurosa.

En resumen, **el impacto económico a largo plazo de las soluciones alternativas mal planteadas es elevado y sostenido en el tiempo**. Afecta al consumo energético, al mantenimiento, al valor del inmueble y a la responsabilidad de los agentes implicados. Evaluar las alternativas desde una perspectiva económica global, y no solo inmediata, es esencial para garantizar edificios eficientes, sostenibles y económicamente viables durante toda su vida útil.

15. Conclusiones Prácticas

La evaluación de soluciones alternativas en obra pone de manifiesto que la eficiencia energética del edificio no depende únicamente de un buen proyecto, sino de la **coherencia entre lo proyectado y lo ejecutado**. A lo largo de la ejecución surgen incidencias reales que obligan a tomar decisiones, pero la forma en que se gestionan esas decisiones determina el comportamiento energético final del edificio.

La **primera conclusión práctica** es que **toda solución alternativa es una excepción,** no una práctica habitual. El proyecto energético define un equilibrio preciso entre materiales, espesores, encuentros y sistemas, y cualquier modificación altera ese equilibrio.

Por ello, la alternativa solo debe plantearse cuando exista una imposibilidad real de ejecutar lo proyectado y nunca como una forma de simplificar, abaratar o acelerar la obra sin análisis previo.

Una **segunda conclusión** es que **no existen cambios neutros desde el punto de vista energético**. Sustituciones de materiales, ajustes de detalles, modificaciones en instalaciones o alteraciones del orden de ejecución siempre tienen consecuencias. Algunas pueden ser aceptables si se justifican correctamente, pero muchas generan pérdidas energéticas que no se compensan y que afectan al edificio durante toda su vida útil.

La **tercera conclusión práctica** es la importancia de la **evaluación energética previa.** Antes de ejecutar cualquier solución alternativa, debe analizarse su impacto sobre la envolvente, la continuidad del aislamiento, los puentes térmicos, la ventilación y el funcionamiento global del edificio.

Ejecutar primero y justificar después conduce, en la mayoría de los casos, a errores irreversibles.

Otra conclusión fundamental es el papel clave de la **comunicación y la coordinación**. Encargados, operarios y dirección facultativa deben compartir información y criterios. Comunicar una incidencia a tiempo permite buscar soluciones compatibles con el proyecto energético. Resolverla de forma unilateral suele generar desviaciones que pasan desapercibidas hasta que el edificio entra en uso.

Desde el punto de vista operativo, queda claro que **el ahorro inmediato en obra no equivale a ahorro real**. Muchas soluciones alternativas se adoptan para reducir costes o tiempos, pero **generan un impacto económico negativo** a largo plazo en forma de mayor consumo energético, mantenimiento adicional y pérdida de valor del inmueble.

Otra conclusión práctica es que el **registro y control de cambios** no es un trámite administrativo, sino una herramienta de calidad energética. Documentar las soluciones alternativas permite mantener la trazabilidad del proyecto, justificar decisiones técnicas y evitar la acumulación de desviaciones que degradan el comportamiento del edificio.

Para el trabajador y el encargado, la conclusión más importante es que **la eficiencia energética se construye día a día en la obra**. Cada decisión, cada ajuste y cada ejecución influyen en el resultado final. Actuar con criterio energético, respetar el proyecto y consultar ante la duda es la mejor garantía para entregar un edificio eficiente, confortable y duradero.

En conjunto, **la evaluación de soluciones alternativas demuestra que la eficiencia energética no admite improvisaciones.** La flexibilidad en obra es posible, pero solo cuando se basa en criterios técnicos claros, justificación energética y coordinación entre los agentes implicados. Cerrar correctamente este proceso garantiza que el edificio terminado responda a los objetivos de calidad, sostenibilidad y eficiencia definidos desde el proyecto.

RESUMEN

La evaluación de soluciones alternativas en obra parte de una idea fundamental: cualquier modificación respecto al proyecto original que afecte a materiales, sistemas constructivos, detalles o procesos supone una alteración del equilibrio energético del edificio. El proyecto no es una suma de decisiones aisladas, sino un sistema coherente y calculado en el que cada elemento está interrelacionado. Por ello, una solución alternativa no debe entenderse como un simple ajuste constructivo, sino como una decisión que puede influir de manera directa en la demanda energética, la estanqueidad, la continuidad del aislamiento o el funcionamiento de las instalaciones.

Una solución alternativa puede surgir por causas diversas, como problemas de suministro, descatalogación de materiales, incompatibilidades técnicas no previstas o condiciones reales de obra distintas a las contempladas inicialmente. En estos casos, la alternativa puede ser necesaria para continuar la ejecución. Sin embargo, lo que determina su validez no es la urgencia del problema, sino su compatibilidad con el comportamiento energético previsto. Desde el punto de vista energético, el criterio esencial es que la alternativa mantenga, como mínimo, las prestaciones definidas en el proyecto. Cualquier reducción de esas prestaciones supone un empeoramiento del edificio, aunque constructivamente la solución parezca correcta.

No debe plantearse una solución alternativa por comodidad, rapidez o ahorro inmediato. Decisiones motivadas exclusivamente por facilitar la ejecución o reducir plazos suelen trasladar el problema al usuario final en forma de mayor consumo energético, menor confort y posibles patologías. Tampoco es suficiente justificar un cambio por experiencia previa en otras obras, ya que cada edificio responde a condiciones específicas de diseño, clima, orientación y uso. Una solución válida en un contexto puede resultar inadecuada en otro si no se analiza su impacto global.

Uno de los motivos más frecuentes para introducir soluciones alternativas es la falta puntual de material. En estas situaciones, es habitual sustituir aislamientos, carpinterías o elementos auxiliares por productos disponibles en obra sin verificar si sus prestaciones coinciden con las previstas.

Aunque visualmente la solución pueda parecer equivalente, diferencias en conductividad térmica, resistencia térmica, permeabilidad al aire o comportamiento frente a la humedad alteran el rendimiento energético del edificio. También los elementos considerados secundarios, como cintas de sellado, barreras de vapor o sistemas de fijación específicos, cumplen funciones esenciales en la continuidad térmica y en el control de infiltraciones. Prescindir de ellos o sustituirlos por soluciones improvisadas genera pérdidas permanentes.

Las sustituciones frecuentes representan uno de los mayores riesgos energéticos en obra. Cambiar un aislamiento por otro de menor espesor, sustituir una carpintería por un modelo aparentemente similar o modificar componentes de sistemas de ventilación sin evaluar su rendimiento real rompe el equilibrio del sistema energético. El principal problema no es el cambio en sí, sino su análisis aislado. El edificio funciona como un conjunto integrado y cualquier variación afecta al comportamiento global. Además, cuando una sustitución se acepta en una zona concreta, tiende a repetirse en toda la obra, multiplicando su impacto y convirtiendo una desviación puntual en un defecto sistemático.

La compatibilidad térmica entre soluciones es un criterio imprescindible en la evaluación de alternativas. No basta con que un material tenga buenas prestaciones de forma individual; debe funcionar correctamente en combinación con el resto de capas y sistemas. La introducción de materiales con diferente comportamiento frente al vapor o distinta inercia térmica puede generar condensaciones, desequilibrios térmicos o pérdida de confort. En los encuentros constructivos, la incompatibilidad suele traducirse en discontinuidades del aislamiento o en puentes térmicos no previstos. Desde el punto de vista energético, la coherencia del conjunto es más importante que la mejora aislada de un componente.

También son frecuentes los errores derivados de la intención de "mejorar" el proyecto sin un análisis global. Aumentar el espesor de aislamiento en un punto concreto, sustituir materiales por otros considerados de mayor calidad comercial o simplificar detalles constructivos puede parecer una optimización, pero si no se evalúa su impacto en el sistema completo puede generar efectos secundarios negativos. La eficiencia energética no se basa en maximizar prestaciones aisladas, sino en mantener el equilibrio definido en el proyecto.

Las decisiones tomadas sin criterio energético constituyen una de las causas más habituales de pérdida de eficiencia. Resolver incidencias atendiendo únicamente a la facilidad de ejecución o al ahorro inmediato rompe la lógica del diseño energético.

Estas decisiones suelen concentrarse en encuentros y zonas ocultas, donde los errores no son visibles una vez finalizada la obra. Sin embargo, sus consecuencias se manifiestan durante el uso del edificio en forma de mayor consumo, pérdida de confort o aparición de patologías higrotérmicas.

Las consecuencias reales de aplicar soluciones alternativas sin evaluación adecuada se evidencian cuando el edificio entra en funcionamiento. El aumento del consumo energético es una de las primeras manifestaciones, acompañado de dificultades para mantener una temperatura homogénea y de la aparición de corrientes de aire o zonas frías. También pueden surgir condensaciones y humedades derivadas de puentes térmicos no previstos o incompatibilidades entre materiales.

Estas desviaciones afectan al valor del inmueble, a su calificación energética y a la satisfacción del usuario, además de generar posibles responsabilidades profesionales.

En este contexto, la comunicación con la dirección facultativa resulta esencial. Cualquier solución alternativa que afecte al comportamiento energético debe evaluarse antes de ejecutarse, analizando su impacto sobre el conjunto del edificio. Resolver primero y justificar después suele conducir a errores difíciles de corregir. La comunicación permite valorar la viabilidad técnica de la alternativa, documentarla adecuadamente y garantizar que mantiene o mejora las prestaciones previstas.

Existen, no obstante, casos en los que una solución alternativa puede considerarse aceptable y bien justificada. Esto ocurre cuando se sustituye un material por otro con prestaciones equivalentes o superiores debidamente acreditadas, cuando se adapta una solución a condiciones reales no previsibles manteniendo el rendimiento energético, o cuando se mejora el sistema sin generar efectos secundarios negativos. La clave en estos casos es la evaluación técnica rigurosa y la aprobación previa.

El papel del encargado y del operario es determinante en este proceso. Son quienes detectan las incidencias reales en obra y quienes pueden evitar decisiones improvisadas. Su responsabilidad consiste en reconocer cuándo una modificación afecta al diseño energético, comunicarla adecuadamente y actuar con criterio. La eficiencia energética no es una exigencia abstracta, sino una condición real de calidad del edificio que depende de decisiones cotidianas durante la ejecución.

El registro y control de cambios constituye una herramienta fundamental para preservar la coherencia del proyecto. Documentar las soluciones alternativas permite evaluar su impacto, mantener la trazabilidad y evitar la acumulación de pequeñas desviaciones que, sumadas, alteran significativamente el comportamiento energético. Además, este control facilita la certificación energética y la gestión futura del edificio.

Finalmente, el impacto económico a largo plazo demuestra que el ahorro inmediato en obra puede convertirse en un sobrecoste permanente durante la vida útil del edificio. Un incremento sostenido del consumo energético, mayores necesidades de mantenimiento, intervenciones correctivas posteriores y pérdida de valor inmobiliario son consecuencias habituales de soluciones alternativas mal evaluadas. El verdadero coste de una decisión no se mide en el momento de la ejecución, sino en décadas de uso.

En conjunto, la evaluación de soluciones alternativas evidencia que la eficiencia energética no admite improvisaciones. La flexibilidad en obra es posible, pero solo cuando se basa en criterios técnicos sólidos, análisis energético global, comunicación efectiva y control riguroso de cambios. Respetar el equilibrio definido en el proyecto es la condición esencial para garantizar un edificio eficiente, confortable, duradero y económicamente sostenible.

AUTOEVALUACIÓN

1. ¿Qué es una solución alternativa en obra?

   A. Una mejora automática del proyecto original.

   B. Una modificación respecto al proyecto que afecta al diseño energético del edificio.

   C. Un cambio estético sin consecuencias técnicas.

   D. Una decisión organizativa sin impacto energético.

2. ¿Cuál es la condición imprescindible para que una solución alternativa sea válida?

   A. Que reduzca el coste de ejecución.

   B. Que facilite el trabajo en obra.

   C. Que mantenga como mínimo las prestaciones energéticas del proyecto original.

   D. Que acelere el plazo de entrega.

3. ¿Cuándo puede plantearse una solución alternativa en obra?

   A. Cuando resulte más cómoda de ejecutar.

   B. Cuando exista una imposibilidad real de ejecutar lo proyectado.

   C. Cuando el operario tenga experiencia previa con otra solución.

   D. Cuando permita ahorrar material.

4. ¿Por qué no todos los materiales son intercambiables desde el punto de vista energético?

   A. Porque todos tienen el mismo comportamiento térmico.

   B. Porque el proyecto selecciona materiales por sus prestaciones específicas y compatibilidad global.

   C. Porque solo importa el aspecto visual.

   D. Porque cualquier material cumple la misma función energética.

5. ¿Cuál es el principal riesgo de las sustituciones frecuentes en obra?

   A. Que mejoran excesivamente el aislamiento.

   B. Que no se evalúan de forma global y rompen el equilibrio energético del edificio.

   C. Que aumentan la resistencia estructural.

   D. Que reducen el tiempo de ejecución.

6. ¿Qué significa compatibilidad térmica entre soluciones?
   - **A.** Que los materiales encajen físicamente entre sí.
   - **B.** Que cada solución funcione correctamente de manera aislada.
   - **C.** Que las soluciones mantengan el equilibrio térmico del sistema completo del edificio.
   - **D.** Que los materiales sean del mismo fabricante.

7. ¿Cuál es un error común al “mejorar” el proyecto?
   - **A.** Justificar técnicamente la modificación.
   - **B.** Analizar el impacto global antes de ejecutar.
   - **C.** Aumentar prestaciones aisladas sin evaluar el conjunto del sistema.
   - **D.** Consultar con la dirección facultativa.

8. ¿Qué consecuencia real puede tener una solución alternativa mal evaluada?
   - **A.** Reducción permanente del consumo energético.
   - **B.** Mejora automática del confort térmico.
   - **C.** Incremento del consumo energético y aparición de patologías.
   - **D.** Eliminación de la necesidad de mantenimiento.

9. ¿Por qué es fundamental la comunicación con la dirección facultativa?
   - **A.** Para informar después de ejecutar el cambio.
   - **B.** Para validar previamente que la alternativa mantiene las prestaciones energéticas.
   - **C.** Para delegar todas las decisiones en el operario.
   - **D.** Para reducir la documentación en obra.

10. ¿Cuál es una conclusión práctica fundamental sobre las soluciones alternativas?
    - **A.** Deben considerarse una excepción y evaluarse antes de ejecutarse.
    - **B.** Son una práctica habitual que sustituye al proyecto.
    - **C.** No tienen impacto energético si parecen pequeñas.
    - **D.** Siempre suponen una mejora energética.

MÓDULO

3. La Eficiencia Energética en la Obra

Contenido del Módulo

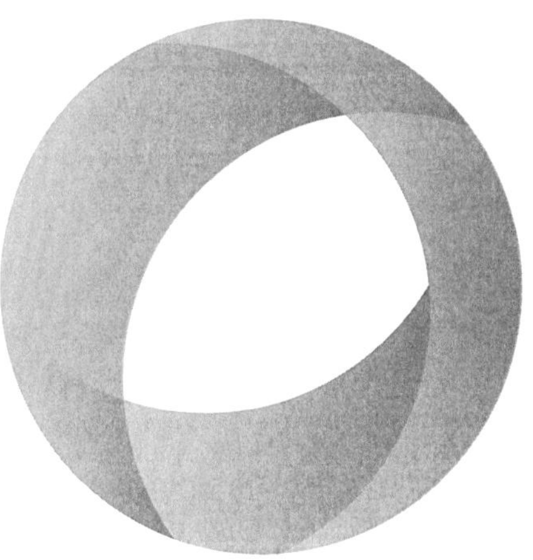

UNIDAD

3.1. La Eficiencia Energética en la Ejecución de Fachadas

Contenido de la Unidad

- Fundamentos Energéticos y Tipologías de Fachada
- Sistemas Constructivos de Fachada y Soluciones de Aislamiento
- Puntos Críticos: Continuidad del Aislamiento, Huecos y Remates
- Puentes Térmicos y Encuentros Estructurales
- Estanqueidad al Aire: Sellados y Control de Infiltraciones
- Errores, Malas Prácticas y Consecuencias Energéticas
- Control en Obra y Coordinación de Ejecución
- Reparaciones, Acabados y Condiciones de Ejecución
- Casuística Práctica: Casos Reales, Fallos y Buenas Prácticas
- Control Final, Roles, Responsabilidades y Cierre
- Resumen
- Autoevaluación

1. Fundamentos Energéticos y Tipologías de Fachada

1.1. Función energética de la fachada

La fachada constituye uno de los elementos más determinantes en el comportamiento energético global del edificio. Desde el punto de vista térmico, actúa como la principal barrera de intercambio entre el ambiente exterior y el espacio interior, regulando las pérdidas de calor en invierno, las ganancias térmicas en verano y el control de infiltraciones de aire no deseadas. Su correcta ejecución en obra resulta decisiva para garantizar que las prestaciones previstas en proyecto se traduzcan en un comportamiento energético real y medible.

La función energética de la fachada se articula en torno a tres aspectos fundamentales: aislamiento térmico, estanqueidad al aire y control de radiación solar. El aislamiento reduce la transmisión de calor a través del cerramiento, disminuyendo la demanda energética de calefacción y refrigeración. La estanqueidad evita infiltraciones y exfiltraciones de aire que generan pérdidas energéticas no controladas. El control solar, por su parte, regula la incidencia directa de radiación, especialmente en orientaciones críticas, influyendo en el confort interior y en la carga térmica estival.

Sin embargo, la mera existencia de soluciones técnicas adecuadas no garantiza su eficacia. En fase de ejecución es donde se producen la mayoría de las desviaciones respecto al comportamiento teórico. Discontinuidades en el aislamiento, sellados deficientes o encuentros mal resueltos pueden anular parcialmente la capacidad aislante del sistema. La fachada deja entonces de comportarse como un plano homogéneo y se convierte en un conjunto de puntos débiles energéticos.

Desde una perspectiva global, la fachada debe entenderse como un sistema continuo, no como una suma de capas independientes. Cada elemento —estructura, aislamiento, revestimiento, carpinterías— forma parte de un equilibrio térmico que solo funciona correctamente cuando la ejecución es precisa, coordinada y rigurosa.

La eficiencia energética del edificio comienza, en gran medida, en la fachada, pero se consolida o se pierde definitivamente en la obra.

1.2. Tipos de fachadas desde el punto de vista térmico

Desde la perspectiva energética, las fachadas pueden clasificarse según la posición y continuidad del aislamiento térmico, así como por su comportamiento frente a las ganancias y pérdidas de calor. No todas las soluciones constructivas ofrecen la misma respuesta térmica, y su eficacia depende tanto del diseño como de la correcta ejecución en obra.

En primer lugar, encontramos las fachadas con aislamiento por el exterior, donde la capa aislante envuelve el edificio de forma continua. Este sistema permite minimizar los puentes térmicos estructurales y mejora la inercia térmica del cerramiento, ya que la masa del muro queda protegida dentro de la envolvente térmica. Desde el punto de vista energético, es una de las soluciones más eficientes, siempre que se garantice la continuidad del aislamiento en encuentros y puntos singulares.

Comparación de fachadas según el aislamiento térmico

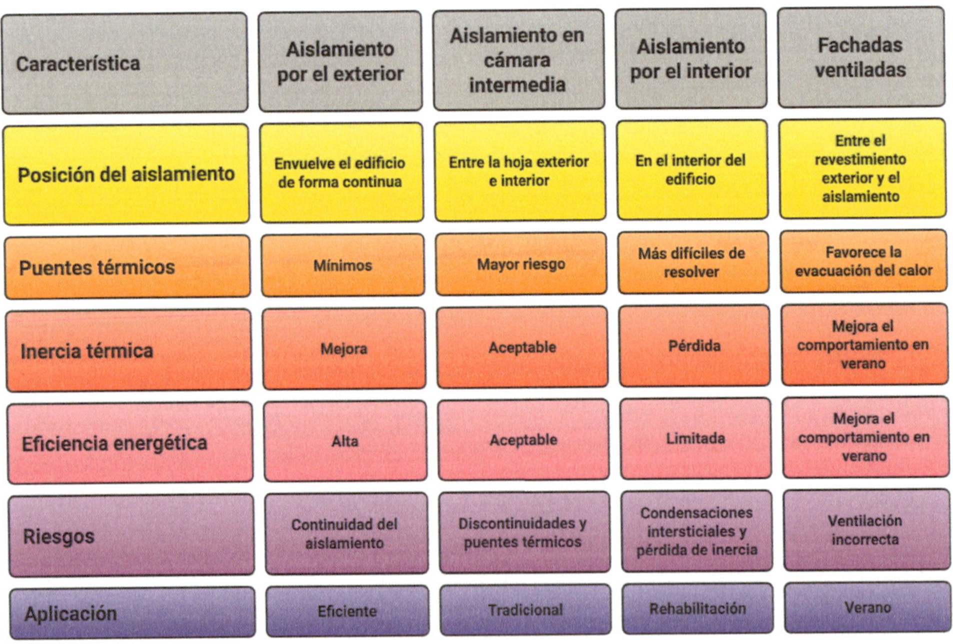

Característica	Aislamiento por el exterior	Aislamiento en cámara intermedia	Aislamiento por el interior	Fachadas ventiladas
Posición del aislamiento	Envuelve el edificio de forma continua	Entre la hoja exterior e interior	En el interior del edificio	Entre el revestimiento exterior y el aislamiento
Puentes térmicos	Mínimos	Mayor riesgo	Más difíciles de resolver	Favorece la evacuación del calor
Inercia térmica	Mejora	Aceptable	Pérdida	Mejora el comportamiento en verano
Eficiencia energética	Alta	Aceptable	Limitada	Mejora el comportamiento en verano
Riesgos	Continuidad del aislamiento	Discontinuidades y puentes térmicos	Condensaciones intersticiales y pérdida de inercia	Ventilación incorrecta
Aplicación	Eficiente	Tradicional	Rehabilitación	Verano

En segundo lugar, las fachadas con aislamiento en cámara intermedia, habituales en sistemas tradicionales de doble hoja. En este caso, el aislamiento se sitúa entre la hoja exterior y la interior.

Aunque pueden ofrecer un comportamiento aceptable, presentan mayor riesgo de discontinuidades y puentes térmicos en encuentros con forjados y pilares. Su rendimiento real depende en gran medida del cuidado en la ejecución y del correcto relleno de la cámara.

En tercer lugar, las fachadas con aislamiento por el interior. Son habituales en rehabilitación cuando no es posible intervenir desde el exterior. Sin embargo, desde el punto de vista térmico presentan limitaciones, ya que la estructura queda fuera de la envolvente térmica, lo que puede generar condensaciones intersticiales y pérdida de inercia térmica. Además, los puentes térmicos son más difíciles de resolver.

Por último, se encuentran las fachadas ventiladas, que incorporan una cámara de aire entre el revestimiento exterior y el aislamiento. Esta cámara favorece la evacuación del calor acumulado por radiación solar y mejora el comportamiento en verano, siempre que la ventilación funcione correctamente.

Cada tipología ofrece ventajas y riesgos energéticos específicos. En obra, la elección correcta debe ir acompañada de una ejecución rigurosa para que el sistema alcance las prestaciones previstas.

2. Sistemas Constructivos de Fachada y Soluciones de Aislamiento

2.1. Sistemas de aislamiento por el exterior (SATE)

El Sistema de Aislamiento Térmico por el Exterior (SATE) constituye una de las soluciones más eficaces desde el punto de vista energético, tanto en obra nueva como en rehabilitación. Su principio básico consiste en disponer una capa continua de aislamiento térmico adherida al cerramiento exterior, protegida posteriormente mediante un revestimiento armado y un acabado final.

La principal ventaja energética del SATE radica en la continuidad del aislamiento. Al envolver completamente el edificio, reduce de forma significativa los puentes térmicos asociados a pilares, forjados y encuentros estructurales.

Esto permite mejorar la demanda energética global y elevar la calificación energética del inmueble. Además, al situar la masa del muro en el interior de la envolvente térmica, se favorece el aprovechamiento de la inercia térmica del edificio.

Sin embargo, su eficacia depende directamente de la calidad de ejecución. Uno de los errores más habituales en obra es la incorrecta colocación de las placas aislantes. Juntas abiertas, falta de planeidad o ausencia de adhesivo continuo generan discontinuidades que reducen la capacidad aislante real del sistema. Del mismo modo, la fijación mecánica debe realizarse conforme a las especificaciones técnicas del fabricante, evitando perforaciones excesivas o mal distribuidas que puedan comprometer la estabilidad térmica y mecánica del conjunto.

El tratamiento de arranques en zócalos y coronaciones también es crítico. Si el aislamiento no desciende hasta la cota adecuada o no se protege correctamente frente a la humedad ascendente, pueden producirse patologías y pérdidas energéticas localizadas. Asimismo, la correcta ejecución de encuentros con carpinterías es esencial para garantizar la estanqueidad y evitar infiltraciones de aire.

Otro aspecto relevante es la ejecución bajo condiciones climáticas adecuadas. Temperaturas extremas, lluvia o alta humedad pueden afectar la adherencia y el fraguado de morteros y revestimientos, comprometiendo el rendimiento final del sistema.

El SATE es una solución energéticamente muy eficiente, pero solo alcanza su máximo potencial cuando se ejecuta con precisión, supervisión técnica y coordinación adecuada entre oficios.

2.2. Fachadas ventiladas

La fachada ventilada es un sistema constructivo que incorpora una cámara de aire continua entre el aislamiento térmico y el revestimiento exterior. Desde el punto de vista energético, su principal aportación consiste en mejorar el comportamiento térmico del edificio frente a la radiación solar y favorecer la evacuación del calor acumulado en verano mediante el denominado efecto chimenea.

El funcionamiento térmico de este sistema se basa en la circulación natural del aire dentro de la cámara. Cuando el revestimiento exterior recibe radiación solar, el aire en su interior se calienta y asciende, generando una corriente vertical que evacúa el calor hacia el exterior. Este mecanismo reduce la transmisión térmica hacia el interior y disminuye la carga de refrigeración del edificio. En invierno, la cámara actúa como colchón térmico, reduciendo ligeramente las pérdidas de calor.

Desde el punto de vista constructivo, la clave energética de la fachada ventilada radica en la correcta continuidad del aislamiento y en el diseño adecuado de la cámara. El aislamiento debe colocarse de forma continua sobre el cerramiento soporte, evitando interrupciones en encuentros con forjados, pilares o anclajes metálicos. Estos últimos constituyen uno de los principales riesgos de puente térmico si no se disponen elementos de rotura térmica.

Factores que Contribuyen a la Eficiencia Energética de las Fachadas Ventiladas

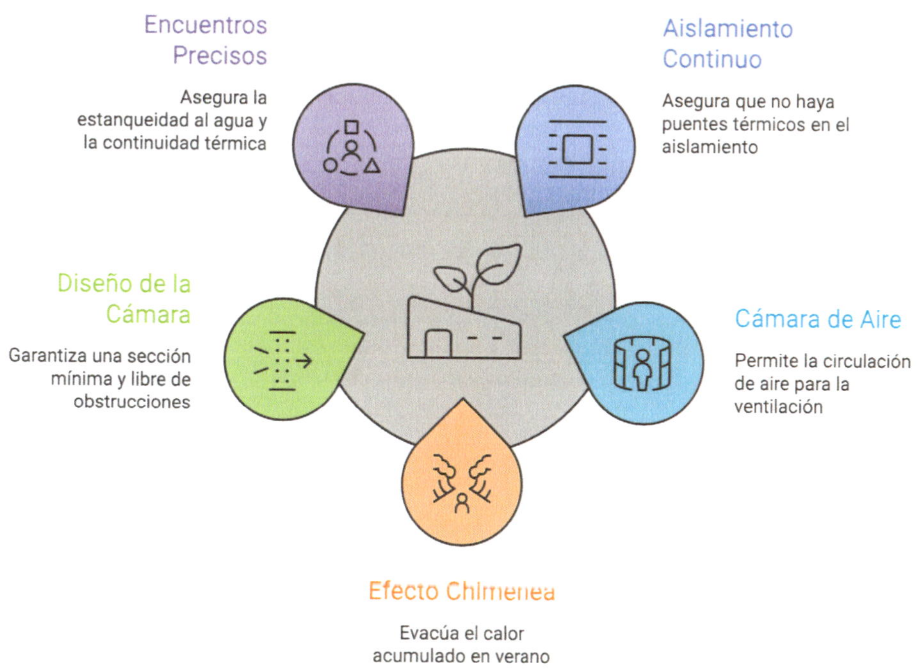

La cámara ventilada debe garantizar una sección mínima continua y libre de obstrucciones. Errores frecuentes en obra incluyen la acumulación de morteros, residuos o instalaciones que interrumpen la ventilación natural. Si la cámara pierde continuidad o ventilación, el sistema deja de funcionar como fachada ventilada y pierde gran parte de su ventaja térmica.

Otro punto crítico es la ejecución de los encuentros con carpinterías y arranques en planta baja y coronación. Debe garantizarse tanto la estanqueidad al agua como la continuidad térmica.

La fachada ventilada ofrece excelentes prestaciones energéticas, pero exige precisión técnica en replanteo, anclajes y coordinación entre estructura, aislamiento y revestimiento. Su comportamiento real depende directamente de la calidad de ejecución en obra.

2.3. Fachadas tradicionales con aislamiento interior

Las fachadas tradicionales con aislamiento interior son soluciones habituales tanto en obra nueva de décadas anteriores como en intervenciones de rehabilitación donde no es posible actuar por el exterior. Desde el punto de vista energético, su comportamiento presenta limitaciones importantes que deben ser comprendidas en fase de ejecución.

En este sistema, el aislamiento térmico se coloca en la cara interior del cerramiento, generalmente mediante trasdosados con lana mineral, paneles rígidos o sistemas autoportantes con placa de yeso laminado. Aunque permite mejorar la transmitancia térmica del cerramiento, no envuelve la estructura portante, lo que genera discontinuidades térmicas en pilares, forjados y encuentros estructurales.

Uno de los principales inconvenientes energéticos es la pérdida de inercia térmica. Al situar el aislamiento en el interior, la masa del muro queda expuesta a las condiciones exteriores, reduciendo la capacidad del edificio para amortiguar las variaciones térmicas. Esto puede traducirse en mayor sensibilidad a cambios bruscos de temperatura y menor estabilidad térmica interior.

En obra, el riesgo más significativo es la aparición de condensaciones intersticiales. Si no se dispone correctamente una barrera de vapor o si esta se ejecuta de forma discontinua, el vapor interior puede atravesar el aislamiento y condensar en la cara fría del muro.

Este fenómeno no solo afecta al comportamiento energético, sino que puede generar patologías como moho o degradación de materiales.

Otro problema frecuente es la interrupción del aislamiento en puntos singulares: cajas de persianas, encuentros con tabiquería, instalaciones eléctricas o pasos de conductos.

Estas discontinuidades generan puentes térmicos ocultos que reducen la eficacia global del sistema.

La fachada con aislamiento interior puede ser una solución válida en determinadas circunstancias, pero exige especial atención en la ejecución para evitar problemas térmicos y de humedad. Su rendimiento real depende en gran medida del cuidado en los detalles constructivos y del control de estanqueidad al aire y al vapor.

Desafíos del Aislamiento Interior en Fachadas Tradicionales

3. PUNTOS CRÍTICOS: CONTINUIDAD DEL AISLAMIENTO, HUECOS Y REMATES

3.1. Continuidad del aislamiento en fachada

La continuidad del aislamiento térmico constituye uno de los principios fundamentales de la eficiencia energética en fachadas. Un sistema aislante solo es eficaz cuando forma una envolvente continua que evita interrupciones en la transmisión térmica. Cualquier discontinuidad genera un puente térmico que altera el comportamiento global del cerramiento.

En fase de ejecución, la continuidad del aislamiento debe entenderse como una prioridad absoluta. No se trata únicamente de colocar correctamente las placas aislantes, sino de garantizar que el sistema mantenga su uniformidad en todos los encuentros y cambios de plano. Forjados, pilares, dinteles, arranques en planta baja y coronaciones en cubierta son puntos críticos donde se producen la mayoría de las interrupciones térmicas.

Uno de los errores más habituales en obra es la falta de coordinación entre estructura y aislamiento. En muchos casos, los pilares de hormigón quedan parcialmente descubiertos o el aislamiento se corta al llegar al canto del forjado. Estas pequeñas discontinuidades pueden representar pérdidas térmicas significativas, especialmente cuando se repiten de forma sistemática a lo largo de la fachada.

En sistemas como el SATE o la fachada ventilada, la correcta alineación de las placas y el sellado de juntas resultan determinantes. Las juntas abiertas o mal ajustadas permiten infiltraciones de aire y reducen la capacidad aislante del conjunto. Además, la fijación mecánica debe realizarse minimizando perforaciones innecesarias que puedan comprometer la continuidad térmica.

La continuidad no es solo un concepto geométrico, sino también funcional. Debe garantizarse que el aislamiento mantenga sus prestaciones térmicas sin verse afectado por humedad, compresión o defectos de instalación.

Desde el punto de vista energético, una fachada con aislamiento discontinuo puede perder entre un 10% y un 30% de su eficacia teórica. Por ello, el control visual y la supervisión técnica durante la ejecución son esenciales para asegurar que la envolvente térmica se comporte como un sistema homogéneo y eficaz.

3.2. Tratamiento de huecos en fachada

Los huecos en fachada —ventanas, puertas y elementos acristalados— representan uno de los puntos más sensibles desde el punto de vista energético. Aunque ocupan una superficie menor respecto al cerramiento opaco, su transmitancia térmica suele ser considerablemente superior, lo que los convierte en zonas críticas de pérdida o ganancia de calor.

El tratamiento energético de los huecos no se limita únicamente a la calidad de la carpintería o del vidrio. En fase de ejecución, la forma en que estos elementos se integran en la fachada es determinante para el comportamiento térmico real del edificio. Un hueco mal instalado puede anular gran parte de las mejoras obtenidas mediante el aislamiento del cerramiento.

Desde el punto de vista térmico, deben garantizarse tres aspectos fundamentales: continuidad del aislamiento perimetral, estanqueidad al aire y correcta protección frente a la radiación solar. El aislamiento debe llegar hasta el marco de la carpintería sin interrupciones.

En muchos casos, el aislamiento se detiene antes de alcanzar el premarco, generando un puente térmico perimetral que provoca pérdidas energéticas y posibles condensaciones superficiales.

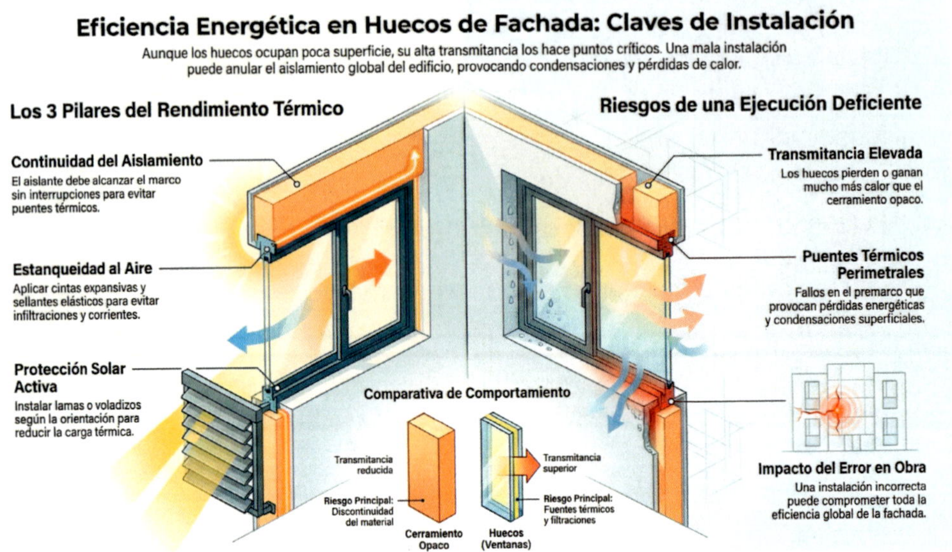

La estanqueidad es otro factor clave. Las infiltraciones de aire a través del encuentro entre carpintería y fábrica pueden representar pérdidas energéticas significativas. El uso adecuado de cintas expansivas, espumas de poliuretano y sellantes elásticos es imprescindible para evitar corrientes no controladas. Sin embargo, es frecuente encontrar en obra aplicaciones insuficientes o discontinuas de estos materiales.

Además, el control solar debe considerarse en función de la orientación. La instalación de protecciones solares adecuadas —lamas, voladizos o vidrios de control solar— contribuye a reducir la carga térmica en verano y mejorar el confort interior. El tratamiento correcto de los huecos requiere precisión, coordinación entre oficios y revisión constante durante la ejecución. Energéticamente, son puntos críticos cuya mala resolución puede comprometer de forma significativa la eficiencia global de la fachada.

3.3. Arranques y coronaciones

Los arranques en contacto con el terreno y las coronaciones superiores de fachada constituyen puntos singulares de elevada sensibilidad energética.

En estos encuentros se concentran riesgos de puentes térmicos, infiltraciones de humedad y discontinuidades del aislamiento que pueden comprometer el rendimiento global de la envolvente.

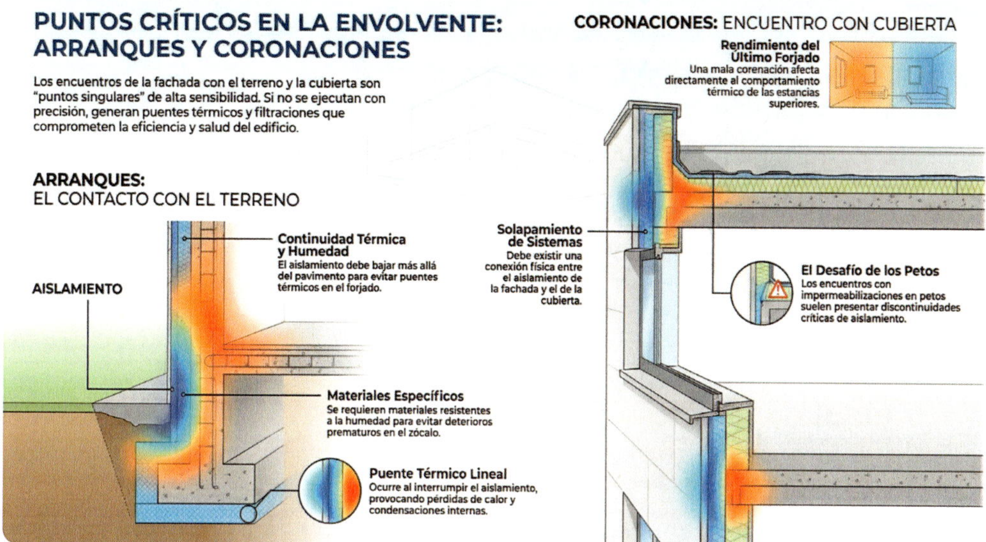

El arranque de fachada, especialmente en planta baja, debe resolver simultáneamente la continuidad térmica y la protección frente a la humedad ascendente. Uno de los errores más frecuentes en obra es interrumpir el aislamiento al llegar a la cota de pavimento exterior, dejando expuesto el canto del forjado o el zócalo estructural. Esta interrupción genera un puente térmico lineal que favorece pérdidas energéticas y posibles condensaciones en la cara interior.

Además, la zona de contacto con el terreno debe incorporar soluciones adecuadas de impermeabilización y aislamiento resistente a la humedad. El uso de materiales no aptos o su colocación incorrecta puede provocar deterioros prematuros y pérdida de prestaciones térmicas.

En cuanto a las coronaciones, el encuentro entre fachada y cubierta es otro punto crítico. La continuidad del aislamiento debe garantizarse mediante la correcta solapación entre el sistema de fachada y el aislamiento de cubierta. Si el aislamiento no se prolonga hasta conectar ambos planos, se genera una discontinuidad térmica que afecta al comportamiento energético del último forjado.

También es habitual encontrar problemas en petos de cubierta, donde el aislamiento queda interrumpido o mal resuelto en encuentros con impermeabilizaciones. Estos detalles constructivos requieren precisión y supervisión técnica específica.

Desde el punto de vista energético, tanto arranques como coronaciones deben entenderse como zonas de transición térmica que requieren tratamiento específico. Una ejecución rigurosa en estos puntos singulares reduce pérdidas energéticas, evita patologías y mejora significativamente el comportamiento térmico global del edificio.

4. Puentes Térmicos y Encuentros Estructurales

4.1. Puentes térmicos más habituales

Los puentes térmicos son zonas puntuales o lineales de la envolvente donde se produce una alteración significativa en la transmisión térmica respecto al plano general del cerramiento. Su presencia es inevitable en determinados encuentros constructivos, pero su impacto puede minimizarse mediante un diseño adecuado y una ejecución rigurosa.

Los puentes térmicos más habituales en fachadas se localizan en los cantos de forjado, pilares integrados en cerramiento, encuentros de fachada con cubierta, contornos de huecos, arranques en planta baja y anclajes metálicos en sistemas ventilados.

Estos puntos presentan una conductividad térmica superior al resto del cerramiento debido a la presencia de materiales estructurales como hormigón o acero, que poseen mayor transmitancia térmica que el aislamiento.

Desde el punto de vista energético, los puentes térmicos generan pérdidas de calor en invierno y ganancias no deseadas en verano. Además, pueden provocar descensos locales de temperatura superficial en el interior, favoreciendo la aparición de condensaciones superficiales y moho, especialmente en climas húmedos o con elevada diferencia térmica exterior-interior.

Uno de los problemas más frecuentes en obra es la subestimación de su impacto. Aunque en proyecto puedan estar contemplados, su correcta resolución depende directamente del detalle constructivo y del control de ejecución. La falta de aislamiento en cantos de forjado o el incorrecto tratamiento de pilares embebidos en fachada son ejemplos habituales.

En sistemas como el SATE, la correcta colocación del aislamiento sobre elementos estructurales es clave para reducir estos efectos. En fachadas ventiladas, deben utilizarse sistemas de anclaje con rotura térmica para evitar la transmisión directa a través de elementos metálicos.

La identificación temprana de los puentes térmicos y su tratamiento específico durante la ejecución permite mejorar la eficiencia energética real del edificio y evitar patologías posteriores. El control visual y la revisión de puntos singulares son herramientas fundamentales para su adecuada resolución.

4.2. Encuentros con forjados

El encuentro entre fachada y forjado constituye uno de los puntos más críticos desde el punto de vista térmico. En este elemento confluyen estructura, cerramiento y aislamiento, lo que genera una elevada probabilidad de aparición de puentes térmicos si no se ejecuta correctamente.

El canto del forjado suele estar compuesto por hormigón armado, material con una conductividad térmica muy superior a la del aislamiento. Si el sistema aislante no cubre completamente este canto o no se integra adecuadamente en el plano de fachada, se genera una discontinuidad térmica lineal que afecta a todo el perímetro del edificio.

En sistemas con aislamiento exterior, como el SATE, el aislamiento debe cubrir de manera continua el canto del forjado. Es habitual que, por imprecisiones en el replanteo o por falta de coordinación, el aislamiento quede interrumpido en este punto. Esta situación no solo aumenta la transmitancia térmica local, sino que puede generar condensaciones superficiales en la cara interior del encuentro forjado-fachada.

En fachadas tradicionales con doble hoja, el aislamiento en cámara debe garantizar continuidad frente al forjado. En muchos casos, el forjado penetra parcialmente en la cámara sin tratamiento térmico adecuado, provocando pérdidas energéticas significativas.

Otro aspecto relevante es la alineación del plano aislante entre plantas. Pequeños desplazamientos o discontinuidades acumuladas en cada nivel pueden generar una pérdida energética global apreciable.

Desde el punto de vista práctico, el control en obra debe centrarse en verificar la correcta colocación del aislamiento en el canto del forjado antes del cierre definitivo del sistema. La inspección visual previa al revestimiento exterior es fundamental.

El tratamiento correcto de los encuentros con forjados reduce pérdidas energéticas, mejora la estabilidad térmica interior y contribuye directamente a optimizar la calificación energética del edificio.

PUENTES TÉRMICOS: EL CRÍTICO ENCUENTRO FACHADA-FORJADO

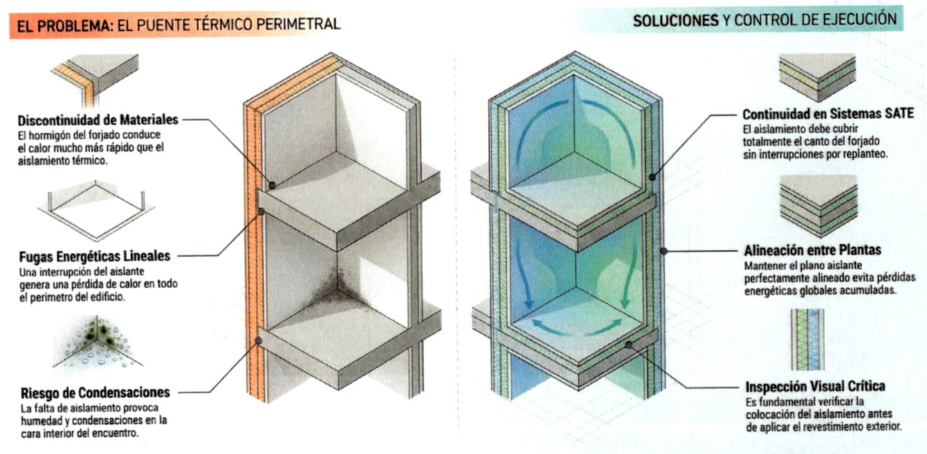

5. Estanqueidad al Aire: Sellados y Control de Infiltraciones

5.1. Sellados y estanqueidad

La estanqueidad al aire es uno de los factores más determinantes en el comportamiento energético real de una fachada. Incluso cuando el aislamiento térmico está correctamente ejecutado, la presencia de infiltraciones puede generar pérdidas energéticas significativas y reducir de manera sustancial la eficiencia del sistema.

Los sellados en fachada tienen como función principal evitar el paso no controlado de aire a través de juntas, encuentros y puntos singulares. Las infiltraciones incrementan la demanda de calefacción en invierno y de refrigeración en verano, ya que el sistema de climatización debe compensar continuamente las pérdidas o ganancias térmicas no previstas.

Los puntos más críticos donde deben ejecutarse sellados adecuados son: encuentros entre carpinterías y fábrica, juntas de dilatación, uniones entre paneles aislantes, pasos de instalaciones, cajas de persianas y remates perimetrales. Es habitual encontrar en obra aplicaciones incompletas de espumas de poliuretano, cintas expansivas mal colocadas o sellantes deteriorados por exposición a condiciones climáticas adversas.

La correcta ejecución del sellado requiere continuidad y compatibilidad entre materiales. No basta con aplicar un producto; debe garantizarse que el sellante mantenga su elasticidad y adherencia a lo largo del tiempo. Además, el soporte debe estar limpio y seco para asegurar una correcta fijación.

En sistemas de fachada ventilada, la estanqueidad debe diferenciarse claramente de la ventilación de la cámara. La ventilación controlada no implica infiltración descontrolada hacia el interior del edificio.

Desde el punto de vista energético, una fachada mal sellada puede incrementar el consumo energético entre un 10% y un 25%, dependiendo del clima y del grado de infiltración. Por ello, el control de la estanqueidad debe considerarse una fase clave dentro del proceso de ejecución.

La eficiencia energética no depende únicamente del aislamiento, sino también del control riguroso de las infiltraciones de aire en toda la envolvente.

6. Errores, Malas Prácticas y Consecuencias Energéticas

6.1. Errores frecuentes de ejecución

En la ejecución de fachadas, los errores más habituales no suelen deberse a una falta de conocimiento técnico, sino a deficiencias en la planificación, coordinación y control de obra. Estas desviaciones, aunque puedan parecer menores en el momento de su aparición, tienen consecuencias directas en el comportamiento energético real del edificio.

Uno de los errores más frecuentes es la colocación defectuosa del aislamiento. Placas mal ajustadas, juntas abiertas o irregularidades en el soporte generan discontinuidades térmicas que reducen la eficacia global del sistema. La falta de alineación o el uso insuficiente de adhesivo también comprometen la estabilidad y el rendimiento térmico.

Los errores de ejecución afectan la eficiencia energética de las fachadas

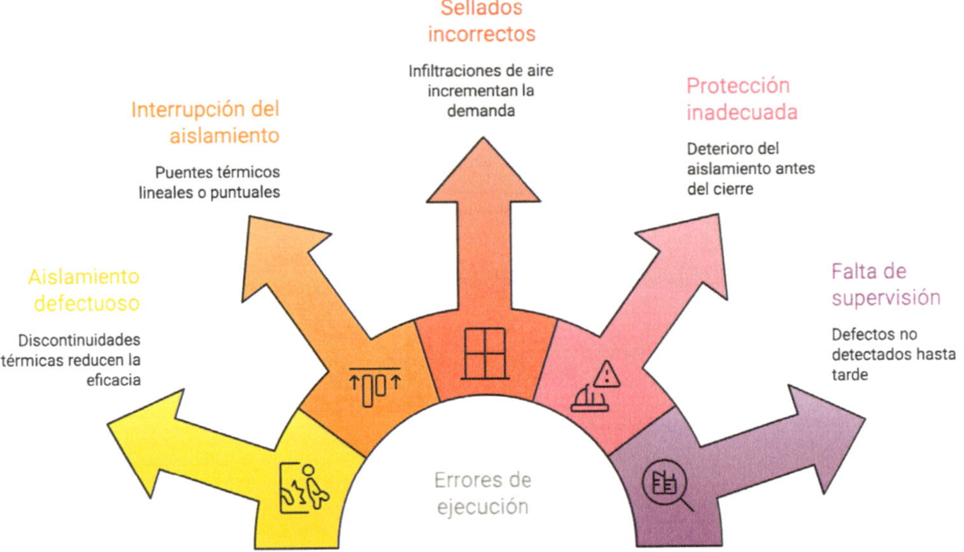

Otro problema recurrente es la interrupción del aislamiento en puntos singulares, especialmente en encuentros con forjados, pilares o carpinterías. En muchos casos, el aislamiento se corta prematuramente o no se adapta correctamente a las geometrías estructurales, creando puentes térmicos lineales o puntuales.

La ejecución incorrecta de sellados constituye otra fuente de error habitual. La ausencia de continuidad en juntas o el empleo de materiales inadecuados favorece infiltraciones de aire que incrementan la demanda energética.

También es común la falta de protección del aislamiento durante la fase de obra. Exposición prolongada a la lluvia o a la radiación solar puede deteriorar materiales antes de su cierre definitivo.

Por último, la falta de supervisión técnica específica en aspectos energéticos provoca que muchos defectos pasen desapercibidos hasta fases avanzadas, cuando su corrección resulta más compleja y costosa.

Los errores de ejecución no solo afectan a la eficiencia energética, sino que pueden generar patologías asociadas a humedad, condensaciones y pérdida de confort. La prevención exige planificación detallada, formación de operarios y control constante durante todo el proceso constructivo.

6.2. Malas prácticas habituales

Más allá de los errores puntuales de ejecución, existen determinadas malas prácticas que se repiten de forma sistemática en obra y que afectan directamente al rendimiento energético de la fachada. Estas prácticas no siempre se perciben como defectos evidentes, pero generan desviaciones importantes respecto a las prestaciones previstas en proyecto.

Una de las malas prácticas más comunes es la improvisación en los encuentros constructivos. Cuando no se respetan los detalles definidos en proyecto o se sustituyen soluciones técnicas por otras aparentemente equivalentes sin justificación, se compromete la continuidad térmica. Pequeñas modificaciones en espesores, fijaciones o materiales pueden alterar el comportamiento global del sistema.

Otra práctica habitual es la ejecución sin control de plazos ni condiciones ambientales. La aplicación de morteros o revestimientos bajo temperaturas extremas o con humedad elevada puede afectar la adherencia y durabilidad del sistema, reduciendo su eficacia a medio plazo.

La falta de limpieza y orden en la colocación del aislamiento también es frecuente. Restos de mortero, escombros o elementos interpuestos entre placas impiden un correcto contacto y generan cámaras de aire no previstas.

Asimismo, la ausencia de coordinación entre oficios provoca interferencias que obligan a realizar cortes posteriores en el aislamiento para el paso de instalaciones. Estos cortes, si no se reparan adecuadamente, se convierten en puentes térmicos ocultos.

Desde el punto de vista energético, estas malas prácticas generan pérdidas acumulativas que pueden reducir significativamente la eficiencia real del edificio. Aunque cada defecto individual pueda parecer insignificante, la suma de pequeñas desviaciones compromete la envolvente térmica.

La mejora de la eficiencia energética en fachada no depende únicamente de la solución constructiva elegida, sino del compromiso colectivo en evitar prácticas inadecuadas durante toda la ejecución.

6.3. Consecuencias energéticas reales

Las deficiencias en la ejecución de fachadas no se limitan a problemas estéticos o constructivos; sus efectos se reflejan directamente en el consumo energético y en el confort térmico del edificio. Cuando la envolvente no se comporta como un sistema continuo y estanco, la demanda energética aumenta de manera progresiva.

Uno de los efectos más inmediatos es el incremento de pérdidas térmicas en invierno. Puentes térmicos no tratados, discontinuidades en el aislamiento o infiltraciones de aire provocan que el sistema de calefacción deba trabajar durante más tiempo para mantener la temperatura interior deseada. Este fenómeno repercute en un mayor consumo de energía primaria no renovable y, por tanto, en una peor calificación energética.

En verano ocurre un efecto similar, pero en sentido inverso. Las ganancias térmicas no controladas a través de huecos mal ejecutados o fachadas con aislamiento deficiente aumentan la carga de refrigeración. El resultado es un mayor gasto energético y una disminución del confort interior.

Además, los descensos locales de temperatura superficial en zonas afectadas por puentes térmicos pueden generar condensaciones superficiales. Estas no solo deterioran acabados y materiales, sino que favorecen la aparición de moho, afectando a la calidad del aire interior y a la salubridad del espacio.

Desde el punto de vista económico, las desviaciones en el comportamiento energético se traducen en facturas más elevadas para los usuarios. Aunque el edificio pueda cumplir formalmente la normativa, su rendimiento real puede alejarse considerablemente del previsto en proyecto.

Las consecuencias energéticas reales son, por tanto, acumulativas y permanentes si no se corrigen. La eficiencia energética no es únicamente una cuestión de diseño, sino de ejecución precisa y controlada. Un pequeño defecto en fachada puede tener un impacto continuo durante toda la vida útil del edificio.

7. Control en Obra y Coordinación de Ejecución

7.1. Control visual en obra

El control visual en obra constituye una herramienta fundamental para garantizar la correcta ejecución energética de la fachada. Aunque los cálculos y especificaciones técnicas se definen en fase de proyecto, es durante la ejecución cuando se materializa —o se pierde— la eficiencia prevista.

El control visual debe realizarse de forma sistemática y en momentos clave del proceso constructivo. No basta con una revisión final una vez colocado el revestimiento exterior; es imprescindible inspeccionar el aislamiento antes de su cubrición definitiva. Este control previo permite detectar juntas abiertas, placas mal ajustadas, fijaciones incorrectas o interrupciones en puntos singulares.

En sistemas SATE o fachadas ventiladas, debe comprobarse la continuidad del aislamiento en encuentros con forjados, pilares y carpinterías. La revisión de la alineación y planeidad también resulta esencial, ya que deformaciones o irregularidades pueden generar espacios de aire no previstos que afectan al comportamiento térmico.

La supervisión debe extenderse igualmente a los sellados. El inspector debe verificar que las juntas estén completamente cerradas y que los materiales de sellado presenten continuidad y correcta adherencia. En pasos de instalaciones, se debe confirmar que los cortes realizados en el aislamiento hayan sido reparados adecuadamente.

Otro aspecto relevante es la verificación de las condiciones ambientales durante la ejecución. La aplicación de morteros o revestimientos debe realizarse dentro de los rangos de temperatura y humedad recomendados por el fabricante.

El control visual no requiere necesariamente instrumentación compleja, pero sí formación técnica y criterio profesional. Detectar un defecto en fase temprana permite corregirlo con bajo coste y evita pérdidas energéticas futuras.

Una ejecución energéticamente eficiente comienza con un control riguroso y constante en obra. La supervisión preventiva es una de las herramientas más eficaces para asegurar el rendimiento térmico real de la fachada.

7.2. Coordinación entre oficios

La eficiencia energética en la ejecución de fachadas no depende exclusivamente del equipo que instala el aislamiento o el sistema exterior, sino de la coordinación efectiva entre todos los oficios que intervienen en la envolvente del edificio. La falta de planificación conjunta es una de las principales causas de discontinuidades térmicas y defectos energéticos.

En una fachada confluyen múltiples actuaciones: estructura, albañilería, instalación de carpinterías, colocación de aislamiento, impermeabilización, instalaciones eléctricas y de climatización, revestimientos finales, entre otras. Cada intervención puede afectar directa o indirectamente al comportamiento térmico del conjunto.

Uno de los problemas más habituales surge cuando las instalaciones atraviesan el plano de fachada después de haberse colocado el aislamiento. Si no existe una planificación previa, se realizan perforaciones improvisadas que interrumpen la continuidad térmica. Estos puntos, si no se sellan adecuadamente, se convierten en puentes térmicos o vías de infiltración de aire.

La instalación de carpinterías también requiere coordinación precisa. El equipo responsable del aislamiento debe trabajar conjuntamente con el instalador de ventanas para garantizar la correcta posición del marco en el plano térmico y la continuidad del aislamiento perimetral.

La planificación secuencial de trabajos es igualmente importante. Colocar revestimientos antes de verificar la continuidad del aislamiento puede ocultar defectos que luego resultan difíciles de corregir.

La coordinación debe establecerse desde la fase de planificación de obra mediante reuniones técnicas específicas donde se definan responsabilidades y secuencia de ejecución. La eficiencia energética no es una tarea aislada, sino un objetivo transversal que requiere colaboración entre todos los oficios implicados.

Una fachada energéticamente eficiente es el resultado de un trabajo coordinado y planificado. Sin comunicación y control entre equipos, incluso la mejor solución técnica puede perder su eficacia.

8. Reparaciones, Acabados y Condiciones de Ejecución

8.1. Reparaciones incorrectas

Las reparaciones en fachada, tanto durante la ejecución como en fases posteriores de mantenimiento, pueden comprometer gravemente el comportamiento energético del edificio si no se realizan con criterios técnicos adecuados. Una intervención aparentemente menor puede alterar la continuidad térmica y generar pérdidas energéticas permanentes.

En fase de obra, es habitual que se produzcan daños accidentales en el aislamiento debido a impactos, cortes o perforaciones para el paso de instalaciones. Cuando estas incidencias no se reparan correctamente, se generan puntos débiles en la envolvente. Sustituir una placa dañada por un material distinto o rellenar huecos con mortero en lugar de aislamiento son prácticas incorrectas que alteran la transmitancia térmica del cerramiento.

En sistemas SATE, las reparaciones deben respetar las especificaciones del fabricante, manteniendo la continuidad del aislamiento, el mallado y el revestimiento final. Aplicar parches superficiales sin integrar correctamente las capas del sistema reduce su durabilidad y eficacia térmica.

En rehabilitaciones posteriores, otro error frecuente es intervenir únicamente en el acabado exterior sin revisar la integridad del aislamiento subyacente. Por ejemplo, reparar fisuras en revestimientos sin comprobar la posible degradación del aislante puede ocultar problemas estructurales o térmicos.

También es común realizar perforaciones para instalar elementos auxiliares —toldos, equipos de climatización o anclajes— sin prever soluciones de rotura térmica. Estas intervenciones generan puentes térmicos puntuales que afectan al rendimiento energético.

Desde el punto de vista energético, una reparación mal ejecutada tiene efectos acumulativos a lo largo de la vida útil del edificio. La pérdida de continuidad térmica puede incrementar el consumo energético y favorecer condensaciones locales.

Las reparaciones deben abordarse con el mismo rigor técnico que la ejecución inicial. Mantener la eficiencia energética exige aplicar criterios específicos en cualquier intervención sobre la fachada.

8.2. Acabados y su influencia térmica

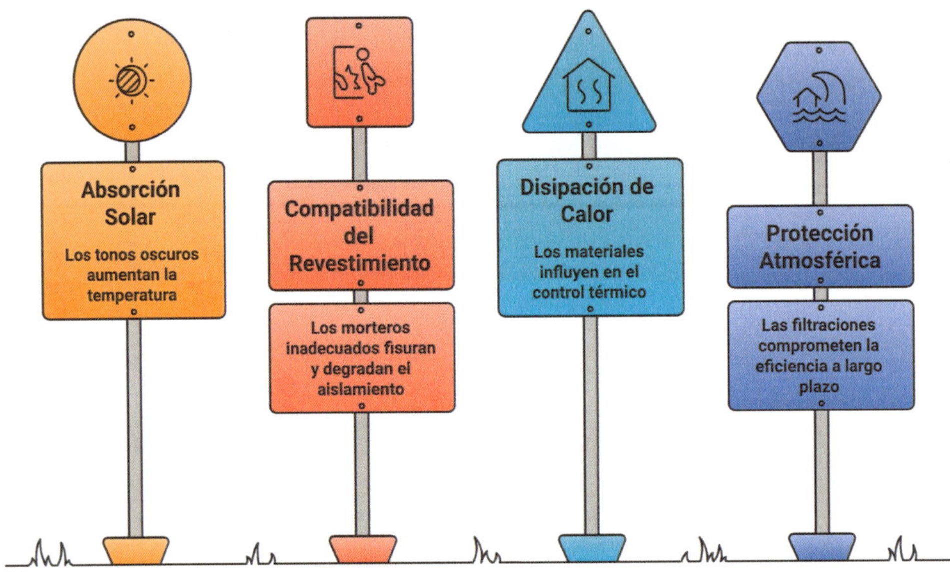

Aunque el aislamiento térmico constituye el elemento principal en la reducción de la transmitancia de la fachada, los acabados exteriores también influyen en el comportamiento energético del edificio. Su papel no es estructural en términos de aislamiento, pero sí puede afectar a la absorción de radiación solar, la durabilidad del sistema y la estabilidad térmica superficial.

El color y la textura del acabado influyen directamente en la absorción solar. Los tonos oscuros presentan mayor coeficiente de absorción, lo que incrementa la temperatura superficial del revestimiento durante los meses cálidos. Este fenómeno puede aumentar la carga térmica transmitida hacia el interior, especialmente en orientaciones sur y oeste. En cambio, los acabados claros reflejan mayor porcentaje de radiación, reduciendo la temperatura superficial y mejorando el comportamiento en verano.

En sistemas como el SATE, el tipo de revestimiento final debe ser compatible con el aislamiento subyacente. Morteros inadecuados o con escasa elasticidad pueden fisurarse, permitiendo la entrada de humedad que degrade el aislamiento. La humedad acumulada reduce la capacidad aislante del material y altera su comportamiento térmico.

En fachadas ventiladas, el acabado exterior forma parte del sistema dinámico de control térmico. Materiales cerámicos, paneles metálicos o placas de composite influyen en la disipación de calor en la cámara ventilada. Su correcta fijación y estabilidad garantizan el funcionamiento adecuado del efecto chimenea.

Otro aspecto relevante es la protección frente a agentes atmosféricos. Un acabado mal ejecutado o deteriorado puede permitir filtraciones que afecten al aislamiento y comprometan la eficiencia energética a largo plazo.

Desde el punto de vista energético, los acabados no deben considerarse únicamente elementos estéticos. Su elección y correcta ejecución contribuyen al rendimiento térmico global de la fachada y a la durabilidad de la solución constructiva.

8.3. Condiciones climáticas durante la ejecución

Las condiciones climáticas durante la ejecución de la fachada influyen directamente en la calidad final del sistema y, por tanto, en su comportamiento energético. La temperatura, la humedad relativa, la radiación solar directa y la presencia de lluvia son factores que pueden alterar la correcta colocación de los materiales y su posterior rendimiento.

En sistemas de aislamiento por el exterior, la aplicación de morteros adhesivos y revestimientos debe realizarse dentro de los rangos de temperatura recomendados por el fabricante. Temperaturas excesivamente bajas pueden impedir el correcto fraguado, reduciendo la adherencia del sistema. Por el contrario, temperaturas elevadas o exposición directa al sol pueden acelerar el secado, generando fisuras superficiales o pérdida de cohesión.

La humedad ambiental elevada o la lluvia durante la instalación pueden afectar al aislamiento, especialmente si este es sensible al agua. La absorción de humedad por parte del material aislante reduce su capacidad térmica y puede generar patologías posteriores.

En fachadas ventiladas, las condiciones de viento fuerte durante la colocación de paneles exteriores pueden comprometer la correcta alineación y fijación de los elementos, generando inestabilidades que afecten indirectamente al funcionamiento de la cámara.

Otro aspecto relevante es la protección temporal del aislamiento antes de su revestimiento definitivo. Dejar expuesto el material aislante durante periodos prolongados sin protección adecuada puede deteriorarlo y disminuir sus prestaciones térmicas.

La planificación de la ejecución debe contemplar ventanas climáticas adecuadas para cada fase del proceso. La eficiencia energética no depende únicamente del diseño, sino también de ejecutar cada etapa bajo condiciones que garanticen la integridad de los materiales.

Controlar las condiciones climáticas durante la obra es una medida preventiva que evita defectos estructurales y energéticos futuros.

8.4. Seguridad y eficiencia energética

La seguridad en obra y la eficiencia energética son aspectos que, aunque puedan parecer independientes, están estrechamente relacionados en la ejecución de fachadas. Una correcta planificación preventiva no solo protege a los trabajadores, sino que también contribuye a garantizar la calidad y precisión de los trabajos energéticos.

En sistemas como el SATE o las fachadas ventiladas, la ejecución requiere trabajos en altura, manipulación de materiales ligeros pero voluminosos y uso de herramientas específicas. Si no se establecen medidas adecuadas de seguridad —andamios correctamente montados, líneas de vida, plataformas estables— los operarios pueden verse obligados a trabajar en condiciones inadecuadas que afectan a la calidad de colocación del aislamiento o de los revestimientos.

Trabajos realizados con prisas o bajo presión por incumplimiento de plazos suelen derivar en errores energéticos. Cuando la prioridad se centra exclusivamente en avanzar en el cronograma sin respetar los tiempos de secado o revisión, aumentan las probabilidades de defectos en sellados, fijaciones o continuidad del aislamiento.

La manipulación segura de materiales también influye en su integridad. Golpes o deterioros en placas aislantes durante el transporte o elevación pueden pasar desapercibidos y afectar a su comportamiento térmico una vez instaladas. Además, la correcta señalización y organización del espacio de trabajo evita interferencias entre oficios. Una obra ordenada facilita el control visual del aislamiento y reduce el riesgo de daños accidentales.

La seguridad no debe entenderse únicamente como prevención de riesgos laborales, sino como parte del sistema de calidad global. Un entorno seguro favorece una ejecución precisa, sin improvisaciones ni situaciones que comprometan la eficiencia energética.

La integración de seguridad y calidad en la ejecución contribuye directamente al rendimiento térmico final del edificio.

9. Casuística Práctica: Casos Reales, Fallos y Buenas Prácticas

9.1. Casos prácticos de obra

El análisis de casos prácticos permite comprender cómo pequeñas desviaciones en la ejecución de fachada pueden traducirse en pérdidas energéticas significativas. La experiencia en obra demuestra que la diferencia entre el comportamiento teórico y el real del edificio suele encontrarse en los detalles constructivos.

En una rehabilitación con sistema SATE, se detectó tras el primer invierno la aparición de condensaciones superficiales en la unión entre fachada y forjado. La revisión posterior evidenció que el aislamiento no cubría completamente el canto estructural en varias plantas. Aunque la superficie afectada parecía reducida, la repetición del defecto en cada nivel generó un puente térmico lineal continuo a lo largo del perímetro.

En otro caso, una fachada ventilada presentaba sobrecalentamiento interior durante el verano. La inspección reveló que la cámara de aire estaba parcialmente obstruida por restos de mortero acumulados durante la ejecución. La ventilación natural no funcionaba correctamente y el sistema perdió su capacidad de disipación térmica.

También se han documentado situaciones en las que la instalación de carpinterías se realizó sin continuidad del aislamiento perimetral. La espuma de poliuretano aplicada de forma insuficiente permitió infiltraciones de aire que incrementaron el consumo de calefacción en más de un 15% respecto a la estimación inicial.

Estos ejemplos muestran que los fallos energéticos no suelen deberse a grandes errores conceptuales, sino a pequeñas omisiones acumuladas. La detección temprana mediante inspecciones periódicas y pruebas de estanqueidad podría haber evitado estas desviaciones.

Los casos prácticos confirman que la eficiencia energética no es una cuestión exclusivamente normativa, sino operativa. La ejecución rigurosa y el control constante son la garantía para que la fachada cumpla su función térmica real.

9.2. Ejemplos de fallos comunes

La experiencia acumulada en obra permite identificar patrones recurrentes de fallos en la ejecución de fachadas que afectan directamente a la eficiencia energética. Estos defectos no siempre son visibles a simple vista, pero sus consecuencias se manifiestan en el comportamiento térmico del edificio.

Uno de los fallos más comunes es la discontinuidad del aislamiento en encuentros con elementos estructurales. La interrupción en cantos de forjado o pilares genera puentes térmicos lineales que se repiten en cada planta, multiplicando su impacto energético.

Otro defecto habitual es la incorrecta resolución de cajas de persianas. En muchos casos, estas quedan sin aislamiento suficiente o con juntas mal selladas, convirtiéndose en puntos débiles frente a infiltraciones de aire y pérdidas de calor.

En fachadas ventiladas, es frecuente encontrar anclajes metálicos sin tratamiento de rotura térmica. Estos elementos transmiten calor a través de la estructura, reduciendo la eficacia del aislamiento.

La colocación deficiente de placas aislantes, con juntas abiertas o sin correcta alineación, es otro problema repetido. Incluso pequeños espacios sin aislamiento pueden actuar como canales de transmisión térmica.

También se observan errores en el sellado de pasos de instalaciones. Perforaciones realizadas sin posterior reparación térmica generan infiltraciones no controladas.

Estos fallos suelen deberse a falta de supervisión o a la ausencia de cultura energética en la ejecución. Aunque puedan parecer detalles menores, su repetición sistemática compromete el rendimiento global de la fachada.

La identificación de estos errores recurrentes permite establecer protocolos de control específicos y mejorar la calidad energética en futuras actuaciones.

9.3. Buenas prácticas de ejecución

Frente a los errores y malas prácticas habituales, la aplicación sistemática de buenas prácticas en la ejecución de fachadas constituye la base para garantizar el rendimiento energético previsto en proyecto. Estas prácticas no implican necesariamente soluciones complejas, sino rigor técnico, planificación y supervisión constante.

Una buena práctica fundamental es la revisión previa del soporte antes de la colocación del aislamiento. La planeidad, limpieza y estabilidad del cerramiento influyen directamente en la correcta adherencia del sistema. Preparar adecuadamente el soporte evita discontinuidades y defectos posteriores.

La colocación de placas aislantes debe realizarse siguiendo una disposición trabada, minimizando juntas alineadas y garantizando el contacto continuo entre piezas. El uso de adhesivo en cantidad y distribución adecuada es esencial para evitar cámaras de aire no controladas.

En encuentros con forjados y pilares, el aislamiento debe cubrir completamente los elementos estructurales, evitando interrupciones. El tratamiento específico de estos puntos debe revisarse antes de su ocultación.

En carpinterías, la posición en el plano térmico debe estar claramente definida, asegurando la continuidad del aislamiento perimetral y el correcto sellado mediante cintas y espumas adecuadas.

Otra buena práctica es la coordinación anticipada con otros oficios para evitar perforaciones posteriores del aislamiento. La planificación de pasos de instalaciones antes del cierre definitivo reduce riesgos energéticos.

Además, la formación de los operarios en criterios de eficiencia energética mejora la calidad de ejecución. Comprender el impacto real de cada detalle constructivo favorece un trabajo más preciso y consciente.

La eficiencia energética en fachada se consolida mediante la aplicación coherente de estas buenas prácticas, que transforman el diseño teórico en un resultado real y medible.

10. Control Final, Roles, Responsabilidades y Cierre

10.1. Control de calidad

El control de calidad en la ejecución de fachadas es un proceso continuo que debe acompañar cada fase del trabajo, desde la recepción de materiales hasta la finalización del sistema. En el ámbito energético, el control no se limita a verificar dimensiones o acabados, sino que debe centrarse específicamente en asegurar la continuidad térmica y la estanqueidad de la envolvente.

Una primera fase de control comienza con la comprobación de los materiales. El aislamiento debe corresponderse con las especificaciones técnicas del proyecto en cuanto a espesor, conductividad térmica y resistencia mecánica. Sustituciones no autorizadas pueden alterar el comportamiento térmico global del edificio.

Durante la ejecución, deben realizarse inspecciones intermedias antes de cerrar cada fase. La revisión del aislamiento antes de su revestimiento es clave para detectar juntas abiertas, fijaciones incorrectas o interrupciones en puntos singulares. Una vez oculto el sistema, la corrección resulta mucho más compleja y costosa.

El control también debe incluir la verificación de sellados en encuentros con carpinterías, pasos de instalaciones y juntas estructurales. La estanqueidad al aire puede evaluarse posteriormente mediante ensayos específicos, pero una inspección visual rigurosa en obra reduce significativamente la probabilidad de defectos.

En proyectos de mayor exigencia energética, puede recurrirse a ensayos complementarios como termografías o pruebas de estanqueidad (blower door) para comprobar el comportamiento real de la envolvente.

El control de calidad debe documentarse adecuadamente mediante actas y registros fotográficos, creando trazabilidad en caso de futuras reclamaciones o intervenciones.

Una fachada energéticamente eficiente no es fruto del azar, sino del seguimiento técnico constante y del compromiso con la calidad en cada detalle constructivo.

10.2. Checklist de obra

La utilización de un checklist específico para la ejecución energética de fachadas constituye una herramienta práctica de gran utilidad. Permite sistematizar el control y reducir la posibilidad de omisiones en puntos críticos. Un listado estructurado facilita la supervisión y ayuda a mantener la coherencia entre el proyecto y la ejecución real.

Entre los aspectos que debe incluir un checklist de fachada se encuentran:

⇨ Verificación del soporte antes de colocar el aislamiento: planeidad, limpieza y ausencia de humedades.

⇨ Comprobación del espesor y tipo de material aislante conforme a proyecto.

⇨ Revisión de la correcta disposición trabada de las placas.

⇨ Control de continuidad en cantos de forjado y pilares.

⇨ Comprobación del tratamiento de arranques y coronaciones.

⇨ Verificación del aislamiento perimetral en huecos.

⇨ Revisión de sellados y estanqueidad en juntas y pasos de instalaciones.

⇨ Comprobación de fijaciones mecánicas y anclajes con rotura térmica en su caso.

⇨ Control de condiciones climáticas durante aplicación de morteros y revestimientos.

⇨ Protección del aislamiento antes de su cubrición definitiva.

El checklist debe aplicarse en fases intermedias, no únicamente al final del proceso. Su valor reside en permitir la corrección temprana de defectos antes de que queden ocultos.

Además, este instrumento fomenta la cultura de calidad energética en obra. Al estructurar el proceso de revisión, se reduce la dependencia de la memoria individual y se mejora la coordinación entre equipos.

La implementación sistemática de checklist específicos para eficiencia energética convierte el control en un procedimiento operativo, mejorando la fiabilidad del resultado final.

10.3. Papel del operario

El operario es una figura clave en la materialización de la eficiencia energética en fachada. Aunque el diseño y las especificaciones técnicas se definan en fase de proyecto, es el trabajo directo del operario el que determina si el sistema aislante y los encuentros constructivos cumplen realmente su función térmica.

El papel del operario no debe limitarse a la ejecución mecánica de tareas, sino que debe incorporar comprensión técnica básica del impacto energético de su trabajo. Entender por qué es importante evitar juntas abiertas en el aislamiento o por qué un sellado incompleto puede generar infiltraciones favorece una ejecución más rigurosa.

La formación específica en criterios de eficiencia energética resulta fundamental. Muchos defectos en obra se producen por desconocimiento de las consecuencias reales de pequeñas desviaciones. La capacitación permite al operario identificar puntos críticos y actuar con mayor precisión.

La responsabilidad individual también es determinante. Una colocación cuidadosa del aislamiento, el uso correcto de adhesivos y fijaciones, y la revisión visual de juntas antes del cierre son acciones que dependen directamente del nivel de compromiso del trabajador.

Además, el operario debe comunicar incidencias detectadas durante la ejecución. Si el soporte no cumple condiciones adecuadas o si existen interferencias con otros oficios, la comunicación temprana evita defectos posteriores.

La eficiencia energética no es únicamente un objetivo técnico, sino también humano. El operario representa el eslabón final que transforma el diseño en realidad constructiva.

Un equipo formado y consciente de la importancia energética de su trabajo contribuye de manera decisiva al rendimiento térmico real del edificio.

10.4. Papel del encargado

El encargado de obra desempeña un papel estratégico en la garantía de la eficiencia energética en la ejecución de fachadas. Su función no se limita a coordinar equipos y controlar plazos, sino que actúa como nexo entre el proyecto técnico y la realidad constructiva.

Desde el punto de vista energético, el encargado debe asegurar que las especificaciones del proyecto se comprendan y se respeten en cada fase de la ejecución. La interpretación correcta de detalles constructivos, especialmente en encuentros y puntos singulares, depende en gran medida de su supervisión directa.

Una de sus responsabilidades clave es la planificación secuencial de trabajos. Coordinar el orden de intervención de los distintos oficios evita interferencias que puedan comprometer la continuidad del aislamiento o la estanqueidad. La anticipación de pasos de instalaciones, por ejemplo, reduce el riesgo de perforaciones posteriores en el sistema térmico.

El encargado también debe realizar controles intermedios antes del cierre de cada fase. La revisión del aislamiento antes del revestimiento, la verificación de sellados y la comprobación de anclajes forman parte de su labor preventiva.

Otro aspecto esencial es la gestión del tiempo de ejecución. Evitar trabajos apresurados o bajo condiciones climáticas inadecuadas contribuye directamente a mantener la calidad energética. Además, el encargado actúa como transmisor de cultura energética en obra. Su actitud frente al control y la calidad influye en el comportamiento del equipo.

Una supervisión técnica activa y comprometida convierte al encargado en garante del rendimiento térmico previsto. La eficiencia energética en fachada no depende solo del diseño, sino de la gestión operativa en obra.

10.5. Responsabilidad compartida

La eficiencia energética en la ejecución de fachadas no puede atribuirse a un único agente.

Se trata de una responsabilidad compartida entre proyectistas, dirección facultativa, encargado, operarios y promotor. Cada uno interviene en una fase distinta, pero el resultado final depende de la coherencia y coordinación de todos ellos.

El proyectista define los detalles constructivos y las soluciones técnicas que garantizan la continuidad térmica. Sin embargo, si estos detalles no se comprenden correctamente en obra o no se trasladan de forma precisa, pierden eficacia.

La dirección facultativa tiene la obligación de supervisar que la ejecución se ajuste al proyecto. La falta de inspección específica en aspectos energéticos puede permitir que defectos pasen desapercibidos.

El encargado coordina y planifica la secuencia de trabajos, mientras que el operario ejecuta físicamente el sistema. Ambos son responsables de que la colocación del aislamiento y los sellados se realicen con rigor.

El promotor, por su parte, influye indirectamente en la calidad energética a través de la planificación de plazos y recursos. Presiones excesivas sobre tiempos de ejecución pueden afectar negativamente a la precisión constructiva.

La eficiencia energética no debe entenderse como un requisito formal que se cumple únicamente con la certificación. Es el resultado de una cadena de decisiones y acciones que se materializan en obra.

Cuando uno de los eslabones falla, el rendimiento global se ve comprometido. La responsabilidad compartida implica compromiso colectivo, comunicación fluida y control constante.

La fachada eficiente es, en definitiva, el resultado de una actuación coordinada donde cada agente asume su papel en la calidad energética del edificio.

10.6. Impacto en la calificación energética

La ejecución de la fachada influye de manera directa en la calificación energética del edificio. Aunque el cálculo inicial se realice en fase de proyecto mediante herramientas oficiales, el comportamiento real depende de la calidad constructiva alcanzada en obra.

La calificación energética se basa principalmente en dos indicadores: el consumo de energía primaria no renovable y las emisiones de dióxido de carbono. Ambos parámetros están directamente relacionados con la demanda energética del edificio, que a su vez depende en gran medida de la calidad de la envolvente térmica.

Si durante la ejecución se producen discontinuidades en el aislamiento, puentes térmicos no previstos o infiltraciones de aire, la demanda real puede superar la estimada en proyecto. Esto implica que el edificio consumirá más energía para mantener las condiciones de confort interior, afectando negativamente a su comportamiento energético.

Aunque formalmente la etiqueta energética se otorgue conforme a los cálculos teóricos, una ejecución deficiente puede generar un desfase entre la calificación obtenida y el consumo real del usuario. Esta diferencia afecta a la credibilidad del sistema de certificación y puede traducirse en mayores costes energéticos.

En edificios con aspiración a altas calificaciones —A o B— la precisión en la ejecución es aún más determinante. Pequeñas desviaciones pueden impedir alcanzar el nivel previsto.

Además, en procesos de rehabilitación energética, la mejora de la fachada suele representar uno de los principales factores para elevar la calificación global del inmueble.

La fachada no es solo un elemento constructivo, sino un componente estratégico en la valoración energética del edificio. Su correcta ejecución es fundamental para que la certificación refleje un rendimiento térmico real y sostenible.

RESUMEN

La fachada constituye el elemento más determinante en el comportamiento energético global del edificio, ya que actúa como interfaz principal entre el ambiente exterior y el interior. Su función energética se basa en tres pilares fundamentales: el aislamiento térmico, la estanqueidad al aire y el control de la radiación solar. Cuando estos tres factores se ejecutan correctamente, la fachada reduce pérdidas térmicas en invierno, limita ganancias en verano y contribuye a un confort interior estable. Sin embargo, el rendimiento real no depende únicamente del diseño, sino de la precisión con que se materializa en obra.

Desde el punto de vista térmico, las fachadas pueden clasificarse según la posición del aislamiento. Los sistemas con aislamiento por el exterior, como el SATE, permiten una envolvente continua que minimiza puentes térmicos y aprovecha la inercia térmica del cerramiento. Las fachadas ventiladas añaden una cámara de aire que favorece la disipación del calor en verano mediante el efecto chimenea. Las soluciones tradicionales con aislamiento en cámara intermedia o por el interior presentan mayores riesgos de discontinuidad y condensaciones si no se ejecutan con especial cuidado.

El Sistema de Aislamiento Térmico por el Exterior destaca por su eficacia energética siempre que se garantice la continuidad del aislamiento, la correcta fijación mecánica y el adecuado tratamiento de encuentros, arranques y coronaciones. En fachadas ventiladas, la correcta disposición de anclajes con rotura térmica y la ausencia de obstrucciones en la cámara resultan determinantes. Por el contrario, las fachadas con aislamiento interior requieren especial atención a la barrera de vapor y a la resolución de puentes térmicos estructurales.

La continuidad del aislamiento es el principio básico que sustenta la eficiencia real. Cualquier interrupción en cantos de forjado, pilares, huecos o puntos singulares genera puentes térmicos que reducen la eficacia global del sistema. Los huecos —ventanas y puertas— constituyen puntos críticos que exigen aislamiento perimetral continuo y sellados estancos. Del mismo modo, los arranques en contacto con el terreno y las coronaciones en cubierta deben resolverse asegurando la transición térmica sin discontinuidades.

Los puentes térmicos más habituales se localizan en encuentros con forjados, pilares, anclajes metálicos y contornos de huecos. Su impacto no solo incrementa la demanda energética, sino que puede provocar condensaciones superficiales y aparición de moho. La estanqueidad al aire, garantizada mediante sellados adecuados en juntas y pasos de instalaciones, es igualmente decisiva. Infiltraciones no controladas pueden aumentar significativamente el consumo energético.

La experiencia en obra demuestra que los errores frecuentes —placas mal ajustadas, juntas abiertas, perforaciones sin reparar o falta de coordinación entre oficios— tienen consecuencias acumulativas en el rendimiento térmico. Las malas prácticas habituales, como improvisaciones en encuentros o trabajos bajo condiciones climáticas inadecuadas, comprometen la durabilidad y eficacia del sistema.

Las consecuencias energéticas reales de una mala ejecución se reflejan en mayor consumo, menor confort y desviaciones respecto a la calificación energética prevista. Por ello, el control visual en obra, la coordinación entre oficios y la aplicación de buenas prácticas constituyen herramientas fundamentales. El uso de checklist específicos, el control de calidad documentado y la formación del operario fortalecen la cultura energética en la construcción.

El papel del operario y del encargado es esencial. El primero materializa físicamente la solución; el segundo coordina, supervisa y planifica. La eficiencia energética es una responsabilidad compartida entre todos los agentes intervinientes. Una fachada correctamente ejecutada influye directamente en la calificación energética del edificio y en su comportamiento real a lo largo de toda su vida útil.

La cubierta es otro de los elementos fundamentales en la envolvente térmica del edificio. Debido a su exposición directa a la radiación solar y a las condiciones climáticas, desempeña un papel decisivo tanto en las pérdidas térmicas invernales como en las ganancias estivales.

Existen distintos tipos de cubiertas —planas e inclinadas— cuyo comportamiento energético depende del sistema de aislamiento adoptado. La continuidad del aislamiento resulta nuevamente esencial.

Ya sea bajo impermeabilización, sobre el forjado o combinado con cámaras ventiladas, la solución debe evitar interrupciones en encuentros con fachadas y puntos singulares.

Las barreras de vapor desempeñan un papel clave en la prevención de condensaciones intersticiales, especialmente en cubiertas planas. La ventilación de cámaras en cubiertas inclinadas favorece la disipación del calor acumulado y mejora el comportamiento en verano.

Los errores habituales incluyen discontinuidades en el aislamiento, mala ejecución de impermeabilizaciones y obstrucción de cámaras ventiladas. Las filtraciones de agua no solo generan patologías constructivas, sino que reducen la capacidad térmica del aislamiento. Las reparaciones incorrectas agravan estas situaciones si no se respeta la integridad del sistema original.

La influencia del clima durante la ejecución es determinante. La aplicación de capas bajo condiciones adversas puede comprometer su adherencia y rendimiento futuro. La seguridad en trabajos en altura también influye indirectamente en la calidad energética, al permitir una ejecución precisa.

La coordinación con otros oficios, el uso de checklist específicos y el control riguroso de ejecución garantizan que la cubierta contribuya eficazmente a la reducción del consumo energético y al aumento del confort interior.

Aunque las particiones interiores no forman parte directa de la envolvente exterior, influyen en el comportamiento térmico global, especialmente en edificios plurifamiliares donde las medianerías pueden convertirse en focos de pérdida térmica.

La diferencia entre partición y cerramiento radica en su función térmica. Las medianerías en contacto con espacios no calefactados deben tratarse como cerramientos térmicos. La continuidad del aislamiento interior y la correcta resolución de encuentros con fachada y forjados resultan fundamentales para evitar puentes térmicos ocultos.

Errores habituales como la interrupción del aislamiento en pasos de instalaciones o la falta de sellado generan pérdidas energéticas y disminuyen el confort. Las malas prácticas en ejecución pueden traducirse en mayor consumo y desequilibrios térmicos entre estancias.

La coordinación entre oficios y el control de ejecución evitan interferencias que comprometan la continuidad aislante. Las buenas prácticas y checklist específicos contribuyen a mantener el rendimiento térmico previsto.

Los huecos representan uno de los puntos más sensibles de la envolvente térmica. Aunque ocupan menor superficie que los cerramientos opacos, su transmitancia suele ser mayor, lo que los convierte en elementos críticos.

La eficiencia energética de ventanas y lucernarios depende tanto de sus prestaciones intrínsecas como de su correcta instalación. La posición en el plano térmico, el aislamiento perimetral y la estanqueidad al aire son factores decisivos. Espumas, cintas y láminas deben colocarse con continuidad para evitar infiltraciones.

Errores frecuentes incluyen sellados incompletos, ausencia de aislamiento en contornos y mala resolución de cajas de persianas. Estos defectos pueden provocar condensaciones, infiltraciones de aire y aumento del consumo energético.

La protección solar adecuada y la correcta ejecución de lucernarios influyen en la regulación térmica estacional. La coordinación entre oficios y el control de calidad aseguran el rendimiento real.

Los encuentros constructivos constituyen los puntos más críticos de la envolvente térmica. Forjado-fachada, cubierta-fachada, ventana-fachada y medianerías concentran el mayor riesgo de puentes térmicos.

La continuidad del aislamiento debe garantizarse en todos estos puntos. Errores en detalles constructivos o falta de coordinación generan pérdidas energéticas significativas. Las consecuencias incluyen mayor consumo, condensaciones y disminución de la calificación energética.

La correcta planificación, control de ejecución y aplicación de buenas prácticas permiten minimizar estos riesgos. El papel del operario y la responsabilidad compartida resultan nuevamente determinantes.

La ventilación influye directamente en el equilibrio entre calidad del aire interior y consumo energético. La ventilación natural puede ser eficaz en determinadas condiciones, pero la ventilación mecánica controlada permite regular caudales y minimizar pérdidas.

Los sistemas de doble flujo con recuperadores de calor representan una solución eficiente al permitir la transferencia térmica entre aire extraído y aire de renovación. Sin embargo, errores en obra como conductos mal sellados o aislados reducen su eficacia.

El sellado correcto de conductos y la instalación precisa de equipos son esenciales para evitar pérdidas energéticas. Una ventilación bien ejecutada mejora el confort y reduce el consumo, consolidando la eficiencia global del edificio.

La eficiencia energética en la obra no depende únicamente del diseño técnico, sino de la precisión con que se ejecutan cada uno de los elementos que componen la envolvente y los sistemas del edificio. Fachadas, cubiertas, particiones, ventanas, encuentros y ventilación forman un sistema interdependiente cuyo rendimiento real se define en la fase de ejecución.

La continuidad del aislamiento, la estanqueidad al aire, la correcta resolución de puentes térmicos y la coordinación entre oficios son los pilares fundamentales. La responsabilidad compartida, el control de calidad y la formación técnica consolidan el resultado final.

La eficiencia energética se construye en obra, detalle a detalle, y su impacto se extiende durante toda la vida útil del edificio.

Autoevaluación

1. ¿Cuál es la función energética principal de la fachada en un edificio?
   - A. Mejorar únicamente la estética exterior
   - B. Actuar como barrera de intercambio térmico entre interior y exterior
   - C. Soportar exclusivamente cargas estructurales
   - D. Facilitar el paso de instalaciones

2. Desde el punto de vista térmico, ¿qué sistema permite minimizar mejor los puentes térmicos estructurales?
   - A. Aislamiento por el interior
   - B. Fachada tradicional sin aislamiento
   - C. Aislamiento por el exterior (SATE)
   - D. Revestimiento monocapa sin aislamiento

3. En una fachada ventilada, el llamado “efecto chimenea” permite:
   - A. Incrementar la humedad interior
   - B. Evacuar el calor acumulado mediante circulación de aire en la cámara
   - C. Reducir el espesor del aislamiento
   - D. Eliminar la necesidad de sellados

4. ¿Cuál es uno de los principales riesgos del aislamiento colocado por el interior?
   - A. Exceso de ventilación natural
   - B. Incremento de la inercia térmica
   - C. Condensaciones intersticiales
   - D. Eliminación total de puentes térmicos

5. ¿Qué ocurre cuando el aislamiento presenta discontinuidades en encuentros con forjados?
   - A. Mejora la eficiencia térmica
   - B. Se reduce el peso estructural
   - C. Se generan puentes térmicos
   - D. Aumenta la ventilación natural

6. ¿Cuál es el principal problema de una carpintería mal sellada en fachada?

   A. Mejora la iluminación natural
   B. Permite ventilación controlada
   C. Genera infiltraciones de aire y pérdidas energéticas
   D. Aumenta la resistencia estructural

7. En cubiertas, la falta de continuidad del aislamiento provoca:

   A. Mejora del confort interior
   B. Reducción de la transmitancia térmica
   C. Pérdidas energéticas significativas
   D. Mayor estabilidad estructural

8. ¿Cuál es una consecuencia directa de los puentes térmicos en invierno?

   A. Incremento de la reflexión solar
   B. Aparición de condensaciones superficiales
   C. Aumento de la ventilación cruzada
   D. Reducción del consumo energético

9. En sistemas de ventilación de doble flujo, el recuperador de calor tiene como función:

   A. Enfriar el aire exterior en verano exclusivamente
   B. Recuperar energía del aire extraído para precalentar o preenfriar el aire entrante
   C. Eliminar la necesidad de aislamiento en fachada
   D. Sustituir el sistema de calefacción

10. ¿Por qué es fundamental la coordinación entre oficios en la ejecución de la envolvente térmica?

   A. Para reducir el número de trabajadores
   B. Para evitar interferencias que generen discontinuidades en el aislamiento
   C. Para eliminar controles de calidad
   D. Para acelerar el fraguado de morteros

UNIDAD

3.2. La Eficiencia Energética en la Ejecución de Cubiertas

Contenido de la Unidad

- Fundamentos Energéticos y Tipologías de Cubierta
- Sistemas Constructivos y Disposición del Aislamiento
- Configuración del Paquete Constructivo y Control Higrotérmico
- Encuentros y Puntos Singulares
- Patologías, Errores y Reparaciones
- Experiencia Práctica y Buenas Prácticas
- Control, Clima y Condiciones de Ejecución
- Organización de Obra y Agentes Implicados
- Impacto Energético y Confort
- Resumen
- Autoevaluación

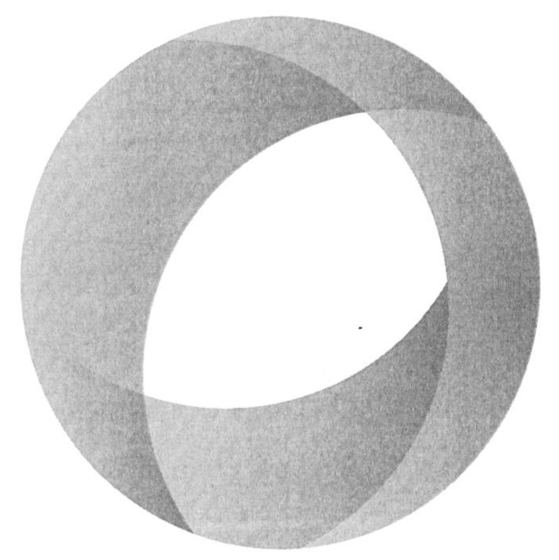

1. Fundamentos Energéticos y Tipologías de Cubierta

1.1. Función térmica de la cubierta

La cubierta constituye el elemento de la envolvente más expuesto a las condiciones climáticas extremas. Desde el punto de vista energético, es uno de los planos de mayor intercambio térmico del edificio, especialmente en climas con elevada radiación solar o con fuertes gradientes térmicos invierno-verano.

Su función térmica principal es limitar las pérdidas de calor hacia el exterior en invierno y reducir las ganancias térmicas por radiación solar en verano. Debido a su posición horizontal o inclinada y a su directa exposición al sol, la cubierta puede alcanzar temperaturas superficiales muy superiores a las del ambiente exterior, lo que incrementa notablemente la carga térmica interior si no se encuentra correctamente aislada.

En invierno, el aire caliente interior tiende a ascender por convección natural. Si la cubierta presenta deficiencias de aislamiento o discontinuidades térmicas, las pérdidas energéticas pueden ser superiores a las producidas por fachadas. De hecho, en edificios mal ejecutados, la cubierta puede representar hasta un 25-30% de las pérdidas totales de calor.

Desde el punto de vista constructivo, la función térmica de la cubierta se articula a través de tres elementos fundamentales: aislamiento continuo, control de humedad (barreras de vapor e impermeabilización) y estanqueidad al aire. La interacción entre estos componentes determina el comportamiento energético real del sistema.

Un aislamiento insuficiente o mal ejecutado no solo incrementa el consumo energético, sino que puede provocar condensaciones intersticiales y degradación prematura de materiales. La correcta disposición de la barrera de vapor, especialmente en cubiertas planas, es esencial para evitar acumulaciones de humedad en el interior del paquete constructivo.

La cubierta debe entenderse como un sistema térmico completo. Su ejecución precisa es determinante para garantizar estabilidad térmica interior, reducción de consumo energético y mejora del confort en todas las estaciones.

1.2. Tipos de cubiertas y comportamiento energético

Desde el punto de vista térmico, las cubiertas pueden clasificarse principalmente en cubiertas planas y cubiertas inclinadas. Cada tipología presenta un comportamiento energético específico condicionado por su configuración constructiva, la posición del aislamiento y la ventilación.

Las cubiertas planas pueden ser no transitables o transitables, y dentro de estas se distinguen sistemas tradicionales, invertidos y ajardinados. En las cubiertas tradicionales, el aislamiento se coloca bajo la impermeabilización. En las invertidas, el orden se invierte, situando el aislamiento por encima de la lámina impermeable. Desde el punto de vista energético, las cubiertas invertidas presentan mayor protección frente a las variaciones térmicas y mejor durabilidad de la impermeabilización, siempre que se garantice la correcta evacuación del agua.

Las cubiertas inclinadas, habituales en edificaciones residenciales, pueden incorporar aislamiento bajo el forjado, entre rastreles o directamente bajo la cobertura. Su comportamiento térmico depende en gran medida de la ventilación de la cámara bajo teja. Una cámara correctamente ventilada reduce el sobrecalentamiento estival y mejora la estabilidad térmica.

En ambos casos, la continuidad del aislamiento es determinante. Discontinuidades en encuentros con fachadas o interrupciones en cambios de plano generan puentes térmicos que afectan al rendimiento global.

Las cubiertas ajardinadas o verdes aportan un beneficio adicional desde el punto de vista térmico. La capa vegetal actúa como regulador térmico natural, reduciendo la radiación solar directa y mejorando el comportamiento en verano.

La elección del tipo de cubierta debe considerar el clima, el uso del edificio y la integración con el resto de la envolvente. Energéticamente, la cubierta no es un elemento aislado, sino parte del sistema global de aislamiento del edificio.

Una ejecución adecuada de la tipología seleccionada garantiza estabilidad térmica, reducción de consumo y mejora del confort interior.

2. Sistemas Constructivos y Disposición del Aislamiento

2.1. Cubiertas planas y aislamiento

Las cubiertas planas representan una solución constructiva ampliamente utilizada en edificación residencial, terciaria e industrial. Desde el punto de vista energético, su correcta ejecución resulta crítica debido a su exposición directa a la radiación solar y a su papel como límite superior del espacio climatizado.

El comportamiento térmico de una cubierta plana depende fundamentalmente de la disposición y continuidad del aislamiento. En sistemas convencionales, el aislamiento se sitúa bajo la lámina impermeable. En este caso, debe protegerse adecuadamente frente a la humedad y a las cargas mecánicas.

En cubiertas invertidas, el aislamiento se coloca sobre la impermeabilización. Esta solución mejora la durabilidad del sistema y protege la lámina frente a dilataciones térmicas.

Sin embargo, el aislamiento debe ser resistente a la absorción de agua, normalmente poliestireno extruido (XPS), y debe garantizarse una correcta evacuación de aguas para evitar acumulaciones que puedan afectar a su rendimiento térmico.

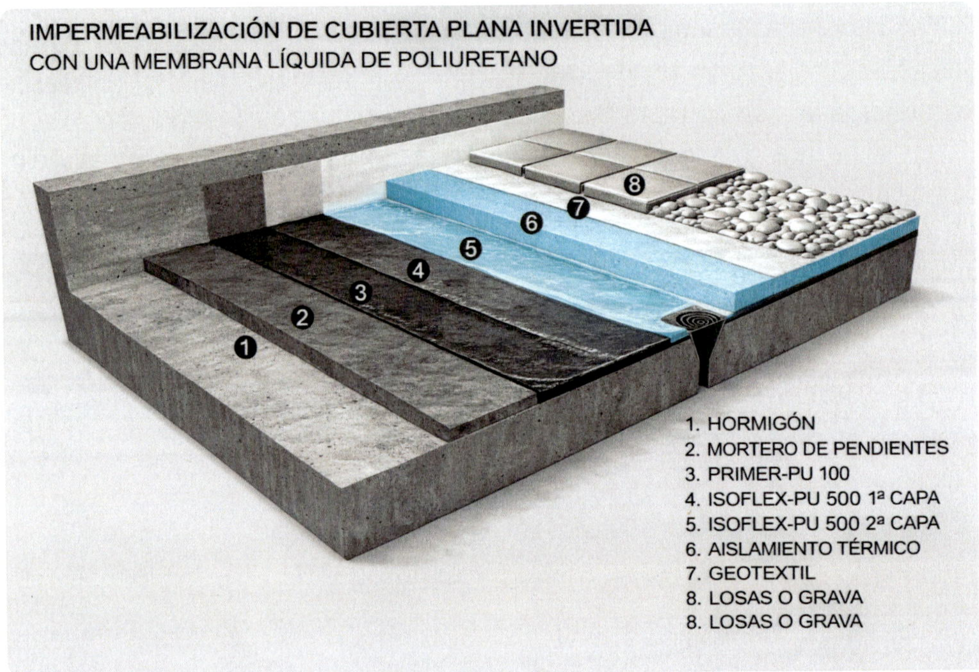

Uno de los errores más frecuentes en obra es la discontinuidad del aislamiento en puntos singulares como sumideros, petos o encuentros con instalaciones. Estos puntos, si no se resuelven con piezas específicas o soluciones de continuidad, generan puentes térmicos significativos.

La colocación incorrecta de la barrera de vapor en cubiertas planas tradicionales puede provocar condensaciones intersticiales. La posición de esta capa debe ajustarse a las condiciones climáticas y al uso interior del edificio. Además, el espesor del aislamiento debe ejecutarse conforme a proyecto. Reducciones no justificadas o variaciones de material afectan directamente a la transmitancia térmica del conjunto.

La cubierta plana requiere una ejecución cuidadosa y control específico en cada capa. Energéticamente, es uno de los planos más sensibles del edificio y su correcta ejecución reduce pérdidas en invierno y sobrecalentamiento en verano.

2.2. Cubiertas inclinadas

Las cubiertas inclinadas presentan un comportamiento energético condicionado por su geometría, orientación y configuración constructiva. Son habituales en edificaciones residenciales y permiten integrar cámaras ventiladas que mejoran el control térmico, especialmente en climas cálidos.

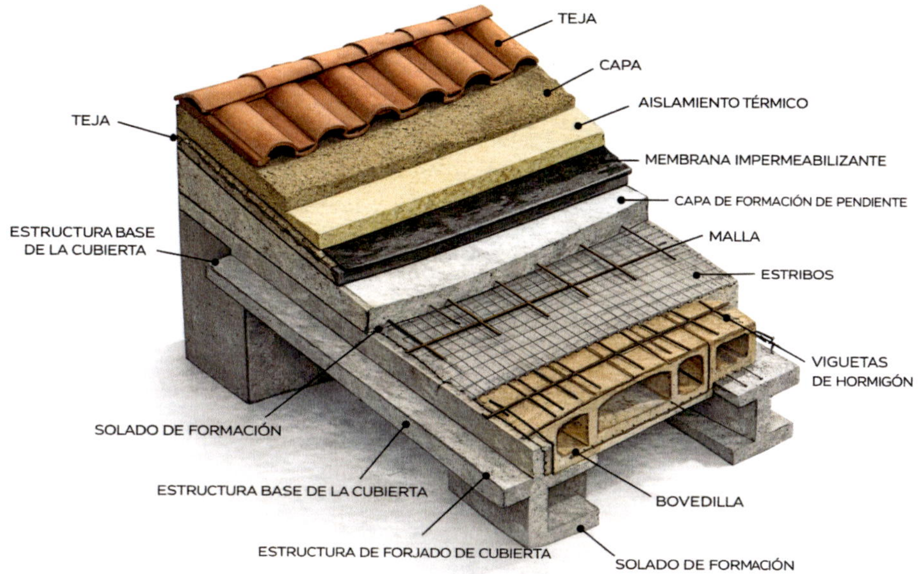

Desde el punto de vista energético, el aislamiento puede situarse bajo el forjado, entre la estructura de soporte o directamente bajo la cobertura. La elección depende del sistema constructivo y de si el espacio bajo cubierta está climatizado o no.

En cubiertas inclinadas con espacio habitable bajo cubierta, el aislamiento debe formar parte de la envolvente térmica. Su continuidad es esencial para evitar pérdidas energéticas por convección natural, ya que el aire caliente interior tiende a ascender.

La ventilación de la cámara bajo teja constituye un elemento clave en su comportamiento térmico. Una cámara correctamente ventilada permite evacuar el calor acumulado por radiación solar en verano, reduciendo la temperatura transmitida hacia el interior. Sin ventilación adecuada, la cubierta puede actuar como acumulador térmico.

Uno de los errores habituales en obra es la colocación discontinua del aislamiento entre rastreles o vigas, dejando huecos sin rellenar. Estas discontinuidades generan puentes térmicos lineales que afectan al rendimiento global.

El tratamiento de encuentros con fachadas y cumbreras debe garantizar continuidad térmica y estanqueidad frente a infiltraciones de aire. Además, la correcta ejecución de barreras de vapor en el lado interior evita condensaciones intersticiales en climas fríos o en espacios con elevada humedad interior.

La cubierta inclinada, bien ejecutada, ofrece buen comportamiento energético y durabilidad. Sin embargo, requiere precisión en la colocación del aislamiento y en la ventilación de la cámara para garantizar estabilidad térmica y confort interior.

2.3. Continuidad del aislamiento

La continuidad del aislamiento en cubierta es tan determinante como en fachada. Cualquier interrupción en el plano térmico genera un puente térmico que afecta al comportamiento energético global del edificio.

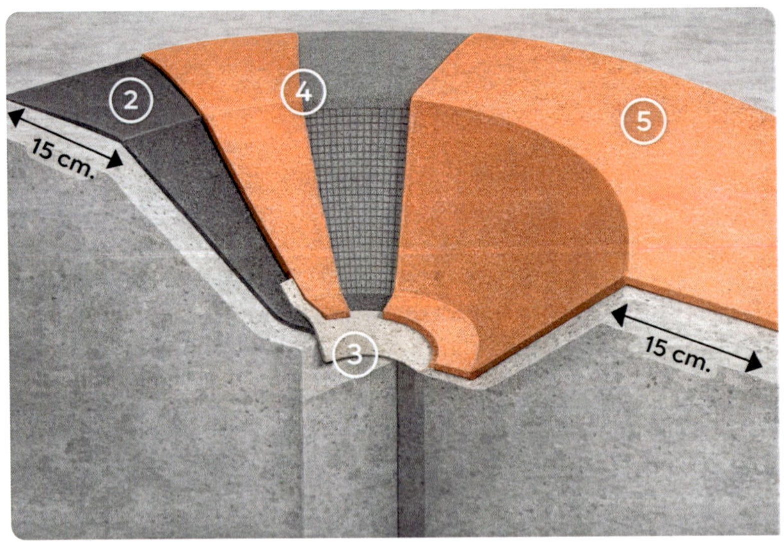

En cubiertas planas, la continuidad debe garantizarse en todo el perímetro, especialmente en encuentros con petos, chimeneas, lucernarios y sumideros. Es frecuente que el aislamiento se interrumpa en la base de los petos, dejando el elemento estructural expuesto. Esta discontinuidad genera pérdidas térmicas y posibles condensaciones en el interior del encuentro.

En cubiertas inclinadas, el aislamiento debe colocarse de forma continua entre vigas o sobre el forjado. Si se instala entre rastreles, es esencial rellenar completamente los espacios sin dejar huecos. Incluso pequeñas zonas sin aislamiento pueden convertirse en puntos de transmisión térmica.

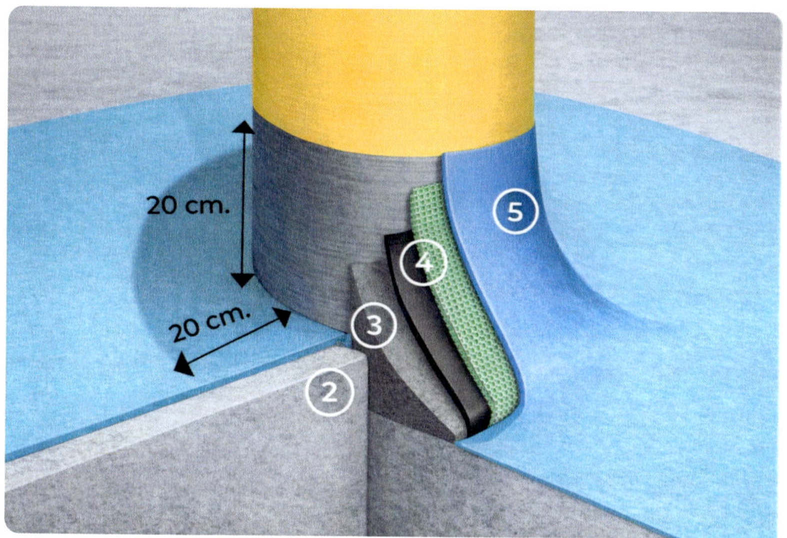

Los cambios de plano, como cumbreras y limatesas, requieren piezas específicas o soluciones que mantengan la continuidad térmica. La falta de precisión en estos detalles suele pasar desapercibida hasta que aparecen problemas de confort o consumo excesivo.

Otro aspecto crítico es la integración del aislamiento de cubierta con el de fachada. Si no existe solape o conexión térmica entre ambos planos, se genera un puente térmico lineal en el encuentro cubierta-fachada.

En obra, la revisión visual del aislamiento antes de colocar la impermeabilización o la cobertura final es imprescindible. Una vez cerrada la cubierta, cualquier corrección resulta compleja.

Desde el punto de vista energético, la continuidad del aislamiento en cubierta es esencial para minimizar pérdidas en invierno y ganancias en verano. La envolvente debe comportarse como un sistema homogéneo sin interrupciones térmicas.

La precisión en la ejecución y la supervisión constante son claves para garantizar la integridad del plano aislante en cubierta.

3. Configuración del Paquete Constructivo y Control Higrotérmico

3.1. Aislamiento bajo impermeabilización

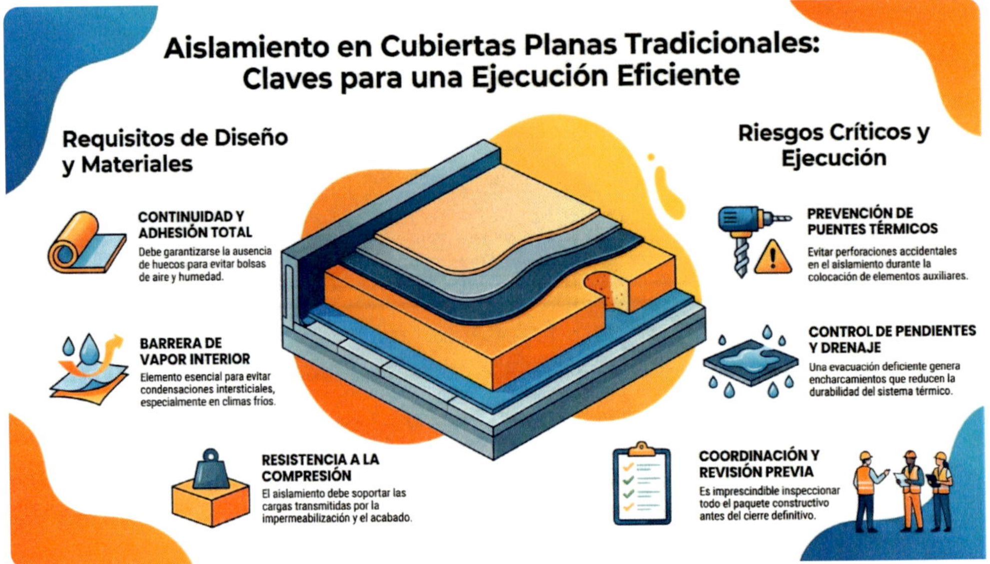

En las cubiertas planas tradicionales, el aislamiento se sitúa bajo la lámina impermeable. Esta configuración exige una ejecución precisa, ya que el aislamiento queda protegido por la impermeabilización, pero, al mismo tiempo, depende de ella para evitar la entrada de humedad.

Desde el punto de vista energético, el aislamiento bajo impermeabilización debe garantizar continuidad y correcta adhesión al soporte. Si existen huecos o irregularidades, pueden generarse bolsas de aire o acumulaciones de humedad que reduzcan la capacidad térmica del sistema.

Uno de los riesgos más habituales es la perforación accidental del aislamiento durante la colocación de la impermeabilización o de elementos auxiliares. Estas perforaciones pueden generar puentes térmicos puntuales si no se reparan adecuadamente.

Además, la correcta disposición de la barrera de vapor en la cara interior es esencial para evitar condensaciones intersticiales. En climas fríos o en espacios con elevada humedad interior, la falta de esta capa puede provocar acumulación de vapor dentro del paquete constructivo.

El aislamiento debe ser resistente a compresión para soportar las cargas transmitidas por la impermeabilización y, en su caso, por el acabado superior.

El control de pendientes y la correcta evacuación de aguas también influyen indirectamente en el comportamiento energético. Encharcamientos prolongados pueden afectar la durabilidad del aislamiento y reducir su eficacia.

La ejecución bajo impermeabilización exige coordinación entre equipos y revisión constante antes del cierre definitivo.

Energéticamente, esta solución puede ofrecer buen rendimiento si se garantiza estanqueidad y continuidad térmica en todos los puntos singulares.

3.2. Aislamiento sobre forjado

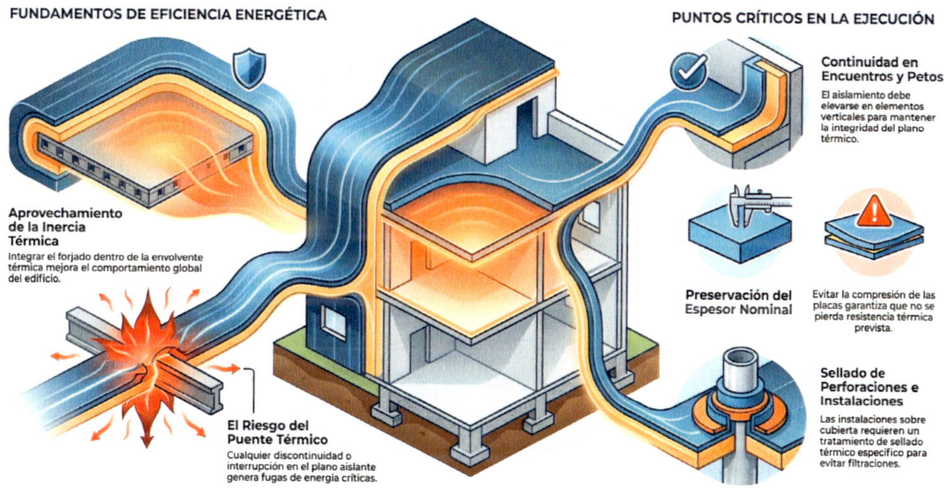

En muchas intervenciones, especialmente en rehabilitación, el aislamiento térmico se dispone directamente sobre el forjado de cubierta, bajo la formación de pendientes o la capa de acabado. Esta solución resulta operativamente sencilla, pero requiere especial atención en su ejecución para garantizar continuidad y eficacia térmica.

Desde el punto de vista energético, colocar el aislamiento sobre el forjado permite integrar este elemento estructural dentro de la envolvente térmica, aprovechando su inercia térmica. Sin embargo, cualquier discontinuidad en el plano aislante generará un puente térmico lineal que afectará al comportamiento global.

Uno de los errores habituales es la colocación irregular de las placas, con juntas abiertas o desalineadas. Estas pequeñas interrupciones pueden generar canales de transmisión térmica que disminuyen la eficacia del sistema.

En cubiertas con formación de pendientes posterior, debe asegurarse que el aislamiento no quede comprimido ni deformado. La pérdida de espesor reduce la resistencia térmica prevista.

Los encuentros con petos, lucernarios o elementos verticales deben tratarse específicamente para mantener la continuidad del aislamiento. Es frecuente que el aislamiento no se eleve lo suficiente en el perímetro, generando puentes térmicos en el arranque del peto.

Además, en caso de instalaciones sobre cubierta, deben evitarse perforaciones directas en el aislamiento sin tratamiento de sellado térmico.

Desde el punto de vista práctico, la revisión del aislamiento antes de colocar capas superiores es fundamental. Una vez ejecutada la formación de pendientes o el acabado final, la detección de defectos resulta compleja.

El aislamiento sobre forjado es una solución energéticamente eficaz cuando se ejecuta con continuidad y precisión, asegurando la integridad del plano térmico en toda la superficie de cubierta.

3.3. Barreras de vapor en cubiertas

La correcta colocación de la barrera de vapor en cubierta es esencial para evitar condensaciones intersticiales que puedan afectar tanto al comportamiento térmico como a la durabilidad del sistema. Aunque su función no es directamente aislante, su influencia energética es determinante.

La barrera de vapor se dispone normalmente en la cara interior del paquete constructivo, es decir, en el lado cálido del aislamiento. Su objetivo es limitar el paso del vapor de agua procedente del interior del edificio hacia las capas frías del cerramiento.

Si el vapor alcanza zonas donde la temperatura es inferior al punto de rocío, se produce condensación, reduciendo la capacidad aislante del material y generando posibles patologías.

En obra, uno de los errores más frecuentes es la discontinuidad de la barrera de vapor en encuentros y solapes. Pequeñas perforaciones o cortes para paso de instalaciones permiten el tránsito de humedad hacia el interior del sistema.

Es fundamental que las juntas estén correctamente selladas y que los solapes se ejecuten según las especificaciones técnicas.

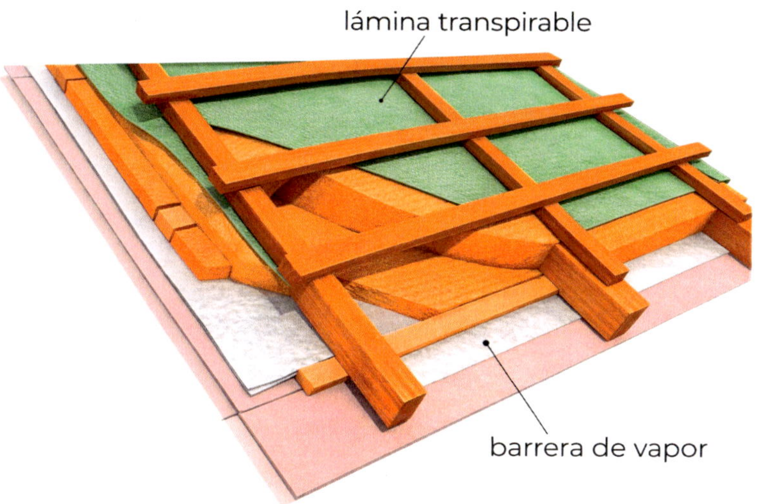

Otro problema habitual es la colocación incorrecta de la barrera en el lado equivocado del aislamiento. Esta inversión altera el comportamiento higrotérmico del cerramiento y puede provocar acumulaciones de humedad no previstas.

En cubiertas inclinadas con estructura de madera, la correcta disposición de la barrera de vapor resulta especialmente crítica, ya que la humedad puede afectar a la estabilidad estructural.

El control en obra debe incluir la revisión de continuidad antes de cerrar el paquete constructivo. La reparación posterior es compleja y costosa.

Desde el punto de vista energético, una barrera de vapor correctamente ejecutada mantiene la eficacia térmica del aislamiento y evita degradaciones que incrementen el consumo energético a lo largo del tiempo.

3.4. Ventilación de cámaras

La ventilación de cámaras en cubiertas, especialmente en cubiertas inclinadas y en algunos sistemas de cubierta plana ventilada, cumple una función esencial en el comportamiento térmico del edificio. Su correcta ejecución permite regular la acumulación de calor en verano y evitar condensaciones en invierno.

En cubiertas inclinadas bajo teja, la cámara ventilada se sitúa entre el aislamiento y la cobertura exterior. Esta cámara permite que el aire circule de forma natural desde el alero hasta la cumbrera, evacuando el calor acumulado por radiación solar. Si la ventilación funciona correctamente, la temperatura transmitida hacia el interior se reduce considerablemente.

Uno de los errores más habituales en obra es la obstrucción parcial o total de la cámara. Restos de mortero, acumulación de materiales o una incorrecta colocación del aislamiento pueden bloquear el flujo de aire. Cuando esto ocurre, la cámara deja de cumplir su función térmica y el sistema pierde eficacia.

En cubiertas planas ventiladas, el principio es similar. La circulación de aire bajo la capa exterior ayuda a disipar el calor acumulado y mejora el comportamiento estival.

Es importante diferenciar entre ventilación controlada y filtraciones no deseadas. La cámara debe permitir el flujo natural sin comprometer la estanqueidad del espacio interior.

El diseño debe garantizar entradas y salidas de aire adecuadas. Sin aberturas correctamente dimensionadas, la ventilación no se produce de forma efectiva.

Desde el punto de vista energético, una cámara ventilada correctamente ejecutada puede reducir significativamente la carga térmica en verano y mejorar el confort interior sin necesidad de incrementar el consumo energético.

La ventilación de cámaras es un elemento pasivo de gran valor energético que requiere precisión constructiva y supervisión específica en obra.

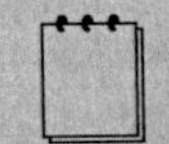

Presentación técnica 3.2.1
Escanear el código QR que se encuentra en la primera página.

4. Encuentros y Puntos Singulares

4.1. Encuentros con fachadas

El encuentro entre cubierta y fachada es uno de los puntos más sensibles desde el punto de vista térmico y constructivo. En esta zona confluyen distintos sistemas constructivos —aislamiento de cubierta, aislamiento de fachada, impermeabilización y estructura—, por lo que cualquier falta de coordinación puede generar discontinuidades térmicas significativas.

En cubiertas planas, el aislamiento debe prolongarse hasta el interior del peto, garantizando continuidad con el aislamiento vertical de fachada. Uno de los errores más frecuentes es interrumpir el plano aislante en el arranque del peto, dejando el canto estructural sin protección térmica. Esta discontinuidad genera un puente térmico lineal que afecta a todo el perímetro.

En cubiertas inclinadas, el encuentro con fachada debe asegurar la continuidad entre el aislamiento bajo cubierta y el aislamiento del cerramiento vertical. Si ambos planos no se solapan correctamente, se produce una interrupción térmica en la línea de unión.

Además de la continuidad térmica, la estanqueidad al aire y al agua debe resolverse adecuadamente. Las filtraciones en este punto no solo afectan a la eficiencia energética, sino también a la durabilidad del sistema.

Los remates metálicos o piezas especiales deben instalarse sin comprometer el aislamiento. En ocasiones, los anclajes atraviesan el plano aislante sin tratamiento de rotura térmica, generando puentes térmicos puntuales.

El control de ejecución en estos encuentros requiere inspección previa al cierre definitivo y verificación detallada del solape entre sistemas.

Desde el punto de vista energético, el encuentro cubierta-fachada debe considerarse como una transición térmica continua. Una correcta resolución mejora la estabilidad térmica del edificio y evita pérdidas energéticas repetitivas a lo largo de todo el perímetro superior.

Presentación técnica 3.2.2
Escanear el código QR que se encuentra en la primera página.

4.2. Puntos singulares

En la ejecución de cubiertas, los puntos singulares representan zonas de especial complejidad técnica y elevada sensibilidad energética. Se trata de encuentros o elementos que interrumpen el plano general de la cubierta, como chimeneas, lucernarios, sumideros, conductos, petos, claraboyas o soportes de instalaciones.

Desde el punto de vista térmico, cada punto singular constituye un potencial foco de discontinuidad en el aislamiento. Si no se resuelve adecuadamente, se convierte en un puente térmico puntual que puede afectar tanto al consumo energético como al confort interior.

Uno de los casos más habituales es el tratamiento de sumideros en cubiertas planas. La interrupción del aislamiento alrededor de estos elementos puede generar concentraciones de pérdida térmica. Es imprescindible que el aislamiento se adapte a la geometría del sumidero sin dejar huecos ni discontinuidades.

En el caso de lucernarios o claraboyas, la continuidad del aislamiento perimetral es clave. Además, debe garantizarse una correcta estanqueidad al aire para evitar infiltraciones que incrementen la demanda energética.

Los soportes de equipos técnicos —como unidades exteriores de climatización o paneles solares— requieren soluciones específicas que eviten perforaciones directas del aislamiento sin tratamiento térmico adecuado.

Otro punto crítico son los petos y cambios de nivel. La elevación del aislamiento en estos puntos debe realizarse de forma continua, evitando cortes prematuros.

El tratamiento de puntos singulares requiere precisión y planificación previa. Su correcta ejecución reduce pérdidas energéticas localizadas y evita patologías asociadas a humedad y condensaciones.

Desde una perspectiva energética, la calidad del sistema no se mide únicamente en las superficies generales, sino en la resolución detallada de cada punto singular.

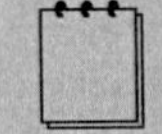

Presentación técnica 3.2.3
Escanear el código QR que se encuentra en la primera página.

5. Patologías, Errores y Reparaciones

5.1. Errores habituales

La ejecución de cubiertas presenta una serie de errores recurrentes que afectan directamente al comportamiento energético del edificio. Estos fallos suelen producirse por falta de coordinación, escaso control o desconocimiento del impacto térmico de determinadas decisiones constructivas.

Uno de los errores más frecuentes es la discontinuidad del aislamiento en puntos singulares. Sumideros, petos y encuentros con fachada suelen presentar interrupciones que generan puentes térmicos lineales o puntuales. Aunque estos defectos puedan parecer pequeños, su repetición a lo largo de la cubierta incrementa significativamente las pérdidas energéticas.

Otro fallo habitual es la incorrecta colocación de la barrera de vapor. Su discontinuidad o su posición incorrecta dentro del paquete constructivo favorece la aparición de condensaciones intersticiales que degradan el aislamiento y reducen su eficacia térmica.

En cubiertas inclinadas, la obstrucción de la cámara ventilada es un problema recurrente. La acumulación de restos de obra o la incorrecta disposición del aislamiento impiden la circulación de aire, anulando el efecto de disipación térmica.

También es frecuente encontrar espesores de aislamiento inferiores a los previstos en proyecto, ya sea por sustitución de material o por compresión indebida durante la ejecución.

La falta de protección del aislamiento frente a condiciones climáticas adversas puede deteriorarlo antes de su cierre definitivo.

Estos errores, aunque puedan parecer puntuales, tienen consecuencias acumulativas en el consumo energético y en la durabilidad del sistema.

La prevención de estos fallos exige supervisión técnica constante y formación específica en criterios energéticos durante la ejecución de la cubierta.

5.2. Filtraciones y pérdidas energéticas

Las filtraciones en cubierta no solo representan un problema de estanqueidad frente al agua, sino que tienen un impacto directo en el comportamiento energético del edificio.

La presencia de humedad en el paquete constructivo altera las propiedades térmicas del aislamiento y puede incrementar la demanda energética.

Cuando el aislamiento absorbe agua, su conductividad térmica aumenta. Esto significa que pierde parte de su capacidad para reducir la transmisión de calor, generando mayores pérdidas en invierno y mayores ganancias térmicas en verano. Incluso pequeñas filtraciones repetidas pueden deteriorar progresivamente el rendimiento del sistema.

En cubiertas planas, los puntos más vulnerables suelen ser sumideros, encuentros con petos y juntas de dilatación. Una impermeabilización mal ejecutada o deteriorada permite la entrada de agua que puede acumularse en el interior del paquete constructivo.

En cubiertas inclinadas, las filtraciones pueden producirse en encuentros de tejas mal solapadas o en puntos de penetración de instalaciones. Estas filtraciones, además de dañar el aislamiento, pueden afectar a la estructura de soporte.

Desde el punto de vista energético, las filtraciones también favorecen infiltraciones de aire si existen discontinuidades asociadas. La combinación de humedad y paso de aire incrementa las pérdidas térmicas y reduce el confort interior.

El control de ejecución debe centrarse en garantizar la correcta colocación de la impermeabilización y en revisar cuidadosamente los puntos singulares.

La prevención de filtraciones no solo protege la estructura, sino que mantiene intactas las prestaciones térmicas del sistema. Una cubierta energéticamente eficiente depende de la estanqueidad completa frente al agua y al aire.

5.3. Reparaciones incorrectas

Las reparaciones en cubiertas, ya sea durante la fase de ejecución o en intervenciones posteriores de mantenimiento, pueden comprometer el comportamiento energético si no se realizan siguiendo criterios técnicos adecuados. Una intervención puntual mal resuelta puede generar pérdidas térmicas persistentes a lo largo de la vida útil del edificio.

En cubiertas planas, es habitual realizar reparaciones superficiales sobre la impermeabilización sin comprobar el estado del aislamiento subyacente. Si la filtración ha afectado al material aislante, limitarse a sellar la capa exterior no restaura la capacidad térmica original. El aislamiento húmedo debe sustituirse completamente para recuperar su eficacia.

Otro error frecuente es la perforación directa del paquete constructivo para instalar equipos técnicos sin prever soluciones de sellado térmico. Los soportes o anclajes mal tratados se convierten en puentes térmicos puntuales.

En cubiertas inclinadas, la sustitución parcial de tejas o piezas de cobertura sin revisar la ventilación de la cámara puede alterar el comportamiento térmico estival.

Las reparaciones improvisadas con materiales no compatibles con el sistema original también reducen la durabilidad y el rendimiento energético.

Desde el punto de vista práctico, toda reparación debe incluir la verificación de la continuidad del aislamiento y de la estanqueidad al aire y al vapor.

La eficiencia energética no solo depende de una correcta ejecución inicial, sino de intervenciones posteriores realizadas con el mismo rigor técnico. Mantener la integridad térmica del sistema durante las reparaciones es esencial para preservar el rendimiento energético global de la cubierta.

6. Experiencia Práctica y Buenas Prácticas

6.1. Casos reales de obra

La experiencia en obra confirma que muchas desviaciones energéticas en cubiertas se originan en pequeños defectos acumulados. Analizar casos reales permite comprender cómo detalles aparentemente secundarios pueden afectar al rendimiento térmico global.

En una cubierta plana tradicional, tras el primer año de uso se detectó un consumo energético superior al previsto en proyecto. Una inspección posterior reveló que el aislamiento bajo impermeabilización presentaba zonas comprimidas debido a cargas mal distribuidas durante la ejecución. Esta compresión redujo el espesor efectivo del aislamiento y, por tanto, su resistencia térmica.

En otro caso, una cubierta inclinada mostraba problemas de sobrecalentamiento en verano. La revisión técnica evidenció que la cámara ventilada estaba parcialmente bloqueada por restos de obra. La falta de ventilación impedía la disipación del calor acumulado bajo la cobertura.

También se han documentado situaciones en las que la barrera de vapor no se ejecutó de forma continua. La acumulación de humedad en el interior del paquete constructivo provocó condensaciones intersticiales y deterioro del aislamiento.

En cubiertas con instalaciones solares, se observaron puentes térmicos puntuales en soportes metálicos sin tratamiento de rotura térmica.

Estos ejemplos muestran que el comportamiento energético real depende directamente de la calidad de ejecución y del control en puntos singulares.

La revisión sistemática en obra y la detección temprana de defectos permiten corregir desviaciones antes de que generen impactos energéticos permanentes.

Los casos reales evidencian que la eficiencia energética en cubierta no es solo una cuestión de diseño, sino de ejecución precisa y supervisada.

6.2. Buenas prácticas

La correcta ejecución energética de la cubierta se basa en la aplicación sistemática de buenas prácticas constructivas.

Estas prácticas no requieren soluciones complejas, sino rigor técnico, planificación y seguimiento continuo.

Una buena práctica esencial es la verificación del soporte antes de colocar el aislamiento. Debe comprobarse la planeidad, limpieza y estabilidad del forjado o base estructural. Un soporte irregular puede generar discontinuidades térmicas o compresiones no deseadas del aislante.

La colocación del aislamiento debe realizarse con juntas ajustadas y sin huecos. En cubiertas planas, las placas deben disponerse a rompejuntas para evitar alineaciones continuas que favorezcan la transmisión térmica.

En encuentros con petos y elementos verticales, el aislamiento debe prolongarse adecuadamente para garantizar continuidad. El uso de piezas especiales o soluciones prefabricadas facilita esta transición.

Otra buena práctica es la correcta ejecución de la barrera de vapor, asegurando continuidad en solapes y evitando perforaciones innecesarias.

En cubiertas inclinadas, mantener libre la cámara ventilada y asegurar las aberturas de entrada y salida de aire mejora el comportamiento estival.

La protección temporal del aislamiento frente a lluvia o exposición prolongada al sol durante la ejecución también forma parte de las buenas prácticas.

La formación de operarios en criterios energéticos y la aplicación de checklist específicos refuerzan el control de calidad.

La eficiencia energética en cubierta se consolida cuando cada fase del proceso se ejecuta con atención al detalle y supervisión técnica constante.

7. Control, Clima y Condiciones de Ejecución

7.1. Control de ejecución

El control de ejecución en cubiertas debe abordarse como un proceso sistemático y continuo, no como una revisión final puntual. La calidad energética del sistema depende de la verificación detallada en cada fase constructiva.

Una primera etapa de control se realiza tras la colocación del aislamiento y antes de la ejecución de la impermeabilización o cobertura final. En este momento deben revisarse aspectos como la continuidad del aislamiento, el correcto ajuste entre placas, la ausencia de huecos y la correcta elevación en encuentros con petos.

La revisión de la barrera de vapor es igualmente crítica. Debe comprobarse que los solapes estén correctamente sellados y que no existan perforaciones no tratadas.

Durante la ejecución de la impermeabilización, el control debe centrarse en la correcta soldadura o adhesión de láminas, evitando puntos débiles que puedan generar filtraciones.

En cubiertas inclinadas, se debe verificar que la cámara ventilada permanezca libre de obstrucciones antes de colocar la cobertura definitiva.

El uso de registros fotográficos y actas de control permite documentar el proceso y asegurar trazabilidad en caso de futuras intervenciones.

En proyectos de mayor exigencia energética, pueden emplearse herramientas complementarias como inspección termográfica posterior o ensayos de estanqueidad.

El control de ejecución no solo evita defectos estructurales, sino que garantiza que el sistema térmico funcione conforme a lo previsto en proyecto.

Una cubierta energéticamente eficiente es el resultado de una supervisión técnica rigurosa en cada fase del proceso constructivo.

7.2. Influencia del clima

El clima es un factor determinante tanto en el diseño como en la ejecución energética de la cubierta. Las condiciones ambientales propias de cada zona influyen en el comportamiento térmico del sistema y deben considerarse desde la fase de planificación de obra.

En climas fríos, la prioridad es minimizar las pérdidas térmicas hacia el exterior. Esto implica garantizar espesores adecuados de aislamiento, continuidad térmica en encuentros y correcta disposición de la barrera de vapor para evitar condensaciones intersticiales.

En climas cálidos o con elevada radiación solar, la cubierta se convierte en un elemento crítico frente al sobrecalentamiento. La ventilación de cámaras, el uso de acabados claros con alto índice de reflexión solar y la correcta disipación del calor acumulado son aspectos esenciales.

Las variaciones térmicas diarias también influyen en la durabilidad del sistema. Dilataciones y contracciones repetidas pueden afectar a la impermeabilización si no se contemplan juntas adecuadas.

Durante la ejecución, las condiciones climáticas influyen directamente en la calidad del trabajo. Temperaturas extremas pueden afectar el fraguado de morteros o la adherencia de láminas impermeables.

Además, la humedad ambiental elevada durante la instalación del aislamiento puede reducir su rendimiento térmico inicial.

La planificación de la obra debe adaptarse al calendario climático local para evitar ejecutar fases críticas bajo condiciones adversas.

El clima no solo condiciona el diseño energético de la cubierta, sino también su correcta ejecución. Considerarlo adecuadamente mejora la estabilidad térmica y prolonga la vida útil del sistema.

7.3. Seguridad y eficiencia

La relación entre seguridad en obra y eficiencia energética en cubiertas es directa. Una ejecución segura permite trabajar con precisión, lo que repercute positivamente en la calidad térmica del sistema.

Las cubiertas, especialmente en trabajos en altura, exigen medidas de seguridad estrictas: líneas de vida, andamios correctamente instalados, protecciones colectivas y equipos individuales adecuados. Cuando estas condiciones no se cumplen, los operarios pueden verse obligados a adoptar posturas inestables o trabajar con rapidez excesiva, afectando a la correcta colocación del aislamiento o la impermeabilización.

En cubiertas inclinadas, la seguridad es aún más crítica. La inestabilidad durante la colocación de tejas o paneles puede provocar desplazamientos involuntarios del aislamiento o defectos en la ventilación de la cámara.

Además, una obra desorganizada incrementa el riesgo de daños accidentales en el aislamiento ya colocado. Golpes, perforaciones o desplazamientos no detectados reducen la eficacia térmica.

La seguridad también influye en la planificación de tiempos. Forzar la ejecución bajo condiciones climáticas adversas por cumplir plazos puede comprometer tanto la integridad física de los trabajadores como la calidad energética del sistema.

Una cubierta energéticamente eficiente requiere un entorno de trabajo seguro y controlado. La prevención de riesgos laborales y la calidad constructiva deben entenderse como objetivos complementarios.

Integrar seguridad y eficiencia en la planificación y ejecución mejora el resultado final y garantiza un comportamiento térmico acorde con lo proyectado.

8. Organización de Obra y Agentes Implicados

8.1. Papel del operario

El operario desempeña un papel decisivo en la correcta ejecución energética de la cubierta. Aunque el proyecto defina espesores, materiales y detalles constructivos, es el trabajo preciso del operario el que convierte esas especificaciones en realidad térmica efectiva.

En cubiertas, el operario debe comprender la importancia de mantener la continuidad del aislamiento y evitar interrupciones innecesarias. La colocación cuidadosa de placas, el ajuste correcto en encuentros y la verificación de juntas son acciones que dependen directamente de su nivel de atención y compromiso.

La manipulación adecuada del aislamiento es clave. Evitar compresiones indebidas, cortes imprecisos o daños por transporte contribuye a mantener la resistencia térmica prevista.

En la ejecución de barreras de vapor e impermeabilizaciones, el operario debe garantizar solapes correctos y sellados completos. La falta de continuidad en estas capas puede provocar condensaciones que deterioren el aislamiento.

Además, en cubiertas inclinadas, mantener libre la cámara ventilada es una responsabilidad directa del equipo de colocación.

La formación específica en eficiencia energética permite al operario entender el impacto real de cada detalle constructivo. Cuando existe conciencia térmica, se reduce significativamente la probabilidad de errores.

El papel del operario no es solo ejecutar tareas, sino preservar la integridad térmica del sistema en cada fase del proceso.

La calidad energética de la cubierta depende en gran medida de la precisión y profesionalidad del equipo de ejecución.

8.2. Coordinación con otros oficios

La cubierta, al igual que la fachada, es un elemento donde confluyen múltiples oficios: estructura, impermeabilización, aislamiento, instalaciones eléctricas, climatización, energía solar, entre otros.

La falta de coordinación entre estos equipos puede generar interferencias que afecten directamente al rendimiento energético.

Uno de los problemas más frecuentes surge cuando se instalan equipos sobre cubierta una vez finalizado el aislamiento y la impermeabilización. Perforaciones para soportes o anclajes sin tratamiento térmico adecuado generan puentes térmicos puntuales y posibles vías de filtración.

La planificación previa de pasos de instalaciones es esencial. Si no se definen puntos específicos antes de ejecutar el aislamiento, las intervenciones posteriores pueden interrumpir la continuidad térmica.

En cubiertas con instalaciones solares, debe garantizarse que los soportes no comprometan la estanqueidad ni el aislamiento. La coordinación entre instaladores solares y el equipo de impermeabilización resulta clave.

Además, los trabajos en cubierta suelen solaparse en el tiempo. Una ejecución desordenada puede provocar daños en el aislamiento ya colocado.

La coordinación debe establecerse mediante reuniones técnicas previas y planificación detallada de la secuencia de trabajos.

La eficiencia energética en cubierta depende tanto de la calidad individual de cada intervención como de la correcta integración entre todas ellas.

Una gestión coordinada evita conflictos constructivos y preserva la integridad térmica del sistema.

8.3. Checklist de ejecución

La implementación de un checklist específico para la ejecución energética de cubiertas permite estructurar el control de calidad y reducir la probabilidad de errores en puntos críticos. Esta herramienta facilita la supervisión sistemática y mejora la coherencia entre el proyecto y la realidad constructiva.

Un checklist de cubierta debe incluir, entre otros, los siguientes aspectos:

- ⇨ Verificación del soporte antes de colocar el aislamiento: planeidad, limpieza y estabilidad.

- ⇨ Comprobación del tipo y espesor de aislamiento conforme a proyecto.
- ⇨ Revisión de la disposición trabada de placas y ausencia de huecos.
- ⇨ Control de continuidad en encuentros con petos, lucernarios y elementos verticales.
- ⇨ Verificación de correcta colocación y sellado de barrera de vapor.
- ⇨ Comprobación de la impermeabilización antes de su protección.
- ⇨ Revisión de pendientes y correcta evacuación de aguas.
- ⇨ Inspección de ventilación en cámaras bajo cubierta inclinada.
- ⇨ Control de sellado en pasos de instalaciones y anclajes.
- ⇨ Protección del aislamiento frente a condiciones climáticas adversas.

El checklist debe aplicarse en momentos intermedios de la ejecución, no solo al finalizar la cubierta. La detección temprana de defectos permite correcciones inmediatas con menor coste.

Además, documentar cada revisión mediante actas o registros fotográficos mejora la trazabilidad y la transparencia del proceso constructivo.

La eficiencia energética en cubierta se refuerza cuando el control se convierte en un procedimiento sistemático y no en una actuación puntual.

El uso disciplinado de checklist específicos mejora la calidad final y reduce desviaciones energéticas futuras.

9. Impacto Energético y Confort

9.1. Impacto en consumo energético

La cubierta tiene una influencia directa en el consumo energético anual del edificio. Al ser uno de los planos con mayor exposición térmica, su correcta ejecución reduce significativamente las pérdidas y ganancias de calor no deseadas.

En invierno, una cubierta con aislamiento continuo y correctamente ejecutado limita la pérdida de calor por convección natural ascendente. Si existen discontinuidades o puentes térmicos, el sistema de calefacción debe compensar constantemente estas pérdidas, incrementando el consumo de energía primaria.

En verano, la radiación solar directa sobre la cubierta puede elevar considerablemente la temperatura superficial. Sin aislamiento adecuado o sin ventilación en sistemas inclinados, la carga térmica interior aumenta y se incrementa el uso de sistemas de refrigeración.

Estudios técnicos demuestran que una mejora adecuada en el aislamiento de cubierta puede reducir entre un 10% y un 25% el consumo energético total del edificio, dependiendo del clima y del estado inicial.

Además, el impacto no es solo cuantitativo, sino cualitativo. Una cubierta bien ejecutada mejora la estabilidad térmica interior, reduce la necesidad de climatización intermitente y favorece un funcionamiento más eficiente de los equipos.

Desde el punto de vista económico, esta reducción de consumo se traduce en ahorro en facturas energéticas y menor emisión de gases de efecto invernadero.

El comportamiento energético real de la cubierta es determinante en la eficiencia global del edificio. Su correcta ejecución constituye una inversión directa en reducción de consumo y sostenibilidad a largo plazo.

9.2. Impacto en confort

La calidad de ejecución de la cubierta no solo influye en el consumo energético, sino también en el confort térmico interior. Una envolvente superior correctamente aislada y estanca mejora la estabilidad de temperatura y reduce la sensación de incomodidad asociada a variaciones térmicas bruscas.

En invierno, una cubierta bien ejecutada evita descensos de temperatura en las zonas superiores de las estancias. La ausencia de puentes térmicos reduce el riesgo de superficies frías que pueden generar corrientes de aire descendente o condensaciones superficiales.

En verano, la correcta ventilación de cámaras en cubiertas inclinadas o el uso de acabados reflectantes en cubiertas planas disminuyen el sobrecalentamiento interior. Esto reduce la dependencia de sistemas de refrigeración y mejora el bienestar térmico.

Además, la correcta estanqueidad al aire evita infiltraciones que generan corrientes no controladas, responsables de incomodidad y variaciones de temperatura.

La estabilidad térmica proporcionada por una cubierta energéticamente eficiente mejora la calidad del ambiente interior y contribuye al bienestar de los ocupantes.

Desde el punto de vista de habitabilidad, el confort no es solo una cuestión de temperatura media, sino de uniformidad térmica y ausencia de corrientes o condensaciones.

Una ejecución precisa de la cubierta influye directamente en la percepción de calidad del edificio y en la satisfacción de sus usuarios.

RESUMEN

La cubierta constituye uno de los elementos más determinantes en el comportamiento energético del edificio, al tratarse del plano más expuesto a las condiciones climáticas extremas. Desde el punto de vista térmico, su función principal consiste en limitar las pérdidas de calor durante el invierno y reducir las ganancias térmicas provocadas por la radiación solar en verano.

Debido a su posición horizontal o inclinada y a su exposición directa al sol, puede alcanzar temperaturas muy superiores a las del ambiente exterior, incrementando notablemente la carga térmica interior si no está correctamente aislada.

En invierno, el aire caliente interior asciende por convección natural y tiende a acumularse en la parte superior del edificio. Si la cubierta presenta deficiencias de aislamiento o discontinuidades en el plano térmico, las pérdidas energéticas pueden ser muy significativas, llegando a representar un porcentaje elevado del total del edificio.

La cubierta debe entenderse como un sistema térmico integral en el que intervienen el aislamiento continuo, el control de humedad mediante barreras de vapor e impermeabilización, y la estanqueidad al aire. La interacción adecuada de estos elementos garantiza estabilidad térmica, reducción del consumo energético y mejora del confort interior.

Las cubiertas pueden clasificarse principalmente en planas e inclinadas, cada una con características energéticas específicas. En las cubiertas planas se distinguen sistemas tradicionales, invertidos y ajardinados.

En las tradicionales, el aislamiento se sitúa bajo la impermeabilización, mientras que en las invertidas se coloca por encima, protegiendo la lámina impermeable de las variaciones térmicas y mejorando su durabilidad. Las cubiertas ajardinadas añaden una capa vegetal que actúa como regulador térmico natural, especialmente eficaz en verano.

Las cubiertas inclinadas, frecuentes en edificaciones residenciales, pueden disponer el aislamiento bajo el forjado, entre rastreles o bajo la cobertura. Su comportamiento térmico depende en gran medida de la ventilación de la cámara bajo teja, que permite evacuar el calor acumulado y reducir el sobrecalentamiento estival.

En todos los casos, la continuidad del aislamiento y la correcta resolución de encuentros resultan esenciales para evitar puentes térmicos.

En las cubiertas planas, el aislamiento desempeña un papel crítico debido a la elevada exposición solar. Su disposición y continuidad determinan la transmitancia térmica del conjunto. En sistemas convencionales, el aislamiento debe protegerse adecuadamente frente a humedad y cargas mecánicas. En cubiertas invertidas, el aislamiento debe ser resistente a la absorción de agua y permitir la correcta evacuación de aguas.

Errores frecuentes como la discontinuidad en puntos singulares, la reducción injustificada del espesor previsto o la incorrecta colocación de la barrera de vapor pueden comprometer gravemente el rendimiento energético. La ejecución requiere control detallado en cada capa para asegurar estanqueidad, resistencia térmica y durabilidad.

Las cubiertas inclinadas presentan un comportamiento térmico condicionado por su geometría, orientación y configuración constructiva. Cuando el espacio bajo cubierta está climatizado, el aislamiento debe integrarse plenamente en la envolvente térmica. La ventilación de la cámara bajo teja es un elemento esencial, ya que permite disipar el calor acumulado en verano.

La colocación discontinua del aislamiento o la obstrucción de la cámara ventilada son errores habituales que reducen la eficacia energética. Asimismo, el tratamiento adecuado de encuentros con fachadas y cumbreras garantiza continuidad térmica y estanqueidad.

La continuidad del aislamiento es un principio fundamental. Cualquier interrupción genera un puente térmico que afecta al rendimiento global del edificio.

En cubiertas planas, debe garantizarse en perímetros y puntos singulares; en inclinadas, entre vigas y cambios de plano. La integración con el aislamiento de fachada resulta igualmente determinante. La revisión antes del cierre definitivo es imprescindible, ya que las correcciones posteriores son complejas.

En cubiertas planas tradicionales, el aislamiento bajo la impermeabilización exige precisión en su colocación y protección frente a humedad. Perforaciones accidentales o acumulaciones de agua pueden reducir su eficacia térmica.

La correcta disposición de la barrera de vapor en el lado interior es esencial para evitar condensaciones. La coordinación entre equipos y el control previo al cierre garantizan un rendimiento energético adecuado.

El aislamiento sobre forjado, frecuente en rehabilitación, permite integrar la inercia térmica del elemento estructural dentro de la envolvente. No obstante, requiere especial atención en juntas, alineación y encuentros perimetrales. La compresión del material o la falta de continuidad generan pérdidas térmicas significativas. La revisión antes de ejecutar capas superiores es clave para asegurar la integridad del plano aislante.

La barrera de vapor evita la migración de humedad hacia zonas frías del cerramiento donde pueda producirse condensación. Su colocación en el lado cálido del aislamiento es esencial. Discontinuidades, perforaciones o inversiones de posición alteran el comportamiento higrotérmico y pueden deteriorar el aislamiento. Su correcta ejecución mantiene la eficacia térmica a largo plazo.

La ventilación de cámaras, especialmente en cubiertas inclinadas, permite regular la acumulación de calor y evitar condensaciones. El flujo de aire desde el alero hasta la cumbrera disipa el calor estival. La obstrucción de la cámara anula este efecto. Una ventilación correctamente dimensionada constituye un recurso pasivo de alto valor energético.

El encuentro cubierta-fachada es un punto crítico donde deben integrarse aislamiento, impermeabilización y estructura. La interrupción del plano aislante en el arranque del peto o en cambios de plano genera puentes térmicos lineales. La continuidad térmica y la estanqueidad deben verificarse antes del cierre definitivo.

Chimeneas, lucernarios, sumideros y soportes de instalaciones representan focos potenciales de discontinuidad térmica. Su correcta resolución exige adaptación del aislamiento a la geometría específica y tratamiento cuidadoso de sellados. La calidad energética del sistema depende en gran medida de la atención prestada a estos detalles.

Entre los errores recurrentes se encuentran la discontinuidad del aislamiento, la incorrecta colocación de la barrera de vapor, la obstrucción de cámaras ventiladas y la reducción de espesores previstos.

Estos fallos, aunque puntuales, tienen efectos acumulativos en el consumo energético y en la durabilidad.

La humedad en el aislamiento incrementa su conductividad térmica y reduce su eficacia. Las filtraciones en puntos vulnerables afectan tanto al rendimiento energético como a la estructura. La estanqueidad frente al agua y al aire es condición indispensable para mantener las prestaciones térmicas.

Las intervenciones posteriores deben respetar la integridad térmica del sistema. Reparaciones superficiales sin sustituir aislamiento dañado o perforaciones sin tratamiento adecuado generan pérdidas energéticas persistentes. Toda reparación debe verificar continuidad y estanqueidad.

Los casos prácticos demuestran que pequeños defectos acumulados, como compresiones del aislamiento o bloqueos de ventilación, pueden provocar desviaciones significativas en el consumo energético. La experiencia confirma que la calidad de ejecución es determinante.

La aplicación de buenas prácticas incluye verificación del soporte, colocación ajustada del aislamiento, correcta ejecución de barreras de vapor, protección temporal y formación de operarios. La atención al detalle y la planificación son claves para garantizar eficiencia.

El control debe realizarse en fases intermedias, verificando continuidad del aislamiento, sellado de barreras y correcta impermeabilización. La documentación y, en su caso, el uso de herramientas como termografía refuerzan la garantía de calidad energética.

El clima condiciona tanto el diseño como la ejecución. En climas fríos se prioriza la reducción de pérdidas y el control de condensaciones; en climas cálidos, la ventilación y la reflexión solar. La planificación de obra debe adaptarse a las condiciones ambientales.

Un entorno seguro permite una ejecución precisa. La falta de medidas de seguridad puede derivar en trabajos apresurados o defectuosos que comprometan la calidad térmica. Seguridad y eficiencia son objetivos complementarios.

El operario es clave en la materialización del comportamiento energético previsto. Su formación y conciencia térmica reducen errores y garantizan continuidad y precisión en cada detalle constructivo.

La coordinación entre estructura, impermeabilización e instalaciones evita perforaciones y discontinuidades posteriores. La planificación conjunta preserva la integridad térmica del sistema.

El uso de checklist sistemáticos facilita el control de calidad, permitiendo verificar espesores, continuidad, ventilación y estanqueidad en momentos intermedios de la ejecución. La detección temprana de defectos reduce costes y desviaciones.

Una cubierta bien ejecutada puede reducir significativamente el consumo energético anual, disminuyendo la demanda de calefacción y refrigeración. La mejora puede alcanzar porcentajes relevantes dependiendo del clima y del estado inicial.

La correcta ejecución mejora la estabilidad térmica, reduce corrientes de aire y evita superficies frías o sobrecalentamientos. El confort interior depende en gran medida de la calidad térmica de la cubierta.

La eficiencia energética en la ejecución de cubiertas no depende únicamente del diseño, sino de la precisión constructiva, la continuidad del aislamiento, la correcta gestión del vapor y la ventilación, el control en puntos singulares y la coordinación entre oficios. La cubierta debe entenderse como un sistema integral cuya correcta ejecución influye directamente en el consumo energético, la durabilidad del edificio y el confort de los usuarios.

AUTOEVALUACIÓN

1. ¿Cuál es la función térmica principal de la cubierta en invierno?
   - A. Permitir la ventilación del aire interior
   - B. Incrementar la radiación solar en el interior
   - C. Limitar las pérdidas de calor hacia el exterior
   - D. Reducir el peso estructural del edificio

2. En una cubierta invertida, el aislamiento térmico se coloca:
   - A. Bajo el forjado
   - B. Sobre la impermeabilización
   - C. Entre las vigas estructurales
   - D. Bajo la barrera de vapor

3. ¿Qué material se utiliza habitualmente como aislamiento en cubiertas invertidas por su resistencia al agua?
   - A. Lana mineral
   - B. Fibra de vidrio
   - C. Poliestireno extruido (XPS)
   - D. Corcho natural

4. ¿Cuál es uno de los errores más frecuentes en la ejecución del aislamiento en cubierta?
   - A. Exceso de espesor del aislamiento
   - B. Colocación en varias capas
   - C. Discontinuidad en puntos singulares
   - D. Uso de materiales certificados

5. La barrera de vapor debe colocarse generalmente:
   - A. En la cara exterior del aislamiento
   - B. En el lado cálido del aislamiento
   - C. Encima de la cobertura final
   - D. En el centro del paquete constructivo

6. ¿Qué función cumple la cámara ventilada en una cubierta inclinada?

A. Aumentar el peso de la cubierta
B. Reducir la transmisión acústica
C. Evacuar el calor acumulado en verano
D. Sustituir el aislamiento térmico

7. ¿Qué puede ocurrir si el aislamiento absorbe agua debido a filtraciones?

A. Mejora su capacidad térmica
B. Aumenta su resistencia estructural
C. Disminuye su conductividad térmica
D. Aumenta su conductividad térmica y pierde eficacia

8. ¿Por qué es importante garantizar la continuidad del aislamiento en encuentros con fachada?

A. Para mejorar únicamente la estética
B. Para evitar puentes térmicos lineales
C. Para facilitar la pintura exterior
D. Para reducir el espesor del peto

9. Según estudios técnicos, una mejora adecuada del aislamiento en cubierta puede reducir el consumo energético total del edificio en un porcentaje aproximado de:

A. 2% – 5%
B. 5% – 8%
C. 10% – 25%
D. 30% – 40%

10. ¿Cuál es un factor clave para garantizar la eficiencia energética real de la cubierta durante la ejecución?

A. Reducir el número de operarios
B. Eliminar la ventilación
C. Supervisión técnica rigurosa en cada fase
D. Ejecutar la obra en el menor tiempo posible

UNIDAD

3.3. La Eficiencia Energética en la Ejecución de Particiones Interiores y Medianerías

Contenido de la Unidad

- Fundamentos Energéticos de Particiones y Medianeras
- Aislamiento y Continuidad Térmica Interior
- Errores, Malas Prácticas y Consecuencias Energéticas
- Casuística y Coordinación en Obra
- Impacto Energético y Mejora Continua
- Resumen
- Autoevaluación

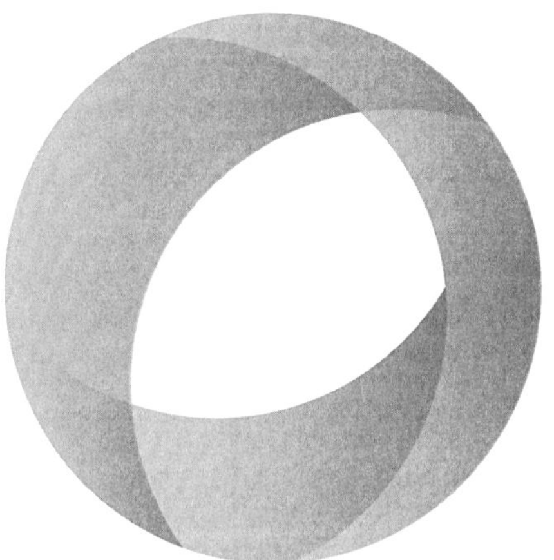

1. Fundamentos Energéticos de Particiones y Medianeras

1.1. Función energética de las particiones

Aunque las particiones interiores no delimitan directamente el exterior, su función energética dentro del edificio es relevante. Actúan como elementos de separación entre espacios con diferentes condiciones térmicas y contribuyen a la estabilidad del ambiente interior.

Desde el punto de vista energético, las particiones interiores regulan la transferencia de calor entre estancias climatizadas y no climatizadas. Por ejemplo, el tabique que separa una vivienda de un garaje, un trastero o una caja de escaleras actúa como cerramiento térmico interno. Si no está correctamente aislado, puede generar pérdidas energéticas significativas.

En edificios residenciales, las particiones también influyen en la inercia térmica interior. Su masa y composición afectan a la capacidad del edificio para amortiguar cambios de temperatura, mejorando el confort y reduciendo la necesidad de climatización intermitente.

Además, en medianerías entre viviendas, el comportamiento térmico puede verse afectado si existe diferencia de temperatura entre unidades habitacionales. Aunque en muchos casos se considera un elemento adiabático, la realidad es que pueden existir intercambios térmicos si una de las viviendas no está climatizada.

Otro aspecto importante es la continuidad del aislamiento interior cuando se trata de trasdosados térmicos en rehabilitación. Si las particiones no se coordinan con la envolvente principal, pueden aparecer puentes térmicos ocultos en encuentros con fachada o forjados.

En términos energéticos, las particiones deben entenderse como parte del sistema térmico global del edificio. Su correcta ejecución contribuye a mantener la estabilidad térmica interior y a evitar pérdidas energéticas indirectas.

La eficiencia energética no se limita a la envolvente exterior. Las particiones interiores y medianerías, cuando separan espacios con distintas condiciones térmicas, cumplen una función clave en el rendimiento global del edificio.

1.2. Diferencia entre partición y cerramiento

Desde el punto de vista constructivo y energético, es fundamental distinguir entre partición interior y cerramiento. Aunque ambos elementos separan espacios, su función térmica y su exigencia normativa son diferentes.

Un cerramiento es el elemento que delimita el edificio respecto al exterior o frente a espacios no climatizados. Forma parte de la envolvente térmica y está sujeto a los requisitos de transmitancia térmica establecidos por la normativa vigente, como el Documento Básico HE del CTE. Su comportamiento energético tiene impacto directo en el consumo de energía primaria del edificio.

Por el contrario, una partición interior separa espacios que, en condiciones normales, comparten el mismo régimen térmico. No forma parte de la envolvente térmica en sentido estricto, salvo cuando divide una zona climatizada de otra que no lo está.

Sin embargo, en la práctica, muchas particiones actúan como cerramientos internos frente a espacios de distinta condición térmica: trasteros, garajes, cajas de escalera o locales no calefactados. En estos casos, su función energética se asemeja a la de un cerramiento y requiere tratamiento específico.

En obra, uno de los errores frecuentes es no diferenciar correctamente estos casos. Instalar una partición simple sin aislamiento cuando separa un espacio climatizado de otro no climatizado genera pérdidas térmicas indirectas.

Desde el punto de vista energético, la clasificación funcional debe primar sobre la clasificación constructiva. Una partición puede convertirse en elemento crítico si existe diferencia térmica entre los espacios que separa.

La correcta identificación de estos casos durante la ejecución permite incorporar aislamiento térmico donde sea necesario y evitar pérdidas energéticas no previstas en proyecto.

Diferenciar claramente partición y cerramiento es esencial para garantizar coherencia en la envolvente térmica global del edificio.

Partición Interior vs. Cerramiento

Característica	Partición Interior	Cerramiento
Función	Separa espacios con el mismo régimen térmico	Delimita el edificio del exterior
Envolvente Térmica	No forma parte estricta	Forma parte de la envolvente
Requisitos Normativos	No sujeto a transmitancia térmica	Sujeto a transmitancia térmica
Impacto Energético	Impacto indirecto en el consumo	Impacto directo en el consumo
Tratamiento Especial	Requiere tratamiento si separa condiciones térmicas diferentes	No requiere tratamiento especial
Clasificación	Clasificación constructiva	Clasificación funcional

1.3. Medianerías y pérdidas térmicas

Las medianerías son elementos verticales que separan unidades edificatorias contiguas, normalmente viviendas. Desde el punto de vista energético, tradicionalmente se han considerado elementos adiabáticos, es decir, sin intercambio térmico relevante. Sin embargo, esta consideración teórica no siempre se cumple en la práctica.

En situaciones donde ambas viviendas están habitadas y climatizadas de forma similar, la transferencia térmica es reducida. No obstante, cuando una de las unidades permanece desocupada o no climatizada, pueden producirse pérdidas energéticas a través de la medianería.

Este fenómeno es especialmente relevante en edificios de viviendas donde existen pisos vacíos durante largos periodos. La vivienda climatizada pierde calor hacia la vivienda no climatizada, incrementando la demanda energética.

En obra, uno de los problemas más habituales es la falta de continuidad del aislamiento en medianerías que intersectan con fachada o cubierta. Si no se resuelven correctamente estos encuentros, pueden generarse puentes térmicos ocultos.

Medianerías: El Puente Térmico Invisible

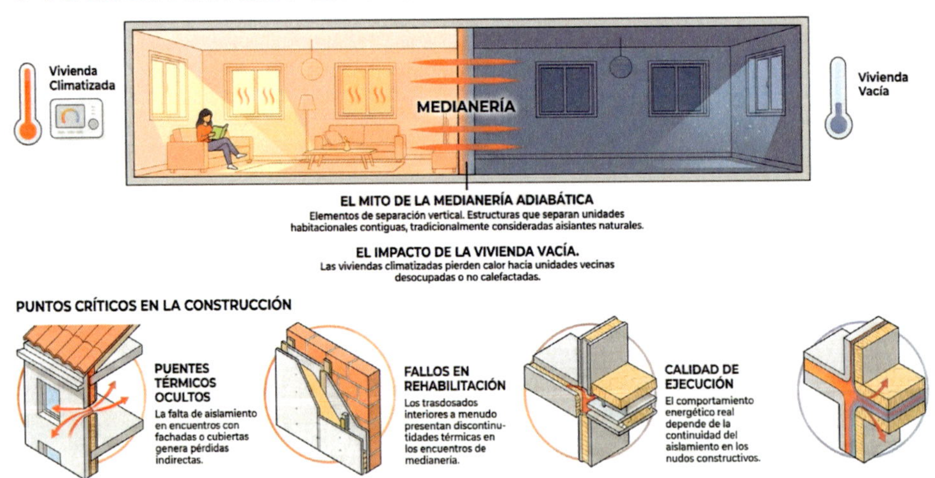

Además, en sistemas de trasdosado interior en rehabilitación, es frecuente que el aislamiento no se prolongue adecuadamente en la medianería, generando discontinuidades térmicas.

Aunque normativamente no siempre se exige aislamiento específico en medianerías interiores, desde el punto de vista energético su tratamiento puede mejorar el comportamiento térmico en determinadas circunstancias.

La correcta ejecución de encuentros entre medianería y otros elementos de la envolvente es clave para evitar pérdidas indirectas.

Las medianerías no deben considerarse automáticamente neutras desde el punto de vista energético. Su comportamiento depende del uso real de las unidades que separan y de la calidad de ejecución en sus encuentros constructivos.

2. Aislamiento y Continuidad Térmica Interior

2.1. Aislamiento acústico y térmico

En particiones interiores y medianerías, el aislamiento suele asociarse principalmente al confort acústico. Sin embargo, existe una relación directa entre aislamiento acústico y térmico que debe considerarse durante la ejecución.

Muchos materiales aislantes, como lanas minerales o paneles fibrosos, presentan tanto propiedades acústicas como térmicas. Su correcta instalación mejora simultáneamente el confort sonoro y la estabilidad térmica entre espacios.

Desde el punto de vista energético, cuando una partición separa zonas con distinta temperatura, la incorporación de aislamiento térmico reduce la transferencia de calor. En espacios como cajas de escalera, garajes o trasteros, el aislamiento térmico en particiones internas puede evitar pérdidas indirectas.

Uno de los errores más habituales en obra es la colocación incompleta del aislamiento en trasdosados o tabiques de entramado ligero. Si el material no rellena completamente la cavidad, se generan cámaras de aire no controladas que afectan tanto al aislamiento acústico como al térmico.

La continuidad del aislamiento en encuentros con fachada o forjados también es determinante. Si el aislamiento acústico no se coordina con el aislamiento térmico general, pueden aparecer puentes térmicos ocultos.

Además, la correcta estanqueidad de juntas influye en ambos comportamientos. Las infiltraciones de aire reducen el aislamiento térmico y pueden transmitir ruido.

La coordinación entre criterios acústicos y térmicos mejora el rendimiento global del edificio. Aunque la normativa pueda centrarse en aspectos específicos, la ejecución debe abordar ambas funciones de forma integrada.

Un aislamiento correctamente ejecutado en particiones interiores contribuye tanto al confort como a la eficiencia energética del conjunto.

Aislamiento Dual: Confort Acústico y Eficiencia Térmica

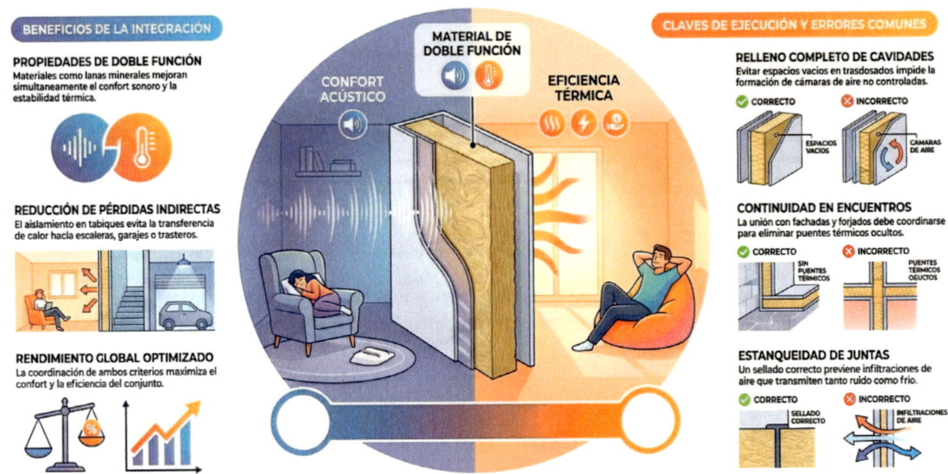

2.2. Continuidad del aislamiento interior

La continuidad del aislamiento en particiones interiores y medianerías es un aspecto frecuentemente subestimado en obra. Aunque no formen parte directa de la envolvente exterior, estas divisiones pueden convertirse en puntos críticos cuando separan espacios con diferente condición térmica.

En rehabilitaciones con trasdosado interior, el aislamiento debe formar un plano continuo que conecte adecuadamente con el aislamiento de fachada y cubierta. Uno de los errores más habituales es interrumpir el aislamiento al llegar a encuentros con forjados o tabiques transversales, generando puentes térmicos ocultos.

En sistemas de entramado ligero con aislamiento en su interior, es fundamental que el material aislante rellene completamente la cavidad sin huecos ni zonas comprimidas. Las discontinuidades reducen la resistencia térmica efectiva.

Otro punto sensible es el encuentro entre particiones y elementos estructurales. Si no se resuelve adecuadamente la continuidad en pilares o vigas, se generan zonas de transmisión térmica no previstas.

En medianerías, cuando se opta por incorporar aislamiento térmico adicional, este debe ejecutarse de forma homogénea y coordinada con el resto de la envolvente.

La ejecución cuidadosa y la revisión visual antes del cierre definitivo del trasdosado son esenciales para detectar posibles interrupciones.

Desde el punto de vista energético, la continuidad del aislamiento interior evita pérdidas indirectas y mejora la estabilidad térmica entre estancias.

Aunque su impacto pueda parecer menor que el de la fachada o cubierta, la suma de pequeñas discontinuidades en particiones interiores puede afectar al consumo global.

La eficiencia energética requiere coherencia en todos los planos térmicos del edificio, incluidos los interiores.

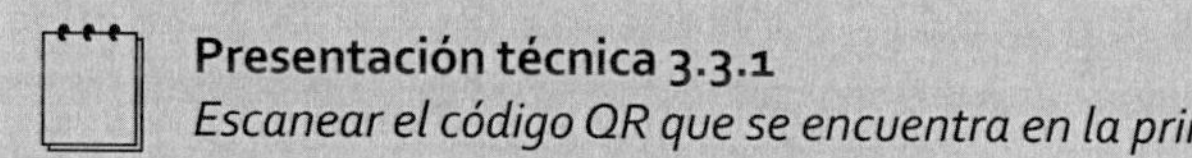

Presentación técnica 3.3.1
Escanear el código QR que se encuentra en la primera página.

2.3. Encuentros con fachadas y forjados

Los encuentros entre particiones interiores, fachadas y forjados constituyen puntos singulares de elevada sensibilidad térmica. En estas zonas convergen distintos planos constructivos, y cualquier falta de continuidad puede generar puentes térmicos ocultos.

Cuando una partición interior se une a una fachada aislada, es fundamental garantizar que el aislamiento térmico del cerramiento exterior no se vea interrumpido. Un error frecuente es apoyar directamente la partición contra el cerramiento sin prever continuidad o tratamiento específico, generando una interrupción en el plano aislante.

En rehabilitaciones con trasdosado interior, el encuentro entre el aislamiento del trasdosado y el aislamiento de fachada debe resolverse mediante solapes o piezas específicas que mantengan la continuidad térmica.

Los encuentros con forjados también requieren atención. Si el aislamiento interior no se prolonga correctamente hasta el encuentro con el forjado superior o inferior, pueden producirse pérdidas térmicas lineales.

Además, en particiones que separan zonas climatizadas de espacios no climatizados, el encuentro con fachada debe tratarse como elemento térmico crítico.

La ejecución debe prever detalles constructivos claros para estos puntos, evitando improvisaciones en obra.

La inspección visual antes del cierre definitivo permite detectar discontinuidades y corregirlas a tiempo.

Desde el punto de vista energético, los encuentros mal resueltos pueden generar pérdidas repetitivas en todo el perímetro interior del edificio.

La eficiencia energética exige prestar atención no solo a los grandes planos aislantes, sino también a los pequeños encuentros que garantizan la continuidad térmica global.

2.4. Puentes térmicos ocultos

En particiones interiores y medianerías, los puentes térmicos suelen ser menos visibles que en fachada o cubierta, pero su impacto puede ser significativo cuando separan espacios con distinta condición térmica. Estos puentes térmicos ocultos se generan principalmente por interrupciones del aislamiento o por la presencia de elementos estructurales con elevada conductividad térmica.

Uno de los casos más habituales se produce en encuentros entre trasdosados aislados y pilares de hormigón. Si el aislamiento no cubre completamente el elemento estructural, se genera una zona de transmisión térmica puntual que puede provocar descensos locales de temperatura superficial.

También son frecuentes los puentes térmicos en encuentros con cajas de persianas, huecos técnicos o pasos de instalaciones que atraviesan particiones interiores. Si estas perforaciones no se sellan correctamente, permiten la circulación de aire entre espacios con distinta temperatura.

En medianerías, el puente térmico puede aparecer cuando una vivienda está climatizada y la contigua no. Aunque el muro medianero no forme parte de la envolvente exterior, el diferencial térmico genera flujo de calor.

Estos puentes térmicos ocultos no siempre se detectan fácilmente. A menudo solo se evidencian mediante termografías o cuando aparecen condensaciones superficiales en zonas aparentemente interiores.

Desde el punto de vista energético, su efecto es acumulativo. Aunque individualmente puedan parecer irrelevantes, la repetición sistemática de pequeños puentes térmicos reduce la eficiencia global.

La correcta ejecución y la revisión específica de estos puntos permiten minimizar su impacto y mejorar la estabilidad térmica interior del edificio.

3. Errores, Malas Prácticas y Consecuencias Energéticas

3.1. Errores habituales

En la ejecución de particiones interiores y medianerías, los errores más frecuentes suelen estar relacionados con la falta de atención a la continuidad térmica y al aislamiento en puntos singulares. Aunque estos elementos no siempre forman parte directa de la envolvente exterior, su mala ejecución puede afectar al comportamiento energético global.

Uno de los errores habituales es no incorporar aislamiento térmico en particiones que separan espacios climatizados de zonas no climatizadas, como trasteros o cajas de escalera. Esta omisión genera pérdidas energéticas indirectas.

En sistemas de trasdosado con aislamiento, es frecuente encontrar cavidades parcialmente rellenas o con huecos. Estas discontinuidades reducen la resistencia térmica efectiva del conjunto.

Otro fallo común es la ejecución deficiente en encuentros con fachada. Si el aislamiento interior no conecta adecuadamente con el aislamiento del cerramiento exterior, se genera un puente térmico oculto.

Las perforaciones para instalaciones eléctricas o de fontanería que no se sellan correctamente constituyen otro punto débil. Estas aberturas permiten infiltraciones de aire entre espacios.

También se observa falta de coordinación cuando los tabiques se apoyan directamente sobre elementos estructurales sin prever continuidad térmica.

Desde el punto de vista energético, estos errores no siempre se perciben de inmediato, pero contribuyen a un aumento progresivo del consumo.

La prevención de errores en particiones interiores requiere supervisión específica y comprensión de su papel en el sistema térmico global del edificio.

3.2. Malas prácticas frecuentes

Más allá de los errores puntuales, existen malas prácticas reiteradas en la ejecución de particiones interiores que afectan indirectamente a la eficiencia energética del edificio. Estas prácticas suelen estar asociadas a improvisaciones, falta de planificación o desconocimiento del impacto térmico.

Una de las malas prácticas más comunes es eliminar el aislamiento previsto en proyecto cuando se considera innecesario por tratarse de una partición interior. Esta decisión, aparentemente inofensiva, puede generar pérdidas energéticas cuando la partición separa espacios con diferente régimen térmico.

Otra práctica frecuente es comprimir excesivamente el aislamiento dentro de los entramados ligeros. La reducción del espesor efectivo disminuye la resistencia térmica del sistema.

También es habitual no reparar cortes realizados en el aislamiento para el paso de instalaciones. Estas perforaciones se convierten en puntos de infiltración o transmisión térmica.

La falta de sellado en juntas entre placas de yeso o en encuentros con forjados es otra práctica que afecta a la estanqueidad interior.

En medianerías, no prever soluciones cuando una vivienda puede permanecer sin climatización es otra omisión frecuente.

Estas malas prácticas suelen justificarse por razones de tiempo o coste, pero su impacto energético es acumulativo y permanente.

La mejora en la cultura constructiva y la formación específica en eficiencia energética permiten reducir significativamente estas desviaciones.

Evitar malas prácticas en particiones interiores contribuye a consolidar la estabilidad térmica del edificio y a mantener el rendimiento energético previsto.

3.3. Consecuencias reales

Las deficiencias en la ejecución de particiones interiores y medianerías pueden parecer secundarias frente a los grandes planos de fachada o cubierta, pero sus consecuencias energéticas son reales y acumulativas.

Cuando una partición separa un espacio climatizado de otro no climatizado sin aislamiento adecuado, se produce una transferencia térmica constante. Esta pérdida indirecta obliga al sistema de climatización a trabajar más tiempo para mantener la temperatura deseada.

Además, los puentes térmicos ocultos en encuentros con fachada o forjados pueden provocar descensos locales de temperatura superficial. Esto favorece la aparición de condensaciones y manchas de moho en zonas interiores que, en principio, no deberían verse afectadas.

Desde el punto de vista del confort, las diferencias de temperatura entre estancias generan sensación de frío o calor desigual, afectando a la percepción de calidad del edificio.

En edificios plurifamiliares, las medianerías mal resueltas pueden provocar pérdidas energéticas entre viviendas con distinto nivel de climatización.

Aunque el impacto individual de cada partición pueda ser menor que el de la envolvente exterior, la suma de múltiples deficiencias incrementa el consumo energético global.

Las consecuencias no siempre son inmediatas, pero se reflejan en facturas más elevadas, mayor desgaste de equipos de climatización y pérdida de confort.

La eficiencia energética debe abordarse de manera integral, considerando también los elementos interiores que influyen en la estabilidad térmica del edificio.

4. Casuística y Coordinación en Obra

4.1. Casos de obra

El análisis de casos reales permite comprender cómo la ejecución deficiente de particiones interiores puede afectar al comportamiento energético global del edificio.

En una rehabilitación de vivienda colectiva, se detectaron condensaciones superficiales en la unión entre partición interior y fachada. La inspección posterior reveló que el trasdosado aislado no se había prolongado adecuadamente hasta el encuentro con el cerramiento exterior. Esta discontinuidad generó un puente térmico oculto que no estaba previsto en proyecto.

En otro caso, una partición que separaba una vivienda de una caja de escalera no climatizada se ejecutó sin aislamiento térmico. Durante el invierno, el propietario observó un incremento significativo en el consumo de calefacción. La transferencia térmica hacia el espacio común provocaba pérdidas constantes.

También se han documentado situaciones donde las perforaciones para instalaciones no se sellaron correctamente. Estas aberturas permitían el paso de aire entre estancias con distinta temperatura, afectando al confort.

En edificios donde algunas viviendas permanecían vacías, se observaron pérdidas energéticas a través de medianerías no aisladas.

Estos casos muestran que las desviaciones en particiones interiores no siempre se detectan durante la ejecución, pero se manifiestan en el uso real del edificio.

La revisión preventiva en puntos singulares y la correcta coordinación con el aislamiento de fachada permiten evitar estos problemas.

Los casos prácticos evidencian que la eficiencia energética debe considerarse en todas las capas constructivas, incluidas las divisiones interiores.

4.2. Coordinación entre oficios

La ejecución energética de particiones interiores requiere coordinación precisa entre los distintos oficios que intervienen en la obra. Aunque se trate de elementos aparentemente simples, su correcta integración con instalaciones, estructura y cerramientos exteriores es fundamental para evitar pérdidas térmicas indirectas.

Uno de los problemas más habituales surge cuando las instalaciones eléctricas o de fontanería atraviesan particiones aisladas sin planificación previa. Las perforaciones realizadas posteriormente interrumpen el aislamiento y generan puntos de infiltración si no se sellan adecuadamente.

La coordinación entre el equipo de albañilería y el de instalaciones debe establecerse antes de cerrar trasdosados o tabiques ligeros. Definir previamente la ubicación de cajas eléctricas y conductos reduce la necesidad de intervenciones posteriores.

En encuentros con fachada, el equipo responsable del aislamiento exterior debe coordinarse con el equipo que ejecuta particiones interiores para garantizar continuidad térmica.

También es relevante la coordinación en la secuencia de ejecución. Instalar particiones antes de resolver correctamente el aislamiento perimetral puede generar discontinuidades.

La falta de comunicación entre oficios es una de las principales causas de puentes térmicos ocultos.

La planificación conjunta y la supervisión del encargado permiten anticipar interferencias y preservar la integridad del sistema térmico.

La eficiencia energética en particiones interiores no depende solo de la solución técnica, sino de la correcta integración con el resto de los trabajos de obra.

4.3. Control de ejecución

El control de ejecución en particiones interiores debe incorporar criterios energéticos específicos, especialmente cuando separan espacios con distinta condición térmica. Aunque su impacto pueda parecer menor que el de la envolvente exterior, la revisión detallada evita pérdidas indirectas acumulativas.

Una primera fase de control debe realizarse antes del cierre de tabiques o trasdosados. En este momento es imprescindible comprobar que el aislamiento esté correctamente colocado, sin huecos ni zonas comprimidas. La inspección visual es fundamental antes de instalar placas de yeso o acabados.

En encuentros con fachada o forjados, debe verificarse la continuidad del aislamiento y la correcta integración con el plano térmico principal. Cualquier interrupción detectada en esta fase puede corregirse con facilidad.

El sellado de perforaciones para instalaciones también debe revisarse antes del cierre definitivo. Las juntas abiertas o mal selladas permiten infiltraciones de aire entre estancias.

En medianerías, cuando se incorpore aislamiento térmico adicional, debe comprobarse su continuidad y fijación adecuada.

El control debe documentarse mediante registros fotográficos o actas internas, especialmente en proyectos con alta exigencia energética.

Una supervisión técnica preventiva evita que defectos ocultos afecten al comportamiento térmico durante la vida útil del edificio.

La eficiencia energética no se limita a grandes soluciones constructivas; el control minucioso en particiones interiores contribuye a consolidar la estabilidad térmica global del inmueble.

4.4. Reparaciones posteriores

Las intervenciones posteriores en particiones interiores pueden comprometer la eficiencia energética si no se ejecutan con criterios adecuados. A diferencia de fachada o cubierta, estas reparaciones suelen considerarse menores, lo que incrementa el riesgo de actuaciones improvisadas.

Uno de los casos más habituales es la apertura de tabiques para el paso de nuevas instalaciones. Si el aislamiento interior no se restituye correctamente tras la intervención, se generan puentes térmicos ocultos.

En trasdosados aislados, la sustitución parcial de placas de yeso sin revisar el estado del aislamiento puede ocultar daños o discontinuidades.

También es frecuente realizar perforaciones para anclajes de mobiliario o equipos sin prever sellado posterior. Estas aberturas permiten infiltraciones de aire entre estancias.

En medianerías, reformas en una de las viviendas pueden alterar el comportamiento térmico de la otra si no se respetan las soluciones originales.

Desde el punto de vista energético, las reparaciones deben incorporar la restitución completa del plano aislante y el sellado adecuado.

Una intervención puntual mal resuelta puede afectar al consumo energético de forma permanente.

El mantenimiento energético del edificio requiere aplicar criterios técnicos también en pequeñas reformas interiores.

5. Impacto Energético y Mejora Continua

5.1. Impacto en confort

La correcta ejecución energética de particiones interiores influye directamente en el confort térmico de los ocupantes. Aunque su función no siempre es tan evidente como la de fachada o cubierta, su papel en la distribución homogénea de la temperatura interior es significativo.

Cuando una partición separa una estancia climatizada de un espacio frío —como un garaje o una caja de escalera—, la ausencia de aislamiento adecuado puede generar sensación de pared fría. Este fenómeno afecta a la percepción de confort, incluso si la temperatura ambiente general es correcta.

Las diferencias térmicas entre habitaciones también pueden verse acentuadas si las particiones no contribuyen a mantener estabilidad. En edificios con distintas zonas de uso, una mala ejecución puede provocar gradientes de temperatura no deseados.

Además, los puentes térmicos ocultos en encuentros con fachada o forjados pueden generar condensaciones superficiales que afectan al ambiente interior.

El confort no depende únicamente de la temperatura media, sino de la uniformidad térmica y la ausencia de corrientes o superficies frías.

La correcta ejecución del aislamiento interior y la estanqueidad entre estancias mejoran la estabilidad térmica y reducen la sensación de incomodidad.

Desde el punto de vista energético, mejorar el confort también reduce la necesidad de ajustes frecuentes en los sistemas de climatización.

Las particiones interiores, correctamente ejecutadas, contribuyen a un ambiente térmico equilibrado y confortable.

5.2. Impacto en consumo

Aunque las particiones interiores no forman parte directa de la envolvente exterior en la mayoría de los casos, su ejecución puede influir en el consumo energético cuando separan espacios con diferentes condiciones térmicas.

Cuando una estancia climatizada comparte partición con un espacio no calefactado o no refrigerado, el calor fluye hacia la zona más fría si no existe aislamiento adecuado. Esta transferencia indirecta obliga al sistema de climatización a compensar continuamente esa pérdida.

En edificios plurifamiliares, el impacto puede ser variable. Si una vivienda está desocupada y sin climatización, las medianerías pueden actuar como superficie de pérdida térmica para las unidades contiguas.

Además, las infiltraciones de aire a través de perforaciones no selladas en particiones generan intercambios de aire no controlados entre estancias con distinta temperatura.

Aunque el impacto individual de cada partición pueda parecer reducido, la suma de múltiples situaciones similares puede representar un aumento apreciable en el consumo anual.

La eficiencia energética requiere considerar el edificio como un sistema completo donde todas las divisiones interiores contribuyen a la estabilidad térmica.

Reducir pérdidas indirectas a través de particiones interiores mejora el rendimiento energético global y optimiza el funcionamiento de los sistemas de climatización.

El consumo energético real depende no solo de la envolvente exterior, sino también de la coherencia térmica en todo el espacio interior.

5.3. Buenas prácticas

La ejecución energética eficiente de particiones interiores se consolida mediante la aplicación sistemática de buenas prácticas constructivas. Aunque su impacto pueda parecer secundario frente a fachada o cubierta, su correcta resolución mejora la estabilidad térmica global del edificio.

Una buena práctica esencial es identificar correctamente qué particiones separan espacios con distinta condición térmica. En estos casos, debe incorporarse aislamiento adecuado conforme a proyecto.

En sistemas de entramado ligero, el aislamiento debe rellenar completamente la cavidad sin dejar huecos ni compresiones. La colocación cuidadosa evita discontinuidades térmicas.

La continuidad del aislamiento en encuentros con fachada y forjados debe garantizarse mediante solapes o soluciones específicas.

El sellado de perforaciones para instalaciones debe realizarse inmediatamente tras su ejecución, evitando infiltraciones entre estancias.

En medianerías, considerar posibles diferencias de uso entre viviendas mejora el comportamiento térmico en situaciones de desocupación.

La coordinación previa entre oficios reduce la necesidad de intervenciones posteriores que afecten al aislamiento.

La revisión visual antes del cierre definitivo del tabique permite detectar defectos ocultos.

La formación de operarios en criterios energéticos interioriza la importancia de estos detalles.

Aplicar buenas prácticas en particiones interiores contribuye a consolidar la eficiencia energética del edificio como un sistema integrado y coherente.

5.4. Checklist

El uso de un checklist específico para la ejecución energética de particiones interiores permite sistematizar el control y evitar omisiones en puntos críticos. Esta herramienta facilita la supervisión y mejora la coherencia entre proyecto y ejecución real.

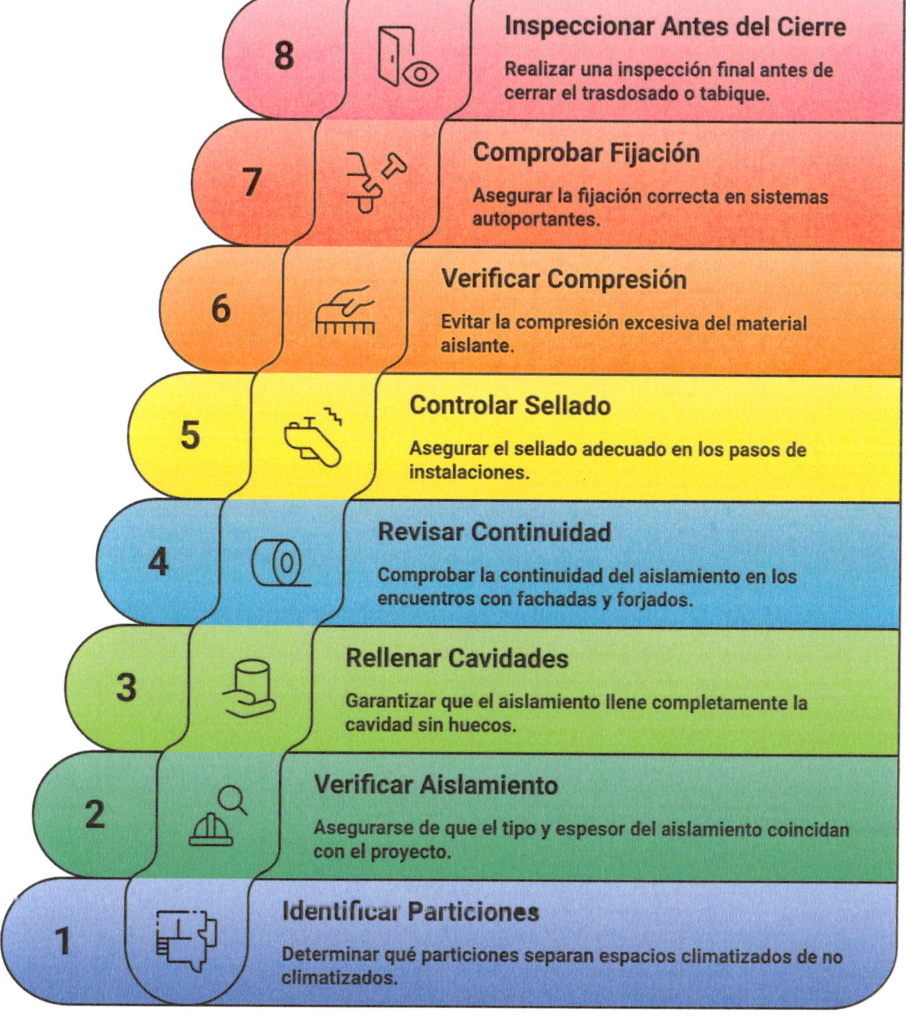

Un checklist para particiones interiores debe incluir, al menos, los siguientes aspectos:

- ⇨ Identificación de particiones que separan espacios climatizados de no climatizados.
- ⇨ Verificación del tipo y espesor de aislamiento conforme a proyecto.
- ⇨ Comprobación de que el aislamiento rellena completamente la cavidad sin huecos.
- ⇨ Revisión de continuidad en encuentros con fachada y forjados.
- ⇨ Control de sellado en pasos de instalaciones.
- ⇨ Verificación de ausencia de compresión excesiva del material aislante.
- ⇨ Comprobación de fijación correcta en sistemas autoportantes.
- ⇨ Inspección antes del cierre definitivo del trasdosado o tabique.

El checklist debe aplicarse en fases intermedias, antes de colocar los acabados definitivos.

La documentación mediante registros fotográficos mejora la trazabilidad y facilita revisiones futuras.

El uso disciplinado de esta herramienta convierte el control energético en un proceso estructurado.

La eficiencia energética en particiones interiores se consolida cuando el control se convierte en hábito y no en excepción.

RESUMEN

Este tema aborda la eficiencia energética en la ejecución de particiones interiores y medianerías, poniendo de relieve que estos elementos, aunque tradicionalmente considerados secundarios frente a la envolvente exterior, desempeñan un papel relevante en el comportamiento térmico global del edificio.

La primera cuestión que se desarrolla es la función energética de las particiones. Aunque no delimitan directamente el exterior, actúan como reguladoras de la transferencia de calor entre espacios con distintas condiciones térmicas. Cuando separan zonas climatizadas de otras no climatizadas, como garajes, trasteros o cajas de escalera, su papel se asemeja al de un cerramiento térmico interno. Además, influyen en la inercia térmica del edificio, ya que su masa y composición contribuyen a amortiguar variaciones de temperatura y a estabilizar el ambiente interior. En el caso de las medianerías entre viviendas, aunque a menudo se consideran elementos adiabáticos, pueden producir intercambios térmicos cuando existen diferencias de uso o climatización entre unidades.

A continuación se establece la diferencia entre partición y cerramiento. El cerramiento forma parte de la envolvente térmica y delimita el edificio respecto al exterior o frente a espacios no climatizados, estando sujeto a exigencias normativas específicas. La partición interior, en cambio, separa espacios que en principio comparten el mismo régimen térmico. Sin embargo, en la práctica muchas particiones funcionan como cerramientos internos cuando dividen zonas con distinta temperatura. Por ello, desde el punto de vista energético, debe prevalecer la función real del elemento por encima de su clasificación constructiva, ya que una partición mal tratada puede generar pérdidas térmicas indirectas no previstas en proyecto.

El análisis de las medianerías pone de manifiesto que su comportamiento térmico depende del uso efectivo de las viviendas que separan. Cuando ambas están climatizadas de manera similar, el intercambio térmico es reducido, pero si una permanece desocupada o sin calefacción, la vivienda contigua puede experimentar pérdidas energéticas apreciables. Además, los encuentros de medianerías con fachada o cubierta pueden generar puentes térmicos ocultos si no se garantiza la continuidad del aislamiento.

En relación con el aislamiento acústico y térmico, el documento subraya la interrelación entre ambos. Muchos materiales aislantes cumplen simultáneamente funciones acústicas y térmicas, por lo que su correcta instalación repercute en el confort global. Las deficiencias en la colocación , como huecos en la cavidad o compresiones excesivas, reducen tanto el aislamiento acústico como la resistencia térmica. Asimismo, la estanqueidad en juntas y encuentros resulta determinante para evitar infiltraciones de aire que afecten al rendimiento energético.

La continuidad del aislamiento interior constituye uno de los aspectos críticos. En rehabilitaciones con trasdosado, el plano aislante debe conectarse adecuadamente con el aislamiento de fachada y cubierta. Las interrupciones en encuentros con forjados, pilares o tabiques transversales generan puentes térmicos ocultos que, aunque de pequeña entidad individual, pueden tener un efecto acumulativo relevante. La inspección previa al cierre definitivo de los tabiques resulta esencial para detectar y corregir estas discontinuidades.

Los encuentros con fachadas y forjados se identifican como puntos singulares de elevada sensibilidad térmica. En estas zonas convergen distintos planos constructivos, y cualquier interrupción en el aislamiento puede originar pérdidas lineales repetitivas a lo largo del edificio. La correcta ejecución requiere detalles constructivos definidos y coordinación entre equipos de obra para garantizar la continuidad térmica.

Los puentes térmicos ocultos se presentan como uno de los riesgos más habituales. Pueden originarse en pilares de hormigón no cubiertos completamente por el aislamiento, en cajas de persiana, en pasos de instalaciones o en perforaciones mal selladas. Aunque a menudo pasan desapercibidos durante la ejecución, pueden manifestarse posteriormente mediante condensaciones superficiales o descensos locales de temperatura. Su impacto energético es acumulativo y afecta a la estabilidad térmica interior.

El texto analiza también los errores habituales, entre los que destacan la omisión de aislamiento en particiones que separan espacios con distinta condición térmica, la colocación incompleta del material aislante, la falta de continuidad en encuentros con fachada y el deficiente sellado de perforaciones para instalaciones. Estas deficiencias no siempre son evidentes de inmediato, pero incrementan progresivamente el consumo energético.

Más allá de los errores puntuales, se describen malas prácticas frecuentes como la eliminación del aislamiento previsto en proyecto, la compresión excesiva del material aislante, la ausencia de sellado en juntas o la falta de previsión ante posibles diferencias de climatización en medianerías. Estas prácticas, motivadas a menudo por ahorro de tiempo o costes, tienen consecuencias permanentes en el rendimiento energético.

Las consecuencias reales de una ejecución deficiente incluyen aumento del consumo energético, mayor desgaste de los sistemas de climatización, aparición de condensaciones y pérdida de confort térmico. En edificios plurifamiliares, las pérdidas a través de medianerías pueden intensificarse cuando existen viviendas desocupadas. Aunque cada deficiencia pueda parecer menor de forma aislada, la suma de todas ellas repercute significativamente en el comportamiento global del edificio.

Los casos de obra analizados ilustran situaciones reales donde discontinuidades en el aislamiento interior o ausencia de aislamiento en particiones hacia espacios no climatizados provocaron incrementos de consumo y problemas de condensación. Estos ejemplos evidencian la necesidad de considerar las divisiones interiores como parte integrante del sistema térmico.

La coordinación entre oficios se presenta como factor clave. Las instalaciones eléctricas y de fontanería, si no se planifican adecuadamente, pueden interrumpir el aislamiento y generar infiltraciones. La comunicación entre albañiles, instaladores y responsables del aislamiento exterior resulta esencial para evitar interferencias y preservar la continuidad térmica.

El control de ejecución debe incluir revisiones específicas antes del cierre de tabiques y trasdosados. La comprobación visual del aislamiento, la verificación de continuidad en encuentros y el sellado de perforaciones son pasos fundamentales. La documentación mediante registros fotográficos mejora la trazabilidad y facilita futuras revisiones.

En cuanto a las reparaciones posteriores, se advierte que intervenciones aparentemente menores pueden comprometer la eficiencia energética si no se restituye correctamente el aislamiento. La apertura de tabiques para nuevas instalaciones o anclajes debe acompañarse de la recuperación completa del plano aislante y del sellado adecuado.

El impacto en el confort es directo. Las particiones mal ejecutadas pueden generar sensación de pared fría, gradientes de temperatura entre estancias y aparición de condensaciones superficiales. El confort térmico depende no solo de la temperatura media, sino de la uniformidad y estabilidad de las superficies interiores.

El impacto en el consumo energético se produce cuando existe transferencia térmica hacia espacios no climatizados o infiltraciones entre estancias. Aunque cada partición pueda representar una pérdida reducida, su efecto acumulado puede ser apreciable en el consumo anual del edificio.

Las buenas prácticas incluyen la correcta identificación de particiones críticas, la instalación cuidadosa del aislamiento sin huecos ni compresiones, la continuidad en encuentros con fachada y forjados, el sellado inmediato de perforaciones y la coordinación previa entre oficios. La formación de los operarios en criterios energéticos consolida estas prácticas en obra.

Finalmente, el uso de un checklist específico permite sistematizar el control y evitar omisiones. La verificación del tipo y espesor de aislamiento, la comprobación de continuidad y el control antes del cierre definitivo garantizan coherencia entre proyecto y ejecución.

En conjunto, este apartado demuestra que la eficiencia energética no depende exclusivamente de la envolvente exterior. Las particiones interiores y medianerías forman parte del sistema térmico del edificio y, cuando separan espacios con distinta condición térmica, adquieren un papel decisivo. Su correcta ejecución, coordinación y control contribuyen a mantener la estabilidad térmica, mejorar el confort y optimizar el consumo energético a lo largo de la vida útil del edificio.

AUTOEVALUACIÓN

1. ¿Cuál es la función energética principal de una partición interior cuando separa espacios con distinta condición térmica?
   - **A.** Mejorar únicamente el aislamiento acústico
   - **B.** Regular la transferencia de calor entre estancias
   - **C.** Sustituir a la envolvente exterior
   - **D.** Incrementar la ventilación natural

2. ¿Qué diferencia fundamental existe entre una partición interior y un cerramiento?
   - **A.** La partición siempre lleva aislamiento y el cerramiento no
   - **B.** El cerramiento separa el edificio del exterior o espacios no climatizados
   - **C.** La partición soporta cargas estructurales
   - **D.** El cerramiento solo tiene función estética

3. ¿En qué situación una medianería puede generar pérdidas térmicas significativas?
   - **A.** Cuando ambas viviendas están climatizadas de forma similar
   - **B.** Cuando la medianería es de hormigón armado
   - **C.** Cuando una de las viviendas está desocupada y sin climatización
   - **D.** Cuando la medianería tiene aislamiento acústico

4. ¿Qué ocurre si el aislamiento en un tabique de entramado ligero no rellena completamente la cavidad?
   - **A.** Mejora la ventilación interior
   - **B.** Aumenta la resistencia estructural
   - **C.** Se generan discontinuidades que reducen el aislamiento térmico
   - **D.** No afecta al comportamiento energético

5. ¿Qué problema puede aparecer en encuentros mal resueltos entre particiones y fachadas?
   - **A.** Incremento del aislamiento acústico
   - **B.** Aparición de puentes térmicos ocultos
   - **C.** Mayor iluminación natural
   - **D.** Disminución del espesor del forjado

6. ¿Cuál es un error habitual en particiones que separan espacios climatizados de no climatizados?

   A. Instalar doble placa de yeso
   B. No incorporar aislamiento térmico
   C. Utilizar lana mineral
   D. Sellar las juntas

7. ¿Qué consecuencia real pueden provocar los puentes térmicos ocultos en particiones interiores?

   A. Aumento de la resistencia mecánica
   B. Mejora del confort acústico
   C. Condensaciones superficiales y aparición de moho
   D. Disminución del peso del edificio

8. ¿Por qué es importante la coordinación entre oficios en la ejecución de particiones?

   A. Para reducir el número de trabajadores
   B. Para evitar interrupciones del aislamiento por paso de instalaciones
   C. Para aumentar el espesor de los tabiques
   D. Para sustituir el aislamiento térmico por acústico

9. ¿Cuándo debe realizarse la inspección del aislamiento en un trasdosado?

   A. Después de colocar los acabados finales
   B. Durante la fase de pintura
   C. Antes del cierre definitivo del tabique
   D. Únicamente al finalizar la obra

10. ¿Cómo influyen las particiones interiores en el consumo energético del edificio?

   A. No influyen en ningún caso
   B. Solo afectan al aislamiento acústico
   C. Pueden generar pérdidas indirectas que aumentan la demanda energética
   D. Reducen automáticamente el consumo sin necesidad de aislamiento

UNIDAD

3.4. La Eficiencia Energética en la Ejecución de Ventanas y Lucernarios

Contenido de la Unidad

- Huecos como Elemento Crítico: Tipologías y Prestaciones
- Instalación Energética Correcta y Resolución de Encuentros
- Sellado y Estanqueidad: Sistemas y Materiales
- Errores y Patologías Asociadas en Ventanas
- Impacto Energético Real y Elementos Complementarios
- Casuística Práctica y Mantenimiento
- Control, Coordinación y Herramientas Operativas
- Roles Profesionales e Impacto Final
- Resumen
- Autoevaluación

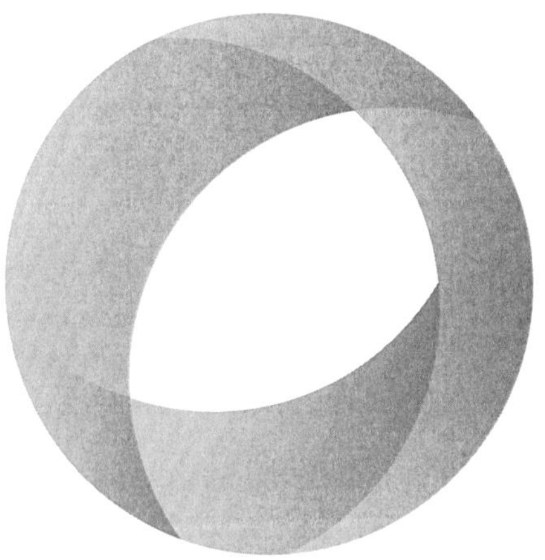

1. Huecos como Elemento Crítico: Tipologías y Prestaciones

1.1. Huecos como punto crítico energético

Los huecos en fachada —ventanas, puertas acristaladas y lucernarios— constituyen uno de los puntos más sensibles desde el punto de vista energético en la envolvente del edificio. Aunque representan un porcentaje reducido de la superficie total del cerramiento, su transmitancia térmica suele ser significativamente mayor que la de los elementos opacos.

Desde una perspectiva térmica, los huecos cumplen una doble función: permiten la entrada de luz natural y contribuyen a la ventilación, pero también son zonas de intercambio térmico intenso. En invierno, si no están correctamente aislados e instalados, pueden generar pérdidas importantes de calor. En verano, una exposición solar directa sin protección adecuada puede incrementar notablemente la carga térmica interior.

La eficiencia energética de un hueco no depende únicamente de la calidad del vidrio o del marco. La correcta instalación en obra es determinante. Una ventana de altas prestaciones puede perder eficacia si no se integra adecuadamente en el plano térmico de la fachada.

Los puntos críticos en la ejecución incluyen la continuidad del aislamiento perimetral, la estanqueidad al aire y el correcto tratamiento de juntas. Las infiltraciones de aire a través de marcos mal sellados pueden representar un porcentaje significativo de las pérdidas energéticas totales.

En el caso de lucernarios en cubierta, el impacto es aún mayor debido a su posición horizontal o inclinada, más expuesta a la radiación solar directa.

Desde el punto de vista energético, los huecos deben considerarse elementos estratégicos que requieren precisión en diseño y ejecución. Su correcta instalación mejora el confort interior, reduce el consumo energético y contribuye de forma directa a la calificación energética del edificio.

La eficiencia energética en ventanas y lucernarios comienza en el detalle constructivo y se consolida en la calidad de su ejecución en obra.

1.2. Tipos de ventanas

El comportamiento energético de una ventana depende de la combinación de sus componentes principales: marco, vidrio y sistema de apertura. Cada uno influye de forma determinante en la transmitancia térmica, la estanqueidad y el control solar.

Desde el punto de vista del marco, los materiales más habituales son aluminio, PVC y madera. El aluminio presenta elevada conductividad térmica, por lo que requiere sistemas de rotura de puente térmico para mejorar su comportamiento. El PVC y la madera, en cambio, ofrecen mejor aislamiento térmico intrínseco.

En cuanto al acristalamiento, el doble y triple vidrio con cámara de aire o gas argón mejora significativamente la resistencia térmica respecto al vidrio simple. La incorporación de capas bajo-emisivas (low-e) reduce la transmisión de calor por radiación.

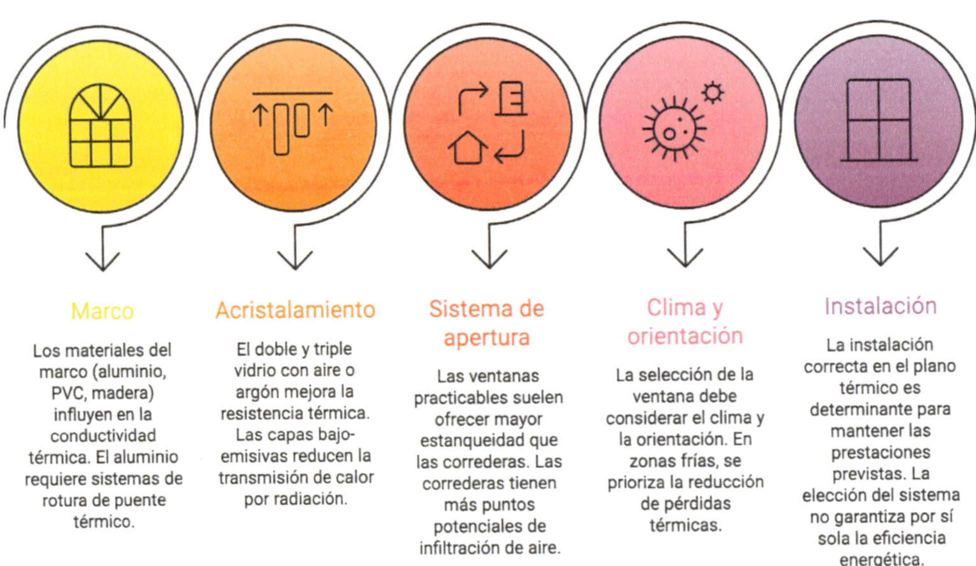

Los sistemas de apertura también influyen en la estanqueidad. Las ventanas practicables suelen ofrecer mayor estanqueidad que las correderas, que presentan más puntos potenciales de infiltración de aire.

Desde el punto de vista energético, la selección del tipo de ventana debe considerar el clima y la orientación. En zonas frías, se prioriza la reducción de pérdidas térmicas. En zonas cálidas, el control solar adquiere mayor relevancia.

Sin embargo, la elección del sistema no garantiza por sí sola la eficiencia energética. La instalación correcta en el plano térmico es determinante para mantener las prestaciones previstas.

Cada tipo de ventana presenta ventajas y limitaciones energéticas que deben evaluarse en conjunto con la solución constructiva de la fachada.

La eficiencia energética de los huecos depende tanto del producto elegido como de su correcta integración en obra.

1.3. Prestaciones térmicas reales

Las prestaciones térmicas de una ventana se definen principalmente mediante su transmitancia térmica (valor U), su factor solar (g) y su permeabilidad al aire. Sin embargo, los valores declarados por el fabricante representan condiciones de ensayo ideales que pueden diferir del comportamiento real tras la instalación.

La transmitancia térmica global de la ventana depende de la combinación entre marco y acristalamiento. Un vidrio de altas prestaciones pierde eficacia si el marco presenta elevada conductividad o si no dispone de rotura de puente térmico adecuada.

El factor solar determina la cantidad de radiación que atraviesa el acristalamiento. En climas cálidos, un valor bajo reduce la carga térmica estival, mientras que en climas fríos puede aprovecharse la ganancia solar pasiva.

La permeabilidad al aire es otro indicador clave. Las infiltraciones no controladas a través de juntas mal ejecutadas pueden anular parte de la mejora térmica del vidrio.

En obra, las prestaciones reales dependen de la correcta colocación del marco en el plano aislante, del sellado perimetral y de la ausencia de discontinuidades en el aislamiento.

Una ventana con alto rendimiento energético puede perder hasta un 20% de su eficacia si se instala incorrectamente.

Por ello, la evaluación energética debe considerar no solo las especificaciones técnicas del producto, sino también la calidad de ejecución.

Las prestaciones térmicas reales son el resultado de la combinación entre producto y correcta instalación en obra.

2. Instalación Energética Correcta y Resolución de Encuentros

2.1. Instalación correcta

La instalación correcta de ventanas es uno de los factores más determinantes para que sus prestaciones térmicas se mantengan en condiciones reales de uso. No basta con seleccionar un producto de alta eficiencia; su colocación en obra debe garantizar continuidad térmica y estanqueidad.

Uno de los principios fundamentales es la correcta posición de la ventana en el plano térmico. Idealmente, el marco debe situarse alineado con el aislamiento de fachada, evitando que quede completamente embebido en el plano estructural sin protección térmica.

El premarco debe estar perfectamente nivelado y alineado para evitar deformaciones que afecten a la estanqueidad del conjunto. La fijación mecánica debe realizarse conforme a las indicaciones técnicas, evitando perforaciones innecesarias que puedan generar puentes térmicos.

El sellado perimetral es un punto crítico. Debe utilizarse una combinación adecuada de espuma de poliuretano, cintas expansivas y sellantes elásticos que garanticen estanqueidad al aire y al agua.

La continuidad del aislamiento alrededor del marco es esencial para evitar puentes térmicos lineales.

Una mala instalación puede provocar infiltraciones de aire, condensaciones en el perímetro y pérdida de confort.

La revisión antes de colocar remates interiores y exteriores permite detectar posibles defectos.

La eficiencia energética de una ventana depende tanto del producto como de la precisión en su instalación.

Una ejecución rigurosa asegura que las prestaciones declaradas se traduzcan en comportamiento térmico real.

2.2. Encuentros con fachada

El encuentro entre la ventana y la fachada es uno de los puntos más sensibles desde el punto de vista energético. En esta zona confluyen aislamiento, estructura y carpintería, por lo que cualquier deficiencia en su ejecución puede generar pérdidas térmicas significativas.

La continuidad del aislamiento hasta el marco es esencial. Si el aislamiento se detiene antes de alcanzar el perímetro de la ventana, se crea un puente térmico lineal que afecta a todo el contorno del hueco.

Uno de los errores más frecuentes es no cubrir adecuadamente el premarco o no integrar el marco dentro del plano aislante.

Además, el sellado debe garantizar estanqueidad al aire y al agua. Las infiltraciones en este punto pueden incrementar la demanda energética y provocar condensaciones.

El uso de cintas expansivas y sistemas de sellado multicapa mejora la durabilidad y el rendimiento térmico.

La correcta ejecución del encuentro ventana-fachada es determinante para evitar desviaciones en el consumo energético real.

Desde el punto de vista práctico, este punto debe revisarse antes de colocar tapajuntas o remates finales.

Un encuentro correctamente resuelto garantiza continuidad térmica y mejora la eficiencia global del hueco.

La ventana no puede considerarse de forma aislada; su integración con la fachada define su comportamiento energético final.

3. Sellado y Estanqueidad: Sistemas y Materiales

3.1. Sellado y estanqueidad

El sellado y la estanqueidad en la instalación de ventanas constituyen uno de los aspectos más determinantes en el comportamiento energético real del edificio. Aunque la ventana disponga de excelentes prestaciones térmicas certificadas, su eficacia puede verse seriamente comprometida si la unión entre carpintería y fábrica no se ejecuta con precisión.

La envolvente térmica del edificio no se define únicamente por la transmitancia de sus materiales, sino también por su capacidad para evitar infiltraciones de aire no controladas. En este sentido, el perímetro de las ventanas representa una zona crítica, ya que es el punto donde se interrumpe el cerramiento opaco y se introduce un elemento prefabricado con tolerancias dimensionales propias. Esta transición exige una solución constructiva específica que garantice continuidad térmica y hermeticidad.

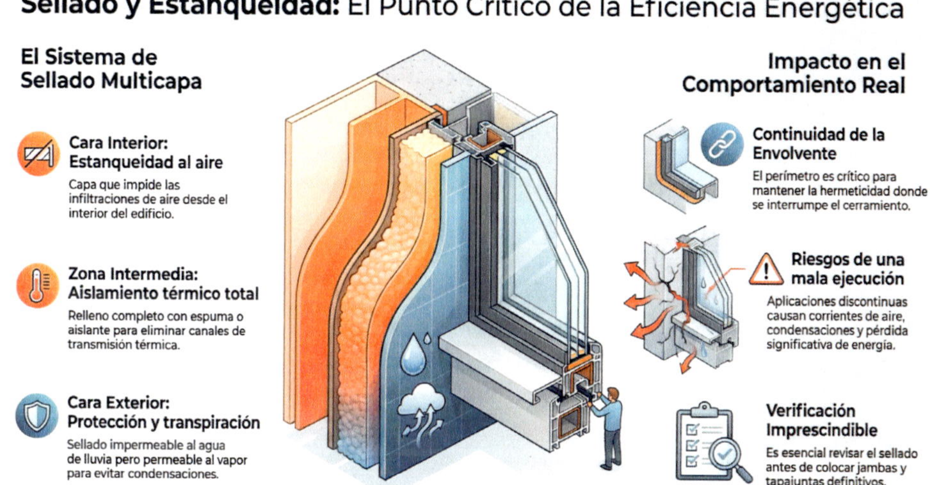

El sellado perimetral debe concebirse como un sistema multicapa. En la cara interior, se requiere una capa estanca al aire que impida la infiltración hacia el interior del edificio. En la zona intermedia, la espuma o material aislante debe rellenar completamente el espacio entre marco y soporte, evitando cavidades que puedan convertirse en canales de transmisión térmica. Finalmente, en la cara exterior, el sellado debe ser impermeable al agua, pero permeable al vapor, permitiendo la evacuación de posibles condensaciones sin comprometer la estanqueidad frente a la lluvia.

Uno de los problemas más habituales en obra es la aplicación insuficiente o discontinua de la espuma de poliuretano, así como la ausencia de cintas expansivas o membranas específicas en sistemas de alta exigencia energética. Estas deficiencias no siempre son visibles una vez colocados los remates, pero pueden manifestarse posteriormente en forma de infiltraciones, corrientes de aire o condensaciones perimetrales.

Desde el punto de vista energético, una ventana mal sellada puede anular una parte significativa de la mejora térmica obtenida con el acristalamiento. Por ello, la revisión detallada del sellado antes del cierre definitivo de jambas y tapajuntas resulta esencial para asegurar que las prestaciones previstas se materialicen en el comportamiento real del edificio.

3.2. Espumas, cintas y láminas

En la ejecución de ventanas, los materiales auxiliares de sellado —espumas, cintas y láminas— desempeñan un papel mucho más relevante del que tradicionalmente se les ha otorgado. No se trata simplemente de rellenar el hueco entre el marco y la fábrica, sino de construir una transición térmica y estanca que permita integrar correctamente la carpintería dentro del sistema global de la envolvente.

La espuma de poliuretano es, probablemente, el material más extendido en obra para el relleno perimetral. Su función principal es doble: por un lado, aportar aislamiento térmico en el espacio intermedio y, por otro, fijar el marco en su posición definitiva. Sin embargo, su eficacia depende de su correcta aplicación.

Si se aplica en exceso, puede generar deformaciones en el marco; si se aplica en defecto, deja cavidades de aire que se convierten en puntos débiles térmicos. Además, la espuma no debe considerarse un sellado definitivo, ya que es sensible a la radiación ultravioleta y a la humedad si queda expuesta.

Las cintas expansivas precomprimidas aportan una solución más controlada y técnica. Estas cintas, colocadas en el perímetro antes de la instalación del marco, se expanden una vez posicionadas, garantizando estanqueidad al agua y al aire en la cara exterior. Su correcta elección en función del ancho de junta y la exposición climática resulta fundamental para asegurar su comportamiento a largo plazo.

Por su parte, las láminas o membranas de sellado permiten configurar sistemas multicapa coherentes con el principio de “más estanco por dentro que por fuera”. En edificios de alta eficiencia energética o de consumo casi nulo, este tipo de soluciones resulta imprescindible para garantizar la hermeticidad global del conjunto.

El uso combinado y correcto de espumas, cintas y láminas no debe entenderse como una mejora opcional, sino como una exigencia técnica en el contexto actual de edificación energéticamente eficiente. La precisión en su aplicación es la diferencia entre una ventana correctamente integrada y un punto permanente de fuga energética.

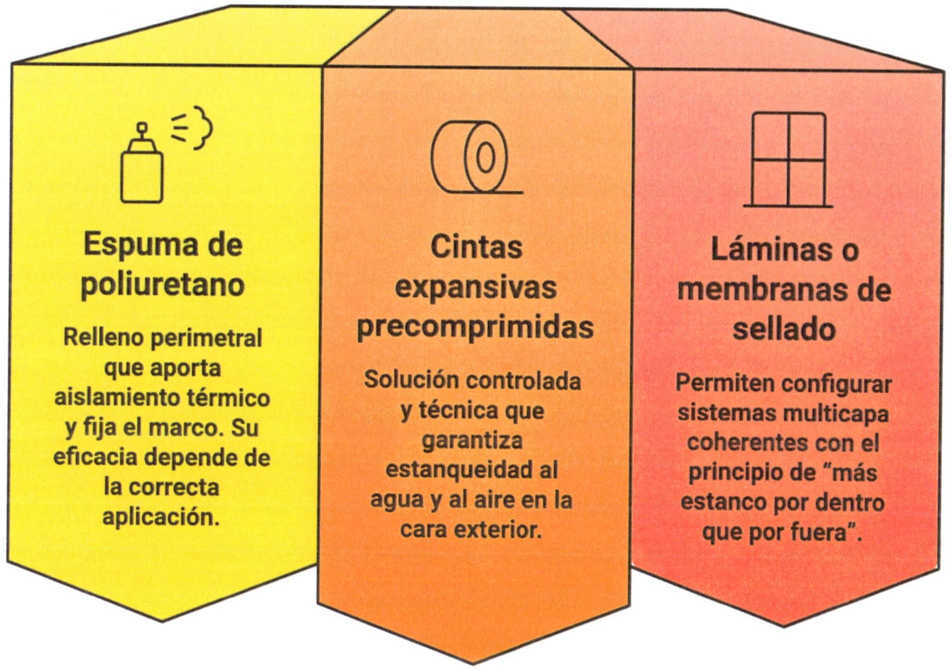

4. Errores y Patologías Asociadas en Ventanas

4.1. Errores habituales

La ejecución de ventanas en obra presenta una serie de errores recurrentes que, aunque puedan parecer secundarios en el momento de su aparición, tienen un impacto directo y acumulativo en la eficiencia energética del edificio. La mayoría de estas deficiencias no se deben a la calidad del producto, sino a la forma en que se integra dentro de la envolvente.

Uno de los errores más frecuentes es la incorrecta posición del marco respecto al plano térmico. Cuando la carpintería se instala completamente alineada con el plano estructural sin tener en cuenta la ubicación del aislamiento, se genera un puente térmico perimetral continuo. Este defecto no siempre es visible, pero se manifiesta en forma de pérdidas energéticas y posibles condensaciones en las jambas interiores.

Otro fallo habitual es la falta de continuidad en el aislamiento perimetral. Es frecuente que el aislamiento de fachada no se solape correctamente con el marco o que quede interrumpido en las esquinas del hueco. Este tipo de discontinuidades reduce significativamente la resistencia térmica global del conjunto.

También se observan errores en el sellado, especialmente cuando se confía exclusivamente en la espuma de poliuretano sin complementar con cintas o membranas adecuadas. La espuma aplicada de forma irregular o incompleta permite infiltraciones de aire que incrementan la demanda energética.

Además, la falta de revisión antes de cerrar los remates interiores y exteriores dificulta la detección de defectos, convirtiéndolos en problemas ocultos que solo se evidencian con el uso del edificio.

Estos errores no suelen generar patologías inmediatas graves, pero sí deterioran progresivamente el comportamiento térmico y el confort interior. La corrección de estas prácticas exige mayor control técnico y comprensión de la importancia energética de cada detalle constructivo.

4.2. Malas prácticas comunes

Más allá de los errores puntuales de ejecución, en la instalación de ventanas se repiten una serie de malas prácticas que responden a hábitos arraigados en obra y que resultan incompatibles con los estándares actuales de eficiencia energética.

Estas prácticas suelen justificarse por razones de rapidez o simplificación del proceso, pero generan consecuencias energéticas que acompañarán al edificio durante toda su vida útil.

Una de las más extendidas consiste en considerar que la ventana queda correctamente instalada una vez fijada mecánicamente y rellenado el perímetro con espuma.

Este enfoque ignora que la espuma no es un sistema completo de estanqueidad y que requiere protección y complementos específicos para garantizar durabilidad y hermeticidad. La ausencia de un sistema de sellado multicapa convierte la junta en un punto vulnerable frente a infiltraciones y pérdidas térmicas.

Otra práctica habitual es no respetar los tiempos de curado o expansión de los materiales de sellado antes de proceder al cierre definitivo con remates o revestimientos. Esta precipitación puede generar deformaciones o discontinuidades que pasan desapercibidas hasta que se producen corrientes de aire o condensaciones.

También es frecuente perforar marcos o premarcos sin prever soluciones de rotura térmica en anclajes metálicos, lo que introduce puntos de transmisión directa de calor. En instalaciones posteriores —como persianas, toldos o equipos auxiliares— se realizan fijaciones que atraviesan el plano térmico sin tratamiento adecuado.

Estas malas prácticas no suelen provocar un fallo estructural inmediato, pero sí deterioran progresivamente la eficiencia energética prevista en proyecto. El resultado es un edificio que, aun cumpliendo formalmente la normativa, no alcanza el comportamiento térmico real esperado.

Superar estas prácticas exige un cambio cultural en obra, donde la precisión en la instalación de ventanas deje de considerarse un detalle secundario y pase a entenderse como un componente esencial de la eficiencia energética global del edificio.

4.3. Condensaciones

La aparición de condensaciones en el entorno de ventanas es uno de los síntomas más evidentes de una ejecución térmicamente deficiente. Aunque a menudo se atribuyen exclusivamente a problemas de ventilación interior, en muchos casos su origen está relacionado con puentes térmicos perimetrales o con deficiencias en el sellado.

La condensación superficial se produce cuando la temperatura de una superficie desciende por debajo del punto de rocío del aire interior. Si el encuentro entre ventana y fachada no mantiene continuidad térmica, el marco o la jamba interior pueden enfriarse de forma localizada, convirtiéndose en punto de acumulación de humedad. Este fenómeno es más frecuente en climas fríos o en espacios con elevada producción de vapor, como cocinas y baños.

Desde el punto de vista energético, la condensación no es únicamente un problema higrotérmico, sino un indicador de pérdida de eficiencia. Cuando la superficie interior está fría, significa que existe transmisión térmica no controlada hacia el exterior. Además, la presencia constante de humedad puede deteriorar materiales, reducir la capacidad aislante y generar patologías asociadas como moho.

La condensación intersticial, por su parte, puede producirse dentro del paquete constructivo si no se respeta el principio de correcta colocación de barreras de vapor y capas de sellado. Este tipo de problema es más complejo de detectar, ya que no siempre se manifiesta en superficie hasta que el daño es significativo.

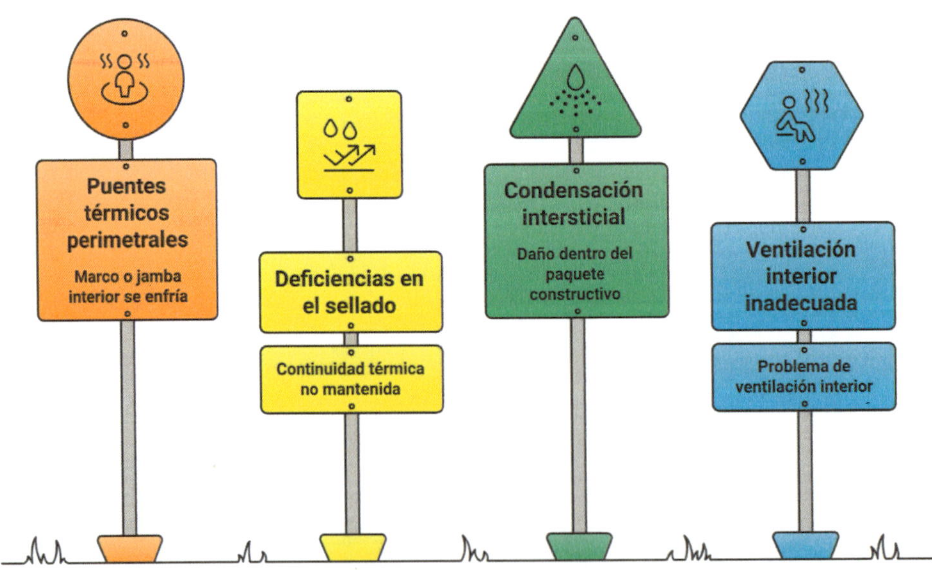

La prevención exige garantizar que la ventana esté correctamente integrada en el plano térmico, que el aislamiento perimetral sea continuo y que el sellado interior y exterior cumpla con el criterio de estanqueidad diferenciada. Una ejecución cuidadosa reduce la probabilidad de condensaciones y mejora tanto el confort como la durabilidad del sistema.

Las condensaciones en torno a ventanas no deben interpretarse como un problema aislado, sino como una señal de que la envolvente térmica no está funcionando de forma óptima.

4.4. Infiltraciones de aire

Las infiltraciones de aire en el entorno de ventanas constituyen uno de los factores más determinantes en el consumo energético real del edificio. A diferencia de las pérdidas térmicas por transmisión, que son relativamente previsibles en los cálculos teóricos, las infiltraciones generan intercambios de aire no controlados que incrementan de forma directa la demanda de climatización.

Cuando la unión entre marco y cerramiento no está correctamente sellada, el aire exterior penetra en el interior en invierno, obligando al sistema de calefacción a compensar constantemente la entrada de aire frío. En verano ocurre el efecto contrario, introduciendo aire caliente que incrementa la carga térmica interior. Este fenómeno se traduce en mayor tiempo de funcionamiento de los equipos y, por tanto, en mayor consumo energético.

Las infiltraciones no siempre son perceptibles visualmente. En muchos casos se manifiestan como pequeñas corrientes de aire, pérdida de confort cerca de las ventanas o diferencias térmicas localizadas. Sin embargo, su impacto acumulativo puede ser significativo. En edificios con alto nivel de exigencia energética, una mala estanqueidad en huecos puede representar hasta un 15–25% de las pérdidas totales por ventilación no controlada.

El origen de estas infiltraciones suele estar en sellados perimetrales incompletos, juntas mal resueltas o ausencia de sistemas de estanqueidad interior. También pueden deberse a deformaciones del marco por mala fijación o por aplicación incorrecta de espuma expansiva.

La prevención exige concebir la instalación de la ventana como parte del sistema global de hermeticidad del edificio. El sellado interior debe ser continuo y estanco al aire, mientras que el exterior debe proteger frente al agua pero permitir cierta transpiración.

Desde la perspectiva energética, la infiltración es una pérdida invisible pero constante. Garantizar una correcta estanqueidad en la instalación de ventanas no solo mejora el confort inmediato, sino que reduce de forma sostenida el consumo energético del edificio a lo largo de su vida útil.

5. Impacto Energético Real y Elementos Complementarios

5.1. Impacto energético real

El impacto energético real de las ventanas no puede evaluarse únicamente a partir de los valores teóricos de transmitancia térmica o factor solar declarados por el fabricante. El comportamiento energético final depende de la interacción entre diseño, producto y, especialmente, calidad de ejecución en obra.

En condiciones ideales, una ventana con doble o triple acristalamiento y marco con rotura de puente térmico puede ofrecer excelentes prestaciones. Sin embargo, cuando se producen discontinuidades en el aislamiento perimetral, infiltraciones de aire o puentes térmicos en los encuentros, el rendimiento real se aleja de las estimaciones iniciales.

El impacto energético se manifiesta en varios niveles. En invierno, las pérdidas térmicas a través de huecos mal ejecutados incrementan el consumo de calefacción. En verano, la falta de control solar o la incorrecta integración del marco favorecen el sobrecalentamiento interior, aumentando la necesidad de refrigeración. En ambos casos, el sistema de climatización debe compensar un desequilibrio térmico que podría haberse evitado con una ejecución rigurosa.

Además, las infiltraciones de aire no controladas generan renovaciones de aire involuntarias que alteran el equilibrio energético calculado en proyecto. Aunque los valores de ventilación estén contemplados en el diseño, la estanqueidad deficiente introduce un factor adicional difícil de cuantificar pero claramente perceptible en el consumo real.

El resultado final es un edificio cuya etiqueta energética puede reflejar una determinada clasificación, pero cuyo comportamiento efectivo difiere de lo previsto si la ejecución no ha sido adecuada. Este desfase entre cálculo y realidad repercute en costes de uso, emisiones de CO□ y confort interior.

Por ello, el impacto energético de las ventanas debe entenderse como la consecuencia directa de la precisión constructiva. La eficiencia no es solo una propiedad del producto, sino del sistema completo instalado en obra.

5.2. Lucernarios

Los lucernarios, al situarse en cubierta y recibir radiación solar directa durante gran parte del día, constituyen uno de los puntos más sensibles desde el punto de vista térmico en la envolvente del edificio. Su impacto energético es incluso más acusado que el de las ventanas verticales debido a su orientación horizontal o inclinada.

Desde el punto de vista energético, un lucernario cumple una función doble: aporta iluminación natural al interior, reduciendo el consumo eléctrico asociado a iluminación artificial, pero al mismo tiempo puede convertirse en una fuente significativa de ganancia o pérdida térmica si no está correctamente diseñado e instalado.

En invierno, la transmitancia térmica del acristalamiento influye directamente en las pérdidas de calor. En verano, el factor solar y la ausencia de protección exterior pueden generar sobrecalentamiento interior, especialmente en climas cálidos o en espacios bajo cubierta.

La instalación en obra es crítica. El encuentro entre el lucernario y el aislamiento de cubierta debe garantizar continuidad térmica y estanqueidad absoluta frente al agua y al aire. Uno de los errores más habituales es interrumpir el aislamiento alrededor del marco del lucernario, generando un puente térmico perimetral continuo.

Además, la correcta ejecución de la impermeabilización en este punto es esencial. Cualquier filtración no solo afecta a la estructura, sino que puede degradar el aislamiento y reducir su eficacia térmica.

Desde el punto de vista del confort, los lucernarios mal ejecutados pueden generar condensaciones en invierno o exceso de radiación en verano.

La eficiencia energética de un lucernario depende tanto de sus prestaciones técnicas como de su integración cuidadosa en el sistema de cubierta. Su correcta ejecución permite equilibrar iluminación natural y comportamiento térmico sin penalizar el consumo energético global del edificio.

Presentación técnica 3.4.1
Escanear el código QR que se encuentra en la primera página.

5.3. Protección solar

La protección solar en ventanas y lucernarios constituye un elemento esencial para el control energético del edificio, especialmente en climas con elevada radiación solar. No se trata únicamente de evitar deslumbramientos, sino de gestionar de forma eficiente la ganancia térmica estival sin penalizar el aprovechamiento solar en invierno.

Desde el punto de vista energético, la radiación solar directa puede convertirse en una fuente significativa de carga térmica interior. Si no existe un sistema adecuado de protección, el calor acumulado incrementa la demanda de refrigeración y afecta al confort. Por ello, el diseño debe integrar soluciones de control solar adaptadas a la orientación y al uso del espacio.

Las protecciones solares pueden clasificarse en exteriores, intermedias e interiores. Las soluciones exteriores —voladizos, lamas, persianas o toldos— son las más eficaces desde el punto de vista térmico, ya que impiden que la radiación incida directamente sobre el vidrio. Las protecciones interiores, aunque útiles para el control lumínico, resultan menos efectivas en términos térmicos, ya que el calor ya ha atravesado el acristalamiento.

En obra, uno de los errores más frecuentes es instalar ventanas de altas prestaciones sin considerar la necesidad de protección solar en orientaciones críticas. También es habitual la fijación de sistemas de sombra sin tratamiento térmico en anclajes, generando puentes térmicos puntuales.

En el caso de lucernarios, la ausencia de sistemas de sombreado puede provocar sobrecalentamiento significativo en espacios bajo cubierta.

El control solar debe entenderse como parte integral del sistema energético del hueco. Una correcta combinación entre acristalamiento de bajo factor solar y protección exterior optimiza el comportamiento estacional del edificio.

La protección solar no es un complemento opcional, sino un elemento estratégico en la reducción del consumo energético y en la mejora del confort interior.

6. Casuística Práctica y Mantenimiento

6.1. Casos reales de obra

La experiencia en obra demuestra que la diferencia entre el comportamiento energético teórico y el real de las ventanas suele encontrarse en pequeños detalles constructivos. Analizar casos reales permite entender cómo desviaciones aparentemente menores pueden tener consecuencias significativas en consumo y confort.

En una promoción de vivienda colectiva con carpinterías de altas prestaciones, se detectó tras el primer invierno un consumo de calefacción superior al previsto. Una inspección termográfica reveló pérdidas térmicas perimetrales en el contorno de las ventanas. El análisis posterior confirmó que el aislamiento de fachada no se había solapado correctamente con el marco, generando un puente térmico lineal continuo.

En otro caso, un edificio terciario con lucernarios presentaba sobrecalentamiento excesivo durante los meses de verano. Aunque el acristalamiento cumplía con los valores exigidos, no se incorporaron sistemas de protección solar exterior. La carga térmica interior obligaba al sistema de climatización a funcionar de manera constante.

También se han documentado infiltraciones de aire en viviendas nuevas donde la espuma perimetral se aplicó de forma irregular y sin sistema de sellado complementario. Aunque el defecto no era visible tras los remates, se manifestaba en forma de corrientes de aire y diferencias térmicas localizadas.

Estos casos evidencian que la eficiencia energética no depende únicamente de la calidad del producto seleccionado, sino de su correcta integración en obra.

La revisión sistemática de encuentros, sellados y continuidad térmica antes del cierre definitivo es la principal herramienta para evitar estas desviaciones.

Los ejemplos reales confirman que la instalación de ventanas debe tratarse como una operación de precisión energética, no como una simple colocación de carpintería.

6.2. Reparaciones incorrectas

Las reparaciones posteriores en ventanas y lucernarios pueden comprometer gravemente la eficiencia energética si no se ejecutan con criterios técnicos adecuados. A diferencia de la instalación inicial, las intervenciones de mantenimiento suelen realizarse de manera puntual, lo que incrementa el riesgo de actuaciones improvisadas.

Uno de los errores más habituales es la sustitución parcial de sellados perimetrales sin revisar la continuidad térmica completa. Aplicar un sellante superficial sin comprobar el estado de la espuma interior o del aislamiento perimetral puede ocultar el problema sin resolverlo.

En lucernarios, es frecuente reparar filtraciones en la impermeabilización sin verificar el estado del aislamiento circundante. Si la humedad ha afectado al material aislante, la simple reparación exterior no restituye las prestaciones térmicas originales.

Otra práctica incorrecta es la perforación de marcos para la instalación de nuevos elementos —persianas, estores, sistemas motorizados— sin tratamiento térmico específico. Estas intervenciones generan puentes térmicos puntuales y posibles infiltraciones.

En algunos casos, se sustituyen acristalamientos dañados por otros de prestaciones inferiores, alterando el comportamiento térmico global del hueco.

Desde el punto de vista energético, una reparación mal ejecutada puede generar pérdidas permanentes que incrementen el consumo durante años.

Toda intervención en ventanas debe abordarse considerando la integridad del plano térmico y de estanqueidad.

Mantener la eficiencia energética requiere aplicar el mismo nivel de rigor técnico en las reparaciones que en la instalación inicial.

7. CONTROL, COORDINACIÓN Y HERRAMIENTAS OPERATIVAS

7.1. Control de calidad

El control de calidad en la instalación de ventanas y lucernarios debe entenderse como un proceso específico dentro del sistema global de control energético del edificio. No se trata únicamente de verificar dimensiones o funcionamiento de herrajes, sino de asegurar que la integración térmica y la estanqueidad cumplen con lo previsto en proyecto.

Una fase crítica del control se produce antes del cierre definitivo de jambas y tapajuntas. En este momento debe verificarse que el aislamiento perimetral esté correctamente ejecutado, que la espuma haya rellenado completamente el espacio entre marco y soporte y que las cintas o membranas estén colocadas de forma continua.

La revisión de la posición del marco respecto al plano térmico es igualmente relevante. Una ventana mal posicionada puede generar un puente térmico lineal que afecte a todo el contorno del hueco.

El control también debe incluir la verificación del sellado exterior, asegurando que sea impermeable al agua y compatible con los movimientos de dilatación del conjunto.

En proyectos de alta exigencia energética, pueden realizarse pruebas de estanqueidad o inspecciones termográficas para comprobar la ausencia de infiltraciones y discontinuidades térmicas.

La documentación del proceso mediante registros fotográficos mejora la trazabilidad y facilita futuras intervenciones.

El control de calidad en ventanas no debe limitarse a una comprobación visual superficial. Su precisión determina que las prestaciones energéticas teóricas se conviertan en comportamiento real.

Una supervisión rigurosa en esta fase evita desviaciones que afectarían al consumo energético y al confort interior durante toda la vida útil del edificio.

7.2. Coordinación con otros oficios

La correcta ejecución energética de ventanas y lucernarios exige una coordinación precisa con el resto de los oficios que intervienen en la envolvente. La falta de planificación conjunta suele ser el origen de interferencias que afectan directamente a la continuidad térmica.

En fachada, el equipo responsable del aislamiento exterior debe coordinarse con el instalador de carpinterías para asegurar que el marco quede correctamente integrado en el plano térmico. Si la colocación se realiza de forma aislada, pueden producirse desajustes que generen puentes térmicos perimetrales.

La coordinación con el equipo de impermeabilización es especialmente crítica en lucernarios. La integración del marco con la lámina impermeable debe planificarse previamente para evitar filtraciones y discontinuidades.

Asimismo, las instalaciones eléctricas y de climatización pueden atravesar el perímetro del hueco. Si no se definen previamente estos pasos, las perforaciones posteriores comprometen el sellado.

La planificación secuencial de trabajos evita que los remates interiores oculten defectos no detectados en fases anteriores.

Las reuniones técnicas previas permiten anticipar conflictos y definir responsabilidades claras en los encuentros constructivos.

La eficiencia energética en huecos depende no solo de la calidad individual de cada intervención, sino de la correcta integración entre todas ellas.

Una coordinación efectiva garantiza continuidad térmica y estanqueidad, preservando el rendimiento energético global del sistema.

7.3. Checklist de instalación

La instalación de ventanas y lucernarios no puede depender únicamente de la experiencia del operario o de la supervisión ocasional del encargado. En el contexto actual de exigencia energética, resulta imprescindible sistematizar el control mediante herramientas operativas claras.

El checklist de instalación no debe entenderse como un trámite burocrático, sino como una guía estructurada que garantiza que cada fase crítica se ejecuta conforme a los criterios térmicos previstos en proyecto.

Antes incluso de colocar la carpintería, el control debe comenzar con la verificación del hueco: dimensiones correctas, planeidad del soporte, ausencia de irregularidades y correcta alineación con el plano del aislamiento. La posición del marco respecto al plano térmico es uno de los aspectos más determinantes en el comportamiento energético posterior, por lo que debe comprobarse expresamente antes de la fijación definitiva.

Una vez instalado el marco, el checklist debe contemplar la revisión de la fijación mecánica, asegurando que los anclajes no comprometen el aislamiento y que no generan deformaciones que afecten a la estanqueidad. Posteriormente, el control debe centrarse en el sellado perimetral. No basta con confirmar que existe espuma aplicada; es necesario comprobar que el relleno es continuo, que no hay cavidades sin cubrir y que se ha respetado el sistema multicapa previsto: estanqueidad interior al aire, aislamiento intermedio y protección exterior frente al agua.

En el caso de lucernarios, el checklist debe incluir la integración con la impermeabilización de cubierta, verificando la correcta solapación y sellado de la lámina, así como la continuidad del aislamiento en el perímetro.

La aplicación sistemática de este checklist antes del cierre definitivo de jambas, remates o tapajuntas permite detectar defectos cuando aún son corregibles con facilidad. La eficiencia energética en huecos depende, en gran medida, de que este control se convierta en procedimiento habitual y no en excepción puntual.

8. Roles Profesionales e Impacto Final

8.1. Papel del operario

En la ejecución energética de ventanas y lucernarios, el operario no es un mero ejecutor de una orden técnica previamente definida, sino el agente que transforma la teoría en comportamiento real. La diferencia entre una instalación energéticamente eficaz y otra deficiente suele encontrarse en pequeños gestos constructivos: el cuidado en el relleno perimetral, la correcta alineación del marco o la atención a un sellado aparentemente secundario.

El operario debe comprender que la ventana no es únicamente un elemento de cerramiento, sino una pieza estratégica dentro de la envolvente térmica. La colocación del marco en el plano adecuado, el control del aplomado y la nivelación no son solo cuestiones geométricas, sino decisiones que condicionan la continuidad térmica y la estanqueidad. Un pequeño descuadre puede provocar tensiones en el sellado, generar microfisuras o permitir infiltraciones de aire.

Asimismo, la aplicación de la espuma aislante requiere precisión. No se trata de rellenar el hueco de forma indiscriminada, sino de asegurar que no queden cavidades sin cubrir y que el material no se comprima en exceso. El operario debe ser consciente de que una espuma mal aplicada puede convertirse en un canal de transmisión térmica.

En el caso de lucernarios, la atención al encuentro con la impermeabilización es crítica. La correcta ejecución evita filtraciones que, además de comprometer la estructura, degradan el aislamiento y reducen la eficiencia energética.

La formación específica en criterios de eficiencia energética permite al operario interpretar su trabajo más allá de la ejecución mecánica. Cuando existe conciencia del impacto térmico de cada detalle, se incrementa el rigor y disminuyen los errores.

El papel del operario, por tanto, no es accesorio. Es el punto final donde se decide si las prestaciones energéticas previstas en proyecto se convertirán en realidad constructiva.

8.2. Impacto en confort

La correcta ejecución de ventanas y lucernarios tiene una incidencia directa en el confort térmico y ambiental del edificio. El confort no depende únicamente de la temperatura media interior, sino de la estabilidad térmica, la ausencia de corrientes de aire, la homogeneidad superficial y el equilibrio entre luz natural y carga solar.

Cuando una ventana está correctamente integrada en el plano térmico y sellada con precisión, se evita la sensación de "pared fría" o de corrientes descendentes próximas al hueco. Este fenómeno, frecuente en instalaciones deficientes, no siempre se asocia inmediatamente con una mala ejecución, pero repercute en la percepción de calidad del espacio y en la necesidad de aumentar la climatización para compensar la incomodidad.

En invierno, una instalación inadecuada puede provocar superficies interiores frías en el perímetro del hueco, favoreciendo condensaciones superficiales y generando incomodidad localizada. En verano, la falta de control solar o la ausencia de protección exterior puede dar lugar a sobrecalentamientos puntuales que afectan al bienestar interior.

En el caso de lucernarios, la exposición directa a la radiación solar convierte su ejecución en un factor determinante del confort bajo cubierta. Un mal sellado o una integración térmica deficiente puede generar tanto infiltraciones de aire como excesiva ganancia solar.

El confort es, en definitiva, la expresión perceptible del comportamiento energético del hueco. Cuando la instalación es precisa y coherente con el diseño térmico, el espacio interior mantiene estabilidad y equilibrio sin necesidad de ajustes constantes en los sistemas de climatización.

La calidad energética en ventanas y lucernarios se traduce, por tanto, en calidad de uso del edificio.

8.3. Impacto en consumo

El impacto de las ventanas y lucernarios en el consumo energético del edificio es desproporcionado en relación con su superficie. Aunque ocupan un porcentaje relativamente reducido del cerramiento, su influencia en la demanda térmica puede ser determinante si no se ejecutan correctamente.

En invierno, las pérdidas por transmisión a través del acristalamiento y del marco representan una parte importante del balance energético. Cuando además se suman infiltraciones de aire por sellados deficientes, el sistema de calefacción debe compensar continuamente esas pérdidas, incrementando el consumo de energía primaria.

En verano, la ganancia solar a través de los huecos puede convertirse en el principal factor de carga térmica en determinadas orientaciones. Si no se incorporan soluciones de control solar adecuadas o si el factor solar del vidrio no está bien seleccionado, el sistema de refrigeración se ve obligado a trabajar más tiempo y con mayor intensidad.

El efecto acumulativo de pequeñas deficiencias en la instalación puede generar desviaciones significativas respecto al consumo previsto en proyecto.

En edificios de alta eficiencia, donde el margen de mejora es reducido, una mala ejecución en los huecos puede impedir alcanzar la calificación energética deseada.

Además, las infiltraciones no controladas alteran los cálculos teóricos de ventilación, introduciendo renovaciones de aire no previstas que afectan al balance térmico global.

Desde una perspectiva económica, estas desviaciones se traducen en mayores costes de explotación y en una reducción del retorno de la inversión realizada en sistemas de alta prestación.

El consumo energético real de un edificio depende en gran medida de la calidad con la que se instalan sus huecos. La eficiencia no es únicamente un dato en la ficha técnica, sino el resultado de una ejecución rigurosa y coherente con el diseño térmico global.

Impacto de las ventanas en el consumo energético

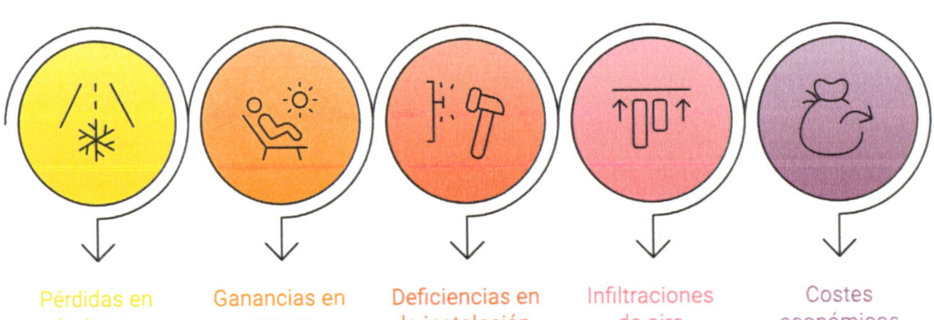

Pérdidas en invierno

Las pérdidas por transmisión a través del acristalamiento y del marco representan una parte importante del balance energético. Las infiltraciones de aire por sellados deficientes incrementan el consumo de energía primaria.

Ganancias en verano

La ganancia solar a través de los huecos puede convertirse en el principal factor de carga térmica en determinadas orientaciones. Si no se incorporan soluciones de control solar adecuadas, el sistema de refrigeración se ve obligado a trabajar más tiempo.

Deficiencias en la instalación

El efecto acumulativo de pequeñas deficiencias en la instalación puede generar desviaciones significativas respecto al consumo previsto en proyecto. Una mala ejecución en los huecos puede impedir alcanzar la calificación energética deseada.

Infiltraciones de aire

Las infiltraciones no controladas alteran los cálculos teóricos de ventilación, introduciendo renovaciones de aire no previstas que afectan al balance térmico global.

Costes económicos

Estas desviaciones se traducen en mayores costes de explotación y en una reducción del retorno de la inversión realizada en sistemas de alta prestación.

8.4. Buenas prácticas

La correcta ejecución energética de ventanas y lucernarios no depende exclusivamente de soluciones tecnológicas avanzadas, sino de la aplicación sistemática de buenas prácticas en obra.

Estas prácticas, aunque puedan parecer operativas y sencillas, son las que permiten que las prestaciones teóricas se conviertan en comportamiento térmico real.

Una de las principales buenas prácticas consiste en planificar la instalación de la ventana desde la fase de replanteo, considerando su posición dentro del plano térmico. Instalar el marco alineado con el aislamiento y no con el plano estructural reduce de forma significativa el riesgo de puentes térmicos perimetrales. Esta decisión debe tomarse antes de la ejecución y no improvisarse en el momento de la colocación.

Otra buena práctica esencial es la ejecución del sellado multicapa, respetando el principio de mayor estanqueidad al aire en la cara interior que en la exterior. Este criterio evita acumulaciones de humedad dentro del paquete constructivo y mejora la hermeticidad global del edificio.

La revisión del soporte antes de la colocación del marco también es fundamental. Un hueco irregular, con defectos de planeidad o con restos de mortero, compromete el ajuste del marco y dificulta el sellado correcto.

En el caso de lucernarios, planificar conjuntamente la integración con la impermeabilización de cubierta evita improvisaciones posteriores que puedan generar filtraciones.

Asimismo, resulta recomendable proteger los huecos instalados hasta la finalización de la obra, evitando daños accidentales que obliguen a reparaciones improvisadas.

La aplicación coherente de estas buenas prácticas convierte la instalación de ventanas en una operación de precisión energética. No se trata solo de colocar un elemento constructivo, sino de integrar un componente crítico dentro del sistema térmico global del edificio.

8.5. Responsabilidad compartida

La eficiencia energética en la ejecución de ventanas y lucernarios no puede atribuirse exclusivamente al fabricante de la carpintería ni al operario que la instala. Se trata de una responsabilidad compartida que comienza en el diseño y se consolida en la ejecución, involucrando a proyectistas, dirección facultativa, encargado y equipos de instalación.

El proyectista debe definir con claridad la posición del hueco dentro del plano térmico, el sistema de sellado y los detalles constructivos que garanticen continuidad térmica y estanqueidad. Sin embargo, si estos detalles no se transmiten adecuadamente a obra o no se interpretan correctamente, su eficacia se diluye.

La dirección facultativa tiene la responsabilidad de verificar que la instalación respete los criterios definidos, especialmente en lo relativo a sellados y encuentros con aislamiento. La ausencia de supervisión específica en estos puntos suele ser el origen de desviaciones energéticas posteriores.

El encargado de obra coordina la secuencia de trabajos y evita interferencias entre oficios. Si no se planifican adecuadamente los pasos de instalaciones o la integración con revestimientos, la continuidad térmica puede verse comprometida.

Por su parte, el operario ejecuta físicamente la integración del hueco y, por tanto, materializa o desvirtúa la solución proyectada.

Incluso el promotor influye indirectamente a través de la planificación de plazos y recursos. La presión excesiva por reducir tiempos puede afectar a la calidad de ejecución.

La eficiencia energética en ventanas es el resultado de una cadena de decisiones y acciones coherentes. Cuando cada agente asume su papel con rigor técnico, el comportamiento térmico del edificio se ajusta a lo previsto. Cuando uno de los eslabones falla, el rendimiento energético global se resiente.

La responsabilidad compartida implica comprender que el hueco no es un elemento aislado, sino una pieza clave dentro de la envolvente térmica integral.

Resumen

Los huecos en fachada —ventanas, puertas acristaladas y lucernarios— constituyen uno de los elementos más delicados de la envolvente térmica del edificio. Aunque su superficie suele ser inferior a la de los cerramientos opacos, su capacidad de intercambio térmico es considerablemente mayor. Esto se debe a que, incluso en soluciones de altas prestaciones, la transmitancia térmica de los huecos supera habitualmente la de los muros o cubiertas aisladas. Por tanto, su influencia en el balance energético global resulta determinante.

Desde el punto de vista funcional, los huecos permiten la entrada de luz natural y facilitan la ventilación, contribuyendo al bienestar interior. Sin embargo, también representan vías potenciales de pérdida de calor en invierno y de ganancia térmica en verano. La exposición solar directa, especialmente en el caso de los lucernarios, incrementa el riesgo de sobrecalentamiento si no se incorporan medidas de control adecuadas. La eficiencia energética no depende únicamente de las características técnicas del vidrio o del marco, sino de la forma en que el conjunto se integra en la envolvente. Una instalación deficiente puede comprometer gravemente el rendimiento previsto en proyecto.

El comportamiento energético de una ventana es el resultado de la interacción entre el marco, el acristalamiento y el sistema de apertura. Los materiales del marco influyen de manera decisiva en la transmitancia térmica. El aluminio, debido a su elevada conductividad, requiere rotura de puente térmico para alcanzar niveles adecuados de aislamiento. El PVC y la madera presentan mejores prestaciones térmicas intrínsecas.

En cuanto al vidrio, el paso del acristalamiento simple al doble o triple vidrio con cámara de aire o gas mejora significativamente el aislamiento. La incorporación de capas bajo emisivas reduce la pérdida de calor por radiación. Asimismo, el tipo de apertura influye en la estanqueidad: las ventanas practicables suelen ofrecer mejores resultados frente a infiltraciones que las correderas. La selección del tipo de ventana debe adaptarse al clima y a la orientación, pero siempre considerando que la instalación correcta será decisiva para mantener sus prestaciones reales.

Las prestaciones térmicas declaradas por los fabricantes —valor U, factor solar y permeabilidad al aire— se obtienen en condiciones de ensayo controladas. Sin embargo, el comportamiento real depende de la correcta ejecución en obra. Una ventana con excelente vidrio puede perder eficacia si el marco genera puentes térmicos o si el sellado perimetral es deficiente.

La transmitancia global está condicionada por la combinación marco-vidrio y por la posición en el plano térmico. La permeabilidad al aire adquiere especial relevancia, ya que infiltraciones no controladas pueden anular parte del beneficio del aislamiento. La diferencia entre cálculo y realidad puede alcanzar porcentajes significativos cuando la instalación no respeta los criterios técnicos.

La instalación es el momento crítico en el que las prestaciones teóricas se convierten en comportamiento real. La ventana debe situarse alineada con el plano de aislamiento para evitar puentes térmicos perimetrales. El premarco debe estar nivelado y correctamente fijado para evitar deformaciones.

El sellado perimetral constituye un punto esencial. Debe garantizar continuidad térmica y estanqueidad al aire y al agua. La combinación de espuma aislante, cintas expansivas y sellantes elásticos permite configurar un sistema eficaz. Una revisión previa al cierre de remates evita que defectos ocultos comprometan el rendimiento energético.

El encuentro entre la ventana y la fachada concentra múltiples exigencias técnicas. La continuidad del aislamiento hasta el marco es fundamental para evitar puentes térmicos lineales. La falta de integración correcta genera pérdidas energéticas continuas a lo largo del perímetro.

El sellado debe proteger frente al agua y asegurar estanqueidad al aire. La ventana no puede analizarse de forma aislada; su comportamiento depende de la coherencia entre carpintería, aislamiento y estructura.

La hermeticidad es clave en la eficiencia energética. El sellado debe concebirse como un sistema multicapa: estanqueidad interior al aire, aislamiento intermedio y protección exterior impermeable pero transpirable. La aplicación incorrecta de espuma o la ausencia de membranas específicas provoca infiltraciones y condensaciones. La revisión detallada antes de cerrar jambas es determinante.

Los materiales auxiliares de sellado desempeñan un papel esencial. La espuma de poliuretano aporta aislamiento, pero debe protegerse y aplicarse correctamente. Las cintas expansivas y membranas permiten configurar sistemas más controlados y duraderos, especialmente en edificios de alta eficiencia. Su uso adecuado garantiza la continuidad térmica y la estanqueidad a largo plazo.

Entre los errores más frecuentes destacan la incorrecta posición del marco, la discontinuidad del aislamiento y el sellado incompleto. Estos defectos, aunque a veces invisibles, generan pérdidas térmicas, infiltraciones y condensaciones que afectan al confort y al consumo energético.

Las malas prácticas derivan de hábitos arraigados en obra, como confiar exclusivamente en la espuma como solución de sellado o cerrar remates sin revisar la estanqueidad. También es frecuente perforar marcos sin tratamiento térmico. Estas actuaciones reducen la eficiencia prevista.

Las condensaciones evidencian deficiencias térmicas. Surgen cuando la temperatura superficial desciende por debajo del punto de rocío debido a puentes térmicos o infiltraciones. Además de afectar a la salubridad, indican pérdida de rendimiento energético.

Las infiltraciones incrementan la demanda de climatización al introducir aire exterior no controlado. Su impacto puede representar un porcentaje significativo de las pérdidas totales. La correcta estanqueidad reduce este consumo oculto y mejora el confort.

El impacto energético real depende de la ejecución. Las desviaciones entre cálculo y comportamiento efectivo repercuten en consumo, emisiones y costes de explotación. La eficiencia es resultado de producto y correcta integración.

Los lucernarios presentan mayor exposición solar y riesgo térmico. Su integración con la cubierta debe garantizar continuidad del aislamiento e impermeabilización. Un diseño adecuado equilibra iluminación natural y comportamiento térmico.

La protección solar es esencial para controlar la carga térmica estival. Las soluciones exteriores son las más eficaces. Su integración adecuada optimiza el comportamiento estacional del edificio.

Los casos reales demuestran que pequeños defectos en encuentros y sellados generan desviaciones significativas en consumo y confort. La inspección previa al cierre resulta clave para evitar estos problemas.

Las reparaciones improvisadas pueden comprometer la eficiencia energética. Sustituir sellados sin revisar el aislamiento o perforar marcos sin tratamiento térmico genera pérdidas permanentes.

El control debe verificar posición, sellado y continuidad térmica antes del cierre definitivo. En edificios de alta eficiencia pueden realizarse pruebas específicas de estanqueidad.

La coordinación entre carpinteros, instaladores de aislamiento e impermeabilización es esencial para garantizar continuidad térmica. La falta de planificación genera interferencias y puentes térmicos.

El uso de un checklist sistematiza el control, asegurando verificación del hueco, fijación, sellado multicapa e integración con impermeabilización en lucernarios.

El operario materializa la eficiencia energética. Su precisión en nivelación, sellado y aplicación de materiales determina el rendimiento final.

Una instalación correcta evita superficies frías, corrientes de aire y sobrecalentamientos, garantizando estabilidad térmica y bienestar interior.

Las ventanas influyen de forma decisiva en la demanda de calefacción y refrigeración. Pequeñas deficiencias pueden generar desviaciones significativas en el consumo real.

Planificar la posición en el plano térmico, ejecutar sellado multicapa y revisar soportes son prácticas esenciales para garantizar eficiencia.

La eficiencia energética es responsabilidad conjunta de proyectistas, dirección facultativa, encargados y operarios. La coherencia entre diseño y ejecución garantiza el rendimiento previsto.

AUTOEVALUACIÓN

1. ¿Por qué los huecos en fachada son considerados un punto crítico energético?
   - **A.** Porque ocupan la mayor superficie del edificio
   - **B.** Porque permiten únicamente la entrada de aire
   - **C.** Porque su transmitancia térmica suele ser mayor que la de los elementos opacos
   - **D.** Porque no influyen en el consumo energético

2. ¿Qué material de marco requiere rotura de puente térmico para mejorar su comportamiento energético?
   - **A.** PVC
   - **B.** Madera
   - **C.** Aluminio
   - **D.** Fibra de vidrio

3. ¿Qué elemento mejora significativamente la resistencia térmica del acristalamiento?
   - **A.** Vidrio simple
   - **B.** Doble o triple vidrio con cámara de aire o gas argón
   - **C.** Cristal tintado
   - **D.** Vidrio decorativo

4. ¿Dónde debería situarse idealmente el marco de la ventana para evitar puentes térmicos?
   - **A.** En el centro del muro estructural
   - **B.** Alineado con el aislamiento de fachada
   - **C.** En el interior del cerramiento sin aislamiento
   - **D.** Separado del plano térmico

5. ¿Qué puede ocurrir si el sellado perimetral es deficiente?
   - **A.** Mejora la ventilación natural
   - **B.** Aumenta la iluminación interior
   - **C.** Se producen infiltraciones de aire y pérdidas energéticas
   - **D.** Reduce el peso de la ventana

6. Según el principio de sellado multicapa, la capa interior debe ser:

A. Permeable al aire
B. Estanca al aire
C. Permeable al agua
D. Decorativa

7. ¿Qué porcentaje aproximado de pérdidas por ventilación no controlada pueden representar las infiltraciones en edificios exigentes energéticamente?

A. 5–10%
B. 10–15%
C. 15–25%
D. 40–50%

8. ¿Por qué los lucernarios tienen mayor impacto energético que las ventanas verticales?

A. Porque no permiten entrada de luz
B. Porque están más expuestos a la radiación solar directa
C. Porque siempre son de vidrio simple
D. Porque no requieren aislamiento

9. ¿Cuál es la protección solar más eficaz desde el punto de vista térmico?

A. Cortinas interiores
B. Estores textiles
C. Láminas decorativas interiores
D. Protecciones exteriores como lamas o voladizos

10. ¿De qué depende el impacto energético real de una ventana?

A. Solo del valor U del fabricante
B. Únicamente del tipo de vidrio
C. Del diseño, el producto y la calidad de ejecución en obra
D. Exclusivamente del tamaño del hueco

UNIDAD

3.5. La Eficiencia Energética en la Ejecución de Encuentros Constructivos

Contenido de la Unidad

1. ENCUENTROS CONSTRUCTIVOS: IMPORTANCIA Y TIPOLOGÍA

1.1. Importancia de los encuentros

En la ejecución energética de un edificio, los encuentros constructivos constituyen el verdadero punto de prueba de la calidad térmica global. Si la envolvente puede entenderse como un sistema continúo destinado a limitar el intercambio energético con el exterior, los encuentros son precisamente los lugares donde esa continuidad se pone en riesgo.

Un encuentro constructivo es la intersección entre dos o más elementos de la envolvente: fachada y forjado, cubierta y cerramiento vertical, ventana y muro, medianería y cubierta, entre otros. En estos puntos confluyen distintos materiales, espesores, planos y sistemas constructivos, lo que incrementa la probabilidad de discontinuidades térmicas y errores de ejecución.

Desde el punto de vista energético, los encuentros son zonas de elevada complejidad porque concentran cambios de plano, interrupciones de aislamiento y presencia de elementos estructurales con mayor conductividad térmica. El hormigón, el acero o incluso los anclajes metálicos pueden atravesar el plano aislante, generando puentes térmicos lineales o puntuales.

En muchos casos, el cálculo energético del edificio contempla valores teóricos de transmitancia para los cerramientos principales, pero son los encuentros los que determinan el comportamiento real. Una envolvente con excelente aislamiento puede perder una parte significativa de su eficacia si los encuentros no están correctamente resueltos.

Además, los encuentros no solo afectan a la eficiencia energética, sino también al confort interior. Descensos locales de temperatura superficial, condensaciones o infiltraciones de aire suelen localizarse precisamente en estas zonas críticas.

La importancia de los encuentros constructivos radica en que son el punto donde se decide si el edificio funciona como un sistema térmico continuo o como una suma de planos aislados con interrupciones.

La eficiencia energética en obra no se mide únicamente en grandes superficies, sino en la precisión con la que se ejecutan los detalles. En los encuentros constructivos se materializa, o se pierde, el rendimiento térmico previsto en proyecto.

1.2. Encuentros más críticos

El encuentro entre forjado y fachada constituye uno de los puntos más determinantes en el comportamiento térmico de la envolvente. En este punto se produce la intersección entre el plano horizontal estructural y el plano vertical de cerramiento, lo que genera una elevada probabilidad de puente térmico si no se resuelve adecuadamente.

El canto del forjado suele estar ejecutado en hormigón armado, material con conductividad térmica muy superior a la del aislamiento. Si el aislamiento de fachada no cubre completamente este canto o se interrumpe en su encuentro, el flujo de calor se concentra en esta línea estructural, generando un puente térmico lineal continuo a lo largo del perímetro del edificio.

Desde el punto de vista energético, este defecto puede representar una parte significativa de las pérdidas térmicas en invierno y de las ganancias no deseadas en verano. Además, en el interior del edificio, puede provocar descensos localizados de temperatura superficial en la zona de encuentro entre techo y fachada, favoreciendo condensaciones.

La ejecución correcta exige que el aislamiento exterior envuelva el canto del forjado sin interrupciones. En sistemas de aislamiento por el exterior, este solape debe revisarse antes de la aplicación del revestimiento definitivo. En soluciones con doble hoja, la continuidad del aislamiento en cámara debe garantizarse evitando penetraciones del forjado sin tratamiento térmico.

En obra, uno de los errores más frecuentes es la falta de coordinación entre estructura y aislamiento, dejando el canto parcialmente descubierto o con espesor insuficiente.

La revisión visual antes del cierre definitivo es imprescindible para detectar posibles discontinuidades.

El encuentro forjado-fachada no es un simple detalle constructivo; es un punto estructural que condiciona el rendimiento térmico global del edificio. Su correcta resolución reduce pérdidas energéticas repetitivas y mejora la estabilidad térmica interior.

2. Encuentros Estructurales Principales

2.1. Forjado-fachada

El encuentro entre cubierta y fachada representa otro de los puntos críticos en la continuidad de la envolvente térmica. En esta transición confluyen aislamiento horizontal y vertical, sistemas de impermeabilización y elementos estructurales, lo que incrementa la complejidad constructiva y el riesgo de discontinuidades térmicas.

En cubiertas planas, el aislamiento debe prolongarse desde el plano horizontal hasta el interior del peto o del arranque vertical, garantizando que no exista interrupción en el canto estructural. Si el aislamiento de cubierta termina antes de conectar con el aislamiento de fachada, se genera un puente térmico lineal en todo el perímetro superior del edificio.

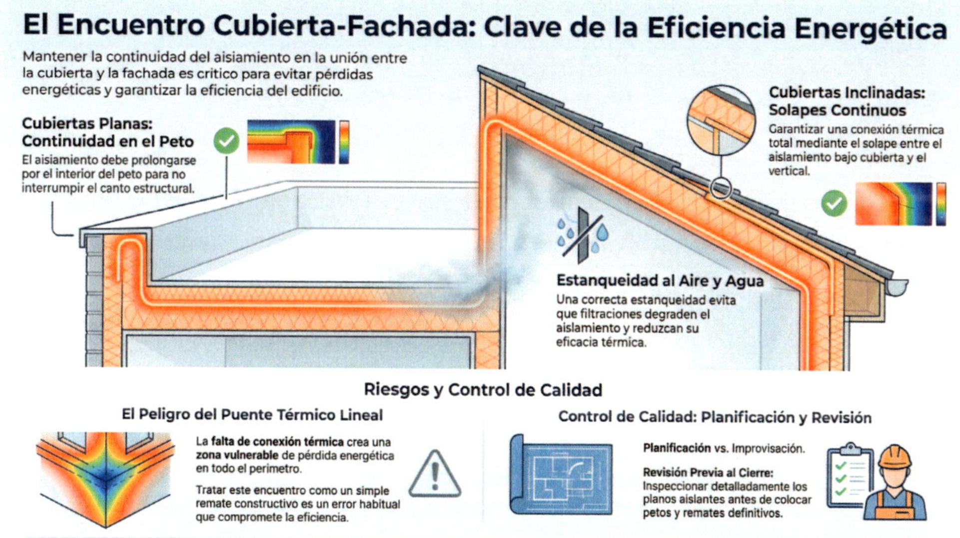

En cubiertas inclinadas, la integración entre el aislamiento bajo cubierta y el aislamiento del cerramiento vertical debe resolverse mediante solapes continuos. La ausencia de conexión térmica en este punto crea una zona vulnerable frente a pérdidas energéticas.

Además del aislamiento, la estanqueidad al aire y al agua debe resolverse correctamente. Las filtraciones en este encuentro no solo afectan a la durabilidad del sistema, sino que también pueden degradar el aislamiento y reducir su eficacia térmica.

Uno de los errores habituales en obra es tratar el encuentro cubierta-fachada como un remate puramente constructivo, sin considerar su impacto energético. La falta de planificación previa suele derivar en soluciones improvisadas que comprometen la continuidad térmica.

La revisión detallada antes del cierre definitivo de petos y remates es fundamental para detectar posibles interrupciones en el plano aislante.

El encuentro cubierta-fachada no es únicamente un punto de transición geométrica; es una zona estratégica donde se define la coherencia térmica entre planos horizontales y verticales. Su correcta ejecución contribuye de forma decisiva a la eficiencia energética global del edificio.

2.2. Cubierta-fachada

El encuentro entre cubierta y fachada representa otro de los puntos críticos en la continuidad de la envolvente térmica. En esta transición confluyen aislamiento horizontal y vertical, sistemas de impermeabilización y elementos estructurales, lo que incrementa la complejidad constructiva y el riesgo de discontinuidades térmicas.

En cubiertas planas, el aislamiento debe prolongarse desde el plano horizontal hasta el interior del peto o del arranque vertical, garantizando que no exista interrupción en el canto estructural. Si el aislamiento de cubierta termina antes de conectar con el aislamiento de fachada, se genera un puente térmico lineal en todo el perímetro superior del edificio.

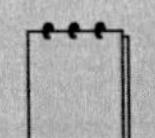

Presentación técnica 3.5.1
Escanear el código QR que se encuentra en la primera página.

En cubiertas inclinadas, la integración entre el aislamiento bajo cubierta y el aislamiento del cerramiento vertical debe resolverse mediante solapes continuos. La ausencia de conexión térmica en este punto crea una zona vulnerable frente a pérdidas energéticas.

Además del aislamiento, la estanqueidad al aire y al agua debe resolverse correctamente. Las filtraciones en este encuentro no solo afectan a la durabilidad del sistema, sino que también pueden degradar el aislamiento y reducir su eficacia térmica.

Uno de los errores habituales en obra es tratar el encuentro cubierta-fachada como un remate puramente constructivo, sin considerar su impacto energético. La falta de planificación previa suele derivar en soluciones improvisadas que comprometen la continuidad térmica.

La revisión detallada antes del cierre definitivo de petos y remates es fundamental para detectar posibles interrupciones en el plano aislante.

El encuentro cubierta-fachada no es únicamente un punto de transición geométrica; es una zona estratégica donde se define la coherencia térmica entre planos horizontales y verticales. Su correcta ejecución contribuye de forma decisiva a la eficiencia energética global del edificio.

3. Encuentros con Huecos y Elementos Sensibles

3.1. Ventana-fachada

El encuentro entre ventana y fachada es, probablemente, uno de los puntos donde con mayor frecuencia se pierde la continuidad térmica prevista en proyecto. A diferencia de los planos continuos de fachada o cubierta, este encuentro introduce un elemento prefabricado que debe integrarse con precisión en el sistema aislante.

Desde el punto de vista energético, el riesgo principal radica en la aparición de un puente térmico perimetral si el marco no queda correctamente alineado con el plano del aislamiento. Cuando la ventana se instala desplazada hacia el plano estructural sin contemplar la continuidad térmica, se crea una zona de transmisión directa entre interior y exterior.

La correcta integración exige que el aislamiento de fachada alcance el perímetro del marco, envolviéndolo o solapándose adecuadamente según el sistema constructivo. En instalaciones de alta eficiencia, la ventana debe colocarse en el plano térmico, no simplemente en el hueco estructural.

Además de la continuidad del aislamiento, el sellado perimetral resulta determinante. Si el encuentro no es estanco al aire, se producen infiltraciones que incrementan la demanda energética. Estas infiltraciones, aunque pequeñas, son continuas y afectan de forma acumulativa al consumo.

Otro aspecto relevante es el tratamiento de premarcos y anclajes. Los elementos metálicos que atraviesan el plano aislante deben resolverse con sistemas de rotura térmica o con soluciones específicas que limiten la transmisión de calor.

La ejecución de este encuentro requiere precisión, planificación y control específico antes del cierre de remates interiores y exteriores.

El encuentro ventana-fachada es un punto de transición crítica donde se decide si el hueco mantiene las prestaciones energéticas declaradas o si se convierte en un foco permanente de pérdida térmica.

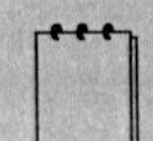

Presentación técnica 3.5.2
Escanear el código QR que se encuentra en la primera página.

3.2. Medianerías

El encuentro de medianerías con fachada, cubierta o forjados constituye un punto menos evidente, pero igualmente relevante desde el punto de vista energético. Aunque tradicionalmente se consideran elementos interiores sin intercambio térmico significativo, en la práctica su comportamiento depende del uso real de los espacios que separan.

Cuando una medianería conecta con la fachada exterior, es frecuente que el aislamiento vertical no se prolongue adecuadamente en la transición. Esta interrupción genera un puente térmico lineal que puede afectar al rendimiento térmico en la zona de encuentro.

En edificios plurifamiliares, el comportamiento energético de la medianería depende de si ambas viviendas están climatizadas. Si una de ellas permanece desocupada o no climatizada, el muro medianero puede convertirse en superficie de pérdida térmica para la vivienda contigua.

El encuentro medianería-cubierta también es crítico. Si el aislamiento horizontal no se integra correctamente con el muro divisorio, se crea una discontinuidad térmica que afecta a la estabilidad del conjunto.

Desde el punto de vista constructivo, uno de los errores habituales es considerar la medianería como un plano independiente sin necesidad de tratamiento térmico específico en encuentros.

La ejecución debe prever continuidad térmica en la intersección de medianerías con otros elementos de la envolvente.

Además, las perforaciones para instalaciones en medianerías pueden generar infiltraciones de aire si no se sellan adecuadamente.

Aunque su impacto pueda parecer secundario frente a fachada o cubierta, la correcta resolución de medianerías contribuye a la coherencia térmica global del edificio.

La eficiencia energética exige analizar los encuentros de medianerías como parte integral del sistema envolvente, especialmente en edificaciones residenciales con ocupación variable.

4. Principio clave: Continuidad del Aislamiento

4.1. Continuidad del aislamiento

La continuidad del aislamiento en los encuentros constructivos es el principio estructural que sostiene la eficiencia energética real del edificio. Si la envolvente térmica puede entenderse como una piel continua que protege el espacio interior, los encuentros son precisamente los lugares donde esa piel se pliega, se cruza o se interrumpe. Es en esos puntos donde la coherencia del sistema debe mantenerse con mayor rigor.

Desde el punto de vista energético, cualquier interrupción en el plano aislante genera un puente térmico. No se trata únicamente de una pérdida puntual, sino de una línea de transmisión térmica que puede repetirse en toda la altura o perímetro del edificio. La acumulación de estas pequeñas discontinuidades tiene un impacto medible en la demanda energética anual.

La continuidad del aislamiento exige que los distintos planos —fachada, cubierta, forjado, particiones en contacto con espacios no climatizados— se conecten entre sí sin saltos térmicos. En el encuentro forjado-fachada, el aislamiento debe envolver el canto estructural; en el encuentro cubierta-fachada, el plano horizontal y vertical deben solaparse; en el encuentro ventana-fachada, el marco debe integrarse dentro del plano térmico y no interrumpirlo.

En obra, uno de los problemas más frecuentes es la ejecución fragmentada por fases o por oficios, lo que dificulta mantener una visión global de la continuidad térmica. Cada equipo actúa sobre su plano sin integrar plenamente la transición con el siguiente.

Garantizar continuidad no significa únicamente colocar material aislante, sino hacerlo con coherencia geométrica y funcional. Las juntas deben estar cerradas, los encuentros solapados y los cambios de plano resueltos sin dejar vacíos ocultos.

La eficiencia energética no depende solo del espesor del aislamiento, sino de su continuidad. Un aislamiento discontinuo pierde gran parte de su eficacia, mientras que un sistema coherente y continuo consolida el rendimiento térmico previsto en proyecto.

5. Fallos Típicos y Comportamiento Térmico Real

5.1. Errores habituales

En la ejecución de encuentros constructivos, los errores no suelen deberse a una falta de conocimiento técnico sobre el aislamiento en sí, sino a la subestimación de la importancia del detalle. Mientras los grandes planos de fachada o cubierta reciben atención específica, los puntos de transición entre elementos constructivos quedan a menudo relegados a soluciones improvisadas en obra.

Uno de los errores más frecuentes consiste en interrumpir el aislamiento en cambios de plano, especialmente en encuentros forjado-fachada o cubierta-fachada. En estos casos, el aislamiento puede quedar desplazado unos centímetros respecto al plano previsto, generando una línea continua de transmisión térmica que afecta a todo el perímetro.

Otro error habitual es la falta de coordinación en encuentros con carpinterías. Cuando el aislamiento de fachada no se integra correctamente con el marco de la ventana, se produce una discontinuidad térmica perimetral que no siempre es visible tras el cierre de remates.

También es frecuente que los encuentros con elementos estructurales metálicos no incorporen soluciones de rotura térmica, permitiendo la transmisión directa de calor.

Las improvisaciones para resolver interferencias de instalaciones constituyen otro foco de error. Cortes realizados en el aislamiento para permitir el paso de conductos o cables, sin posterior restitución térmica adecuada, generan puentes térmicos ocultos.

Estos errores suelen detectarse tarde, cuando aparecen condensaciones o desviaciones en el consumo energético.

La prevención exige planificación previa, lectura detallada de los planos de detalle y supervisión específica en cada punto singular.

En los encuentros constructivos, el error no suele ser visible de inmediato, pero sus consecuencias energéticas son persistentes y acumulativas.

5.2. Puentes térmicos reales

Cuando se analiza el comportamiento energético de un edificio en condiciones reales de uso, los puentes térmicos en encuentros constructivos adquieren una dimensión que va más allá de la teoría normativa. Aunque en los cálculos energéticos se introduzcan valores correctores para tener en cuenta estos puntos singulares, la realidad constructiva puede amplificar su efecto si la ejecución no ha sido rigurosa.

Un puente térmico no es simplemente una zona con mayor conductividad térmica; es un punto donde el equilibrio térmico de la envolvente se rompe. En el encuentro entre forjado y fachada, por ejemplo, el canto estructural de hormigón actúa como vía de transmisión directa de calor si no está envuelto adecuadamente por el aislamiento. Esta transmisión no se limita a una pequeña superficie, sino que se extiende a lo largo de toda la línea de encuentro en cada planta, generando una pérdida continua y acumulativa.

En el encuentro cubierta-fachada, la interrupción del aislamiento horizontal con el vertical puede producir un efecto similar, concentrando el flujo térmico en la coronación del edificio. En los encuentros ventana-fachada, la falta de integración del marco dentro del plano térmico crea un puente térmico perimetral que afecta a todo el contorno del hueco, reduciendo la eficacia del acristalamiento más avanzado.

Lo que convierte a estos puentes térmicos en "reales" no es su existencia teórica, sino su manifestación en el comportamiento cotidiano del edificio. Descensos localizados de temperatura superficial, aparición de condensaciones en esquinas interiores o incremento del consumo energético son síntomas directos de una ejecución que no ha garantizado continuidad térmica.

Además, la repetición sistemática de pequeños puentes térmicos en distintos encuentros puede representar una desviación significativa respecto al rendimiento previsto en proyecto. Aunque cada punto individual pueda parecer irrelevante, su suma altera el balance energético global.

Comprender los puentes térmicos como fenómenos físicos asociados a la geometría y a la materialidad de los encuentros permite abordar su prevención con mayor precisión. La correcta ejecución no elimina completamente su existencia, pero sí puede reducir de forma sustancial su impacto real en el consumo y en el confort del edificio.

5.3. Consecuencias energéticas

Las consecuencias energéticas derivadas de una mala resolución en los encuentros constructivos no siempre se manifiestan de forma inmediata, pero sí lo hacen de manera sostenida a lo largo de la vida útil del edificio. Cuando la envolvente térmica pierde continuidad en puntos estratégicos, el sistema deja de comportarse como un conjunto homogéneo y comienza a presentar zonas de desequilibrio térmico que afectan al consumo global.

En invierno, los puentes térmicos en encuentros forjado-fachada o ventana-fachada generan pérdidas constantes de calor hacia el exterior. Esta transferencia térmica obliga al sistema de calefacción a trabajar con mayor intensidad para mantener la temperatura interior deseada. El resultado es un incremento progresivo del consumo energético que, aunque pueda parecer moderado en cada punto singular, se multiplica cuando estos defectos se repiten en todo el perímetro del edificio.

En verano, el efecto se invierte. Las discontinuidades térmicas permiten la entrada de calor no deseado, especialmente en encuentros expuestos a radiación solar directa, como cubierta-fachada o lucernarios. El sistema de refrigeración debe compensar estas ganancias térmicas adicionales, incrementando el gasto energético y reduciendo la eficiencia global del edificio.

Más allá del consumo directo, las consecuencias también afectan al confort interior. Las diferencias de temperatura superficial en zonas próximas a encuentros mal ejecutados pueden generar sensación de incomodidad, corrientes de aire o condensaciones localizadas. Estas situaciones obligan al usuario a ajustar manualmente la climatización, lo que se traduce en mayor demanda energética.

Además, la acumulación de humedad asociada a puentes térmicos mal resueltos puede degradar materiales aislantes, reduciendo aún más su capacidad térmica y creando un círculo de deterioro progresivo.

Las consecuencias energéticas de los encuentros constructivos no son un fenómeno puntual, sino un efecto estructural que acompaña al edificio durante toda su vida útil.

Por ello, la precisión en la ejecución de estos puntos singulares no es una cuestión secundaria, sino un requisito fundamental para asegurar que el rendimiento energético proyectado se materialice en condiciones reales de uso.

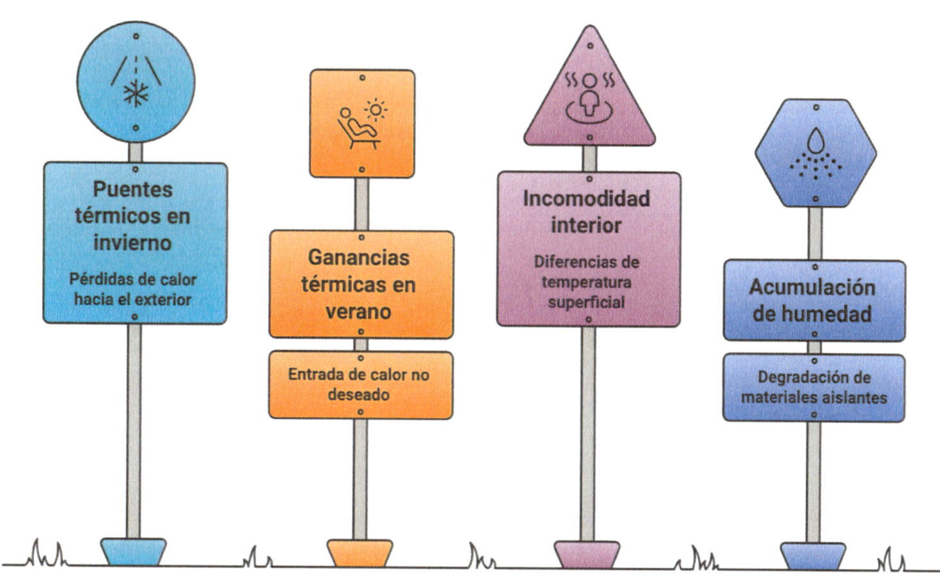

6. Casos de Obra y Defectos Frecuentes

6.1. Casos reales de obra

La teoría sobre encuentros constructivos adquiere verdadero sentido cuando se analiza su comportamiento en obra y en fase de uso. La experiencia práctica demuestra que muchos problemas energéticos no provienen de errores en los grandes planos aislantes, sino de pequeñas desviaciones en los puntos de transición entre elementos.

En una promoción residencial con aislamiento exterior continuo, el cálculo energético indicaba una demanda térmica reducida. Sin embargo, tras el primer invierno, varias viviendas presentaron condensaciones en el encuentro entre techo y fachada. La inspección termográfica reveló un puente térmico lineal en el canto del forjado.

Durante la ejecución, el aislamiento no se prolongó adecuadamente en el borde estructural, generando una discontinuidad repetida en cada planta. El defecto no era visible tras el revestimiento exterior, pero su efecto energético era permanente.

En otro caso, en un edificio terciario con cubierta plana, el encuentro cubierta-fachada se resolvió mediante una solución improvisada para salvar una interferencia con instalaciones. El aislamiento horizontal no se solapó con el vertical, dejando una franja sin protección térmica en todo el perímetro superior. El resultado fue un incremento significativo en el consumo de climatización durante los meses fríos.

También se han documentado desviaciones en encuentros ventana-fachada, donde el marco se instaló desplazado hacia el interior por razones estéticas. Esta decisión alteró el plano térmico previsto y generó un puente térmico perimetral continuo que afectó al confort en el entorno del hueco.

Estos casos muestran que el comportamiento energético real depende en gran medida de cómo se ejecutan los encuentros. Las desviaciones no suelen ser consecuencia de una mala intención, sino de decisiones tomadas en obra sin considerar plenamente su impacto térmico.

El análisis de casos reales refuerza una idea esencial: los encuentros constructivos son puntos estratégicos donde se decide la eficacia energética del edificio. La prevención, el control y la coherencia entre proyecto y ejecución son las herramientas más eficaces para evitar que estos puntos singulares se conviertan en focos permanentes de pérdida energética.

6.2. Detalles mal ejecutados

En el ámbito de los encuentros constructivos, el detalle no es un elemento secundario, sino el punto donde se materializa la coherencia térmica del edificio. Cuando un detalle constructivo está mal ejecutado, no solo se compromete la calidad técnica inmediata, sino que se altera el comportamiento energético global de la envolvente.

Uno de los detalles mal ejecutados más frecuentes se produce en el encuentro entre aislamiento vertical y horizontal, especialmente en transiciones entre fachada y cubierta o entre fachada y forjado. En muchos casos, el aislamiento se corta antes de alcanzar el plano estructural o se solapa de forma insuficiente, generando una pequeña franja sin continuidad térmica. Aunque esta interrupción pueda parecer mínima, su repetición sistemática a lo largo del perímetro del edificio amplifica su impacto.

Otro ejemplo habitual es la falta de tratamiento específico en encuentros con elementos estructurales salientes, como vigas o pilares embebidos. Cuando estos elementos no quedan correctamente envueltos por el aislamiento, actúan como conductores térmicos directos entre interior y exterior.

En encuentros ventana-fachada, un detalle mal ejecutado puede consistir en la ausencia de aislamiento perimetral en jambas o dinteles, o en la colocación incorrecta del marco respecto al plano térmico. Estas desviaciones generan puentes térmicos lineales que afectan tanto al consumo como al confort.

Asimismo, la ejecución deficiente de juntas de dilatación o el uso inadecuado de sellantes puede permitir infiltraciones de aire o humedad, reduciendo la eficacia térmica del conjunto.

El problema de los detalles mal ejecutados radica en que suelen quedar ocultos tras revestimientos o acabados finales. Su detección posterior resulta compleja y costosa, lo que convierte la prevención en la herramienta más eficaz.

La precisión en los detalles constructivos no es una cuestión estética, sino energética. Cada encuentro debe resolverse con la misma atención que los grandes planos de aislamiento, pues es en estos puntos donde la eficiencia energética se consolida o se pierde.

7. Organización, control y Mantenimiento de Encuentros

7.1. Coordinación entre oficios

La correcta ejecución de los encuentros constructivos exige una coordinación rigurosa entre los distintos oficios que intervienen en la obra. En estos puntos convergen estructura, cerramientos, impermeabilización, carpinterías e instalaciones, por lo que cualquier actuación desalineada puede comprometer la continuidad térmica.

En muchos casos, los problemas energéticos no se originan en la falta de conocimiento técnico, sino en la fragmentación del proceso constructivo. Cada equipo trabaja sobre su plano específico sin una visión global del sistema envolvente. Cuando no existe una planificación conjunta, se producen interferencias que obligan a soluciones improvisadas en los encuentros.

Por ejemplo, la instalación de conductos o elementos estructurales adicionales puede obligar a perforar el aislamiento ya colocado. Si estas intervenciones no se coordinan previamente, la continuidad térmica queda interrumpida sin que nadie asuma claramente la responsabilidad de su restitución.

En encuentros como forjado-fachada o cubierta-fachada, la secuencia de ejecución resulta determinante. Si el aislamiento vertical se ejecuta antes de resolver adecuadamente el plano horizontal, pueden generarse discontinuidades difíciles de corregir una vez cerrada la obra.

La coordinación no debe limitarse a una reunión inicial, sino que debe mantenerse durante toda la ejecución. El encargado y la dirección facultativa deben anticipar los puntos críticos y establecer protocolos específicos para su resolución.

Una obra donde los oficios trabajan de forma aislada tiende a generar pequeños defectos acumulativos en los encuentros. Por el contrario, una coordinación efectiva permite que cada equipo entienda cómo su intervención afecta al sistema térmico global.

La eficiencia energética en los encuentros constructivos es, en gran medida, el resultado de una gestión coordinada que integre todos los planos y sistemas en una envolvente coherente.

7.2. Control de ejecución

El control de ejecución en los encuentros constructivos debe abordarse como una fase específica dentro del proceso global de supervisión energética. A diferencia de los planos continuos, los encuentros requieren una revisión más detallada, ya que concentran mayor complejidad técnica y mayor riesgo de discontinuidad térmica.

Este control no puede limitarse a una inspección final. Debe realizarse en fases intermedias, antes de que los detalles queden ocultos tras revestimientos, impermeabilizaciones o acabados interiores. Una vez cerrados los encuentros, la detección y corrección de defectos resulta mucho más costosa y, en ocasiones, inviable sin intervención invasiva.

En el encuentro forjado-fachada, el control debe verificar que el aislamiento envuelve completamente el canto estructural y que no existen interrupciones en el plano térmico. En cubierta-fachada, debe comprobarse el solape entre aislamiento horizontal y vertical, así como la correcta integración con la impermeabilización.

En encuentros ventana-fachada, la revisión debe centrarse en la continuidad del aislamiento perimetral y en la correcta ejecución del sellado multicapa. La estanqueidad al aire en estos puntos es fundamental para evitar infiltraciones no controladas.

El uso de registros fotográficos antes del cierre definitivo facilita la trazabilidad y permite documentar que la continuidad térmica se ha respetado.

En proyectos con alta exigencia energética, pueden incorporarse herramientas complementarias como inspección termográfica o ensayos de hermeticidad para validar el comportamiento global de la envolvente.

El control de ejecución en encuentros constructivos no es un formalismo administrativo, sino una herramienta técnica para asegurar que el rendimiento térmico previsto en proyecto se materializa en la obra terminada. La eficiencia energética depende, en gran medida, de esta vigilancia específica en los puntos más vulnerables del sistema.

7.3. Reparaciones posteriores

Las intervenciones posteriores en los encuentros constructivos constituyen uno de los momentos más delicados para la integridad energética del edificio. A diferencia de la ejecución inicial, donde los detalles se planifican con coherencia global, las reparaciones suelen abordarse de manera puntual, atendiendo al problema inmediato sin analizar su impacto térmico.

Cuando se realizan modificaciones en encuentros forjado-fachada o cubierta-fachada para incorporar nuevas instalaciones, reparar filtraciones o modificar acabados, es frecuente que se altere el plano aislante sin restituir correctamente su continuidad. Una pequeña perforación o un corte en el aislamiento puede convertirse en un puente térmico permanente si no se repara con el mismo criterio técnico que en la ejecución original.

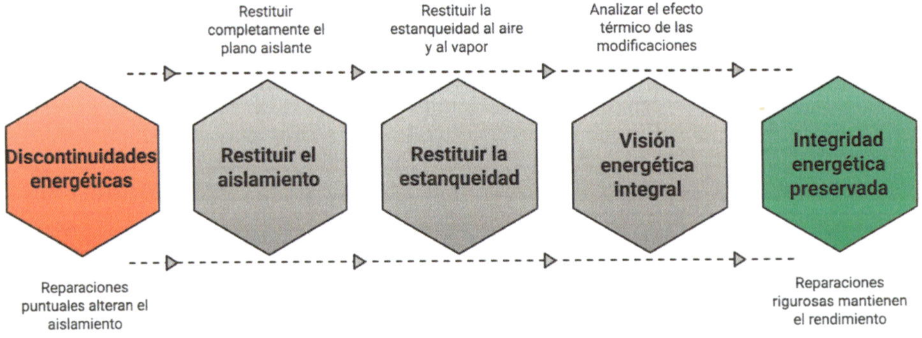

En el caso de encuentros ventana-fachada, las sustituciones parciales de carpinterías o la instalación de nuevos sistemas auxiliares pueden modificar la posición del marco respecto al plano térmico. Si no se reevalúa la continuidad del aislamiento y del sellado, el rendimiento energético del hueco se deteriora.

Las reparaciones en medianerías o en encuentros con cubierta también pueden generar discontinuidades si se interviene únicamente en el acabado superficial sin revisar el estado del aislamiento subyacente.

El problema fundamental de las reparaciones posteriores es que muchas veces se realizan sin una visión energética integral. Se corrige la patología visible —una fisura, una filtración, un daño puntual— pero no se analiza el efecto térmico del encuentro modificado.

Para preservar la eficiencia energética, toda intervención en un encuentro constructivo debe contemplar la restitución completa del plano aislante y de la estanqueidad al aire y al vapor. La reparación debe entenderse como una reconstrucción parcial del sistema envolvente, no como un simple arreglo superficial.

La eficiencia energética no es un estado estático alcanzado en el momento de la entrega del edificio; debe mantenerse a lo largo de su vida útil. Las reparaciones mal ejecutadas pueden anular años de buen comportamiento térmico si no se realizan con rigor técnico.

8. Impacto Final y Herramientas de Aseguramiento

8.1. Impacto en calificación energética

La correcta o incorrecta resolución de los encuentros constructivos tiene una repercusión directa en la calificación energética del edificio, aunque en muchos casos esta relación no sea percibida de forma inmediata. Los programas de certificación energética incorporan coeficientes de corrección para tener en cuenta los puentes térmicos lineales y puntuales, pero estos valores se basan en hipótesis de correcta ejecución.

Cuando los encuentros se ejecutan conforme a los detalles previstos en proyecto, el comportamiento térmico global se aproxima a los valores calculados y la demanda energética resultante permite alcanzar la clasificación energética prevista. Sin embargo, si durante la ejecución se producen discontinuidades no contempladas, el edificio puede presentar un comportamiento real inferior al estimado.

En encuentros como forjado-fachada o cubierta-fachada, una interrupción en el aislamiento puede incrementar la transmitancia lineal en valores que, acumulados en todo el perímetro, elevan la demanda de calefacción y refrigeración. Aunque el cálculo inicial asuma valores estándar, la ejecución deficiente puede generar desviaciones que no quedan reflejadas en la etiqueta energética, pero sí en el consumo real.

En el caso de encuentros ventana-fachada, la mala integración del marco puede afectar tanto al valor U global del hueco como a la estanqueidad del edificio, influyendo indirectamente en los resultados del balance energético.

En edificios con alta exigencia energética —clases A o B—, los márgenes de mejora son reducidos, por lo que pequeñas desviaciones en los encuentros pueden impedir alcanzar el nivel previsto.

El impacto en la calificación energética no se limita a un número en la etiqueta; influye en la percepción de calidad del inmueble, en su valor de mercado y en el coste de uso para el usuario.

La ejecución rigurosa de los encuentros constructivos es, por tanto, una condición necesaria para que la calificación energética proyectada se corresponda con el rendimiento real del edificio.

8.2. Buenas prácticas

La correcta ejecución de los encuentros constructivos no depende únicamente de la complejidad técnica del detalle, sino de la aplicación sistemática de buenas prácticas que garanticen continuidad térmica, estanqueidad y coherencia entre planos constructivos. Estas buenas prácticas no son soluciones extraordinarias, sino criterios básicos que deben incorporarse de forma habitual en obra.

En primer lugar, resulta imprescindible estudiar los detalles de proyecto antes de iniciar la ejecución. Los encuentros no pueden improvisarse en obra; requieren planificación previa, comprensión de la secuencia constructiva y coordinación entre equipos. Anticipar cómo se solaparán los planos de aislamiento en forjado-fachada o cubierta-fachada evita soluciones forzadas posteriores.

Otra buena práctica esencial es mantener la continuidad del aislamiento como principio rector. Cada vez que el plano aislante cambie de dirección o de sistema, debe garantizarse que no exista interrupción. Esto implica prever piezas especiales, prolongaciones o solapes adecuados.

Asimismo, en encuentros con carpinterías, debe priorizarse la integración del marco dentro del plano térmico, utilizando sistemas de sellado multicapa que respeten el criterio de mayor estanqueidad interior que exterior.

La revisión visual antes del cierre definitivo de cada encuentro constituye otra práctica clave. Una vez oculto el detalle bajo revestimientos o impermeabilizaciones, la corrección resulta compleja y costosa.

Finalmente, la formación específica en criterios energéticos para encargados y operarios permite que estas buenas prácticas no dependan exclusivamente del control externo, sino que se integren en la cultura constructiva de la obra.

Las buenas prácticas en encuentros constructivos no solo reducen pérdidas térmicas, sino que consolidan la coherencia del sistema envolvente. La eficiencia energética no es el resultado de una única solución técnica, sino de la suma de decisiones bien ejecutadas en cada punto singular del edificio.

8.3. Checklist

En el ámbito de los encuentros constructivos, el checklist adquiere una relevancia especial, ya que permite estructurar el control en aquellos puntos donde la probabilidad de error es mayor.

A diferencia de los planos continuos, los encuentros concentran cambios de material, de orientación y de sistema, por lo que requieren una verificación específica y sistemática.

Un checklist eficaz para encuentros constructivos debe comenzar por la identificación clara del detalle que se va a ejecutar. Antes de iniciar los trabajos, debe comprobarse que el plano de proyecto define correctamente la continuidad del aislamiento y que los equipos implicados conocen la secuencia constructiva prevista.

Durante la ejecución, el control debe centrarse en verificar que el aislamiento no se interrumpe en el cambio de plano. En encuentros forjado-fachada, debe revisarse que el canto estructural quede completamente envuelto por el material aislante. En cubierta-fachada, el checklist debe confirmar que existe solape entre el aislamiento horizontal y el vertical sin dejar franjas descubiertas.

En encuentros con ventanas, la revisión debe incluir la correcta posición del marco en el plano térmico y la ejecución del sellado multicapa.

El checklist también debe contemplar la verificación de anclajes y elementos metálicos, asegurando que no atraviesen el plano aislante sin tratamiento de rotura térmica.

Finalmente, antes del cierre definitivo, debe realizarse una inspección visual completa y documentada, preferiblemente mediante registro fotográfico.

La aplicación rigurosa del checklist transforma el control de encuentros en un procedimiento objetivo y repetible. La eficiencia energética en estos puntos singulares no puede depender de la intuición o de la experiencia aislada, sino de un sistema estructurado de verificación que garantice coherencia térmica en toda la envolvente.

8.4. Papel del operario

En los encuentros constructivos, el papel del operario adquiere una dimensión especialmente relevante, ya que es en estos puntos donde la precisión manual y la comprensión técnica marcan la diferencia entre una ejecución correcta y una discontinuidad térmica permanente. A diferencia de los grandes planos de aislamiento, donde la colocación puede resultar repetitiva y sistemática, los encuentros exigen adaptación, ajuste y criterio constructivo.

El operario debe entender que un encuentro no es simplemente la unión física de dos elementos, sino la transición térmica entre planos distintos. Cuando ejecuta el aislamiento en el encuentro forjado-fachada o cubierta-fachada, no está únicamente cubriendo un canto estructural, sino asegurando la continuidad de la envolvente térmica.

Un pequeño vacío, una interrupción no corregida o un solape insuficiente pueden convertirse en un puente térmico lineal que afectará al edificio durante décadas.

Asimismo, en encuentros con ventanas o elementos estructurales, el operario debe aplicar el aislamiento y los sistemas de sellado con precisión, evitando improvisaciones que comprometan la hermeticidad. El ajuste correcto de materiales, la adaptación a irregularidades del soporte y el cuidado en los remates son aspectos que dependen directamente de su profesionalidad.

La formación en criterios de eficiencia energética permite que el operario comprenda el impacto real de su trabajo. Cuando existe conciencia térmica, los detalles dejan de percibirse como simples acabados y pasan a entenderse como elementos estratégicos del rendimiento global del edificio.

El operario es el último eslabón en la cadena de decisiones técnicas. En los encuentros constructivos, su intervención es determinante para que la continuidad térmica proyectada se convierta en realidad construida. La eficiencia energética, en última instancia, se consolida en la precisión de su ejecución.

Resumen

La eficiencia energética en la ejecución de encuentros constructivos constituye uno de los aspectos más determinantes en el comportamiento térmico real de un edificio. Aunque en fase de proyecto se definan espesores de aislamiento adecuados y se calculen transmitancias que cumplen con la normativa vigente, es en los puntos de encuentro entre distintos elementos constructivos donde verdaderamente se decide si la envolvente funcionará como un sistema continuo o como un conjunto fragmentado con interrupciones térmicas. La envolvente puede entenderse como una piel protectora que separa el interior del exterior, pero esa piel se pliega, se cruza y cambia de dirección en los encuentros. Si en esos puntos no se mantiene la continuidad del aislamiento, el rendimiento global previsto se ve comprometido.

Un encuentro constructivo es la intersección entre dos o más elementos de la envolvente, como puede ocurrir entre forjado y fachada, cubierta y cerramiento vertical, ventana y muro o medianería y cubierta. En estas zonas confluyen materiales con distintas conductividades térmicas, espesores variables y soluciones estructurales diversas. Esta complejidad incrementa la probabilidad de que aparezcan puentes térmicos, es decir, zonas donde la resistencia térmica es menor y el flujo de calor se intensifica. Elementos como el hormigón armado, el acero o determinados anclajes metálicos atraviesan con frecuencia el plano aislante, facilitando una transmisión directa de calor entre el interior y el exterior.

Entre los encuentros más críticos destaca el que se produce entre el forjado y la fachada. El canto del forjado, generalmente ejecutado en hormigón armado, posee una conductividad térmica muy superior a la del material aislante. Si el aislamiento no envuelve completamente este canto o queda interrumpido en la transición entre planos, se genera un puente térmico lineal continuo a lo largo de todo el perímetro del edificio. Este defecto no es puntual, sino repetitivo en cada planta, lo que amplifica su impacto energético. En invierno, la pérdida de calor a través de esta línea estructural obliga al sistema de calefacción a trabajar con mayor intensidad; en verano, la entrada de calor incrementa la demanda de refrigeración. Además, en el interior pueden aparecer descensos localizados de temperatura superficial que favorecen la condensación.

Otro punto especialmente sensible es el encuentro entre cubierta y fachada. En este caso, la transición entre el plano horizontal y el vertical exige una conexión rigurosa entre los sistemas de aislamiento. En cubiertas planas, el aislamiento debe prolongarse hasta el interior del peto y enlazarse con el aislamiento vertical. En cubiertas inclinadas, el aislamiento bajo cubierta debe integrarse sin discontinuidades con el cerramiento vertical. Si esta conexión no se resuelve mediante solapes adecuados, se crea una franja vulnerable en la coronación del edificio que concentra pérdidas térmicas. A esta problemática se suma la necesidad de garantizar la estanqueidad al agua y al aire, ya que filtraciones en este punto pueden degradar el aislamiento y reducir progresivamente su eficacia.

El encuentro entre ventana y fachada constituye uno de los puntos donde con mayor frecuencia se pierde la continuidad térmica prevista en proyecto. La ventana introduce un elemento prefabricado que debe integrarse con precisión en el sistema aislante. Si el marco se coloca desplazado respecto al plano térmico o si el aislamiento no alcanza adecuadamente su perímetro, se genera un puente térmico lineal en todo el contorno del hueco. Además, la falta de sellado perimetral adecuado puede dar lugar a infiltraciones de aire que incrementan la demanda energética. Estas infiltraciones, aunque puedan parecer mínimas, actúan de forma constante y acumulativa. También los premarcos y anclajes metálicos requieren soluciones específicas de rotura térmica para evitar transmisiones directas de calor.

Las medianerías, aunque a menudo consideradas elementos interiores sin intercambio térmico relevante, pueden convertirse en focos de pérdida energética cuando se encuentran con fachada, cubierta o forjados. Si el aislamiento vertical no se prolonga correctamente en la transición hacia estos elementos, se produce una discontinuidad térmica. En edificios residenciales plurifamiliares, el comportamiento energético de la medianería depende además del uso real de los espacios que separa. Si una vivienda permanece desocupada o sin climatización, el muro divisorio puede actuar como superficie de pérdida térmica para la vivienda contigua. Las perforaciones para instalaciones, si no se sellan adecuadamente, agravan este problema mediante infiltraciones de aire.

La continuidad del aislamiento constituye el principio fundamental que sostiene la eficiencia energética real del edificio. No basta con disponer de un determinado espesor de material aislante en cada plano; es imprescindible que todos los planos se conecten entre sí sin interrupciones. Cada cambio de dirección debe resolverse con coherencia geométrica y funcional. Las juntas deben cerrarse correctamente, los solapes ejecutarse sin dejar vacíos ocultos y las transiciones planificarse antes de su materialización en obra. La fragmentación del proceso constructivo por oficios puede dificultar esta visión global si no existe una coordinación efectiva.

Los errores habituales en la ejecución de encuentros no suelen derivarse de la falta de conocimiento técnico sobre el aislamiento, sino de la subestimación del detalle. Es frecuente que el aislamiento se interrumpa en cambios de plano o que se realicen cortes para permitir el paso de instalaciones sin restituir adecuadamente la capa térmica. También se observan deficiencias en la integración con carpinterías o en la ausencia de soluciones de rotura térmica en elementos metálicos. Estos defectos permanecen ocultos tras los revestimientos y solo se manifiestan cuando aparecen condensaciones o desviaciones en el consumo energético.

Los puentes térmicos deben entenderse como fenómenos físicos reales que alteran el equilibrio térmico de la envolvente. Aunque en los cálculos energéticos se introduzcan coeficientes correctores, la ejecución deficiente puede amplificar su efecto. Cuando un puente térmico se repite sistemáticamente en cada planta o en todo el perímetro del edificio, su impacto acumulativo puede ser significativo. Se manifiesta en descensos localizados de temperatura superficial, en aparición de humedad y en incrementos de consumo energético que no estaban previstos en fase de proyecto.

Las consecuencias energéticas de una mala resolución de encuentros se prolongan durante toda la vida útil del edificio. En invierno, las pérdidas de calor incrementan la demanda de calefacción; en verano, las ganancias térmicas elevan la necesidad de refrigeración. A ello se suma la afectación al confort interior, ya que las diferencias de temperatura superficial pueden generar sensación de incomodidad o corrientes de aire. La acumulación de humedad asociada a estos puntos vulnerables puede degradar los materiales aislantes y agravar progresivamente la situación.

Los casos reales de obra demuestran que pequeñas desviaciones en la ejecución pueden tener efectos relevantes. Aislamientos que no envuelven completamente el canto de forjado, solapes inexistentes en cubierta o marcos de ventana mal posicionados han generado condensaciones y consumos energéticos superiores a los previstos. Estas situaciones no suelen deberse a una mala intención, sino a decisiones adoptadas en obra sin considerar plenamente su repercusión térmica.

La correcta ejecución de los encuentros exige una coordinación constante entre los distintos oficios. Estructura, cerramientos, impermeabilización, carpintería e instalaciones intervienen en los mismos puntos. Si cada equipo actúa de forma aislada, se multiplican las probabilidades de interferencias y soluciones improvisadas. La planificación previa y la supervisión continua permiten anticipar conflictos y preservar la continuidad del aislamiento.

El control de ejecución debe realizarse antes de que los detalles queden ocultos tras acabados definitivos. La inspección visual, el registro fotográfico y, en proyectos de mayor exigencia, ensayos de hermeticidad o inspecciones termográficas, contribuyen a verificar que la envolvente mantiene la coherencia prevista. Una vez cerrados los encuentros, la corrección de defectos resulta compleja y costosa.

Las reparaciones posteriores constituyen otro momento crítico. Intervenciones para incorporar nuevas instalaciones o solucionar patologías pueden alterar el plano aislante si no se restituyen adecuadamente las capas térmicas y de estanqueidad. Una perforación o un corte mal reparado puede convertirse en un puente térmico permanente.

Todo ello influye directamente en la calificación energética del edificio. Los programas de certificación contemplan valores estándar para puentes térmicos basados en hipótesis de correcta ejecución.

Si la realidad constructiva no respeta esas premisas, el comportamiento energético real puede situarse por debajo del previsto. En edificios de alta calificación, pequeñas desviaciones pueden impedir alcanzar la clase proyectada.

La aplicación sistemática de buenas prácticas, la planificación detallada, la continuidad rigurosa del aislamiento y la revisión antes del cierre definitivo son herramientas fundamentales para garantizar el rendimiento térmico. El uso de listas de verificación permite estructurar el control y evitar que los encuentros queden sin supervisión específica.

En última instancia, el papel del operario resulta decisivo. Es en la precisión manual, en el cuidado del detalle y en la comprensión de la importancia térmica de cada encuentro donde se consolida la eficiencia energética del edificio. Un pequeño vacío no corregido puede convertirse en un puente térmico que afecte al comportamiento del inmueble durante décadas. Por ello, la conciencia energética en obra no es un complemento, sino una condición esencial para que el proyecto se traduzca en una construcción eficiente y coherente.

AUTOEVALUACIÓN

1. ¿Por qué los encuentros constructivos son determinantes en la eficiencia energética de un edificio?

   A. Porque reducen el coste estructural del edificio
   B. Porque concentran instalaciones eléctricas
   C. Porque son puntos donde puede perderse la continuidad térmica
   D. Porque aumentan el espesor de los cerramientos

2. ¿Cuál es uno de los encuentros más críticos desde el punto de vista térmico?

   A. Tabique interior–puerta
   B. Forjado–fachada
   C. Solado–rodapié
   D. Pintura–revestimiento

3. ¿Qué ocurre si el aislamiento no envuelve correctamente el canto del forjado?

   A. Mejora la ventilación interior
   B. Reduce el peso estructural
   C. Se genera un puente térmico lineal
   D. Aumenta la inercia térmica del edificio

4. En el encuentro cubierta-fachada, ¿qué debe garantizarse?

   A. Que el aislamiento horizontal y vertical estén desconectados
   B. Que exista continuidad y solape entre ambos planos aislantes
   C. Que la impermeabilización sustituya al aislamiento
   D. Que el peto quede sin aislamiento

5. En el encuentro ventana-fachada, el principal riesgo energético es:

   A. El exceso de iluminación natural
   B. La sobrecarga estructural
   C. La aparición de un puente térmico perimetral
   D. El aumento del aislamiento en el vidrio

6. ¿Cuál es una consecuencia habitual de los puentes térmicos en invierno?

A. Disminución del consumo energético
B. Aumento de la temperatura superficial interior
C. Pérdidas constantes de calor hacia el exterior
D. Mejora de la calificación energética

7. ¿Por qué es importante la coordinación entre oficios en los encuentros constructivos?

A. Para reducir el número de trabajadores en obra
B. Para evitar discontinuidades térmicas por intervenciones desalineadas
C. Para acelerar exclusivamente los plazos de entrega
D. Para eliminar la necesidad de aislamiento

8. ¿Cuándo debe realizarse el control de ejecución en los encuentros?

A. Únicamente al finalizar la obra
B. Solo durante la fase de proyecto
C. Antes de que los detalles queden ocultos por los acabados
D. Después de la entrega del edificio

9. ¿Qué puede ocurrir si las reparaciones posteriores no restituyen correctamente el aislamiento?

A. Se mejora la transmitancia térmica
B. Se elimina cualquier infiltración
C. Se genera un puente térmico permanente
D. Se incrementa la estanqueidad sin intervención adicional

10. ¿Cuál es el papel fundamental del operario en los encuentros constructivos?

A. Limitarse a seguir instrucciones sin comprender el detalle
B. Ejecutar con precisión para garantizar la continuidad térmica proyectada
C. Sustituir el proyecto por soluciones improvisadas
D. Priorizar únicamente el acabado estético

UNIDAD

3.6. La Eficiencia Energética en los Sistemas de Ventilación

Contenido de la Unidad

1. VENTILACIÓN Y EFICIENCIA ENERGÉTICA

La ventilación es un elemento imprescindible para garantizar la calidad del aire interior y la salubridad del edificio, pero al mismo tiempo constituye uno de los factores que más influyen en el balance energético global. El intercambio de aire entre interior y exterior implica necesariamente transferencia térmica, por lo que su diseño y ejecución deben abordarse desde una perspectiva energética integral.

En edificios tradicionales, la ventilación se producía de forma natural e incontrolada a través de infiltraciones en la envolvente. Sin embargo, en edificaciones actuales con mayor nivel de hermeticidad, la ventilación debe planificarse y ejecutarse como un sistema controlado. De lo contrario, la mejora en estanqueidad podría comprometer la calidad del aire interior.

Desde el punto de vista energético, la ventilación supone una pérdida potencial de energía en invierno y una ganancia térmica en verano. Cada renovación de aire implica introducir aire exterior a una temperatura distinta de la interior, lo que obliga a los sistemas de climatización a compensar esa diferencia.

Por ello, la eficiencia energética no consiste en reducir la ventilación, sino en gestionarla adecuadamente. Un sistema bien diseñado permite renovar el aire interior manteniendo el equilibrio térmico mediante recuperación de calor o control de caudales.

La ejecución en obra resulta determinante. Un sistema mal instalado puede generar infiltraciones adicionales, fugas en conductos o caudales desequilibrados que incrementen el consumo energético sin mejorar la calidad del aire.

La ventilación debe entenderse como parte activa del sistema energético del edificio. Su correcta integración garantiza salubridad sin penalizar el rendimiento térmico global.

La eficiencia energética en ventilación no es una contradicción, sino un equilibrio entre renovación de aire y control térmico.

2. Ventilación Natural

La ventilación natural ha sido históricamente el sistema más utilizado para renovar el aire interior, basada en la diferencia de presiones y temperaturas entre el interior y el exterior del edificio. Su funcionamiento depende del efecto chimenea y de la acción del viento, permitiendo la renovación sin consumo energético directo.

Desde el punto de vista energético, la ventilación natural presenta una doble lectura. Por un lado, al no requerir equipos mecánicos, no implica consumo eléctrico asociado al funcionamiento de ventiladores. Por otro, al no ser controlada de forma precisa, puede generar pérdidas térmicas significativas si se produce de manera continua o en momentos no adecuados.

En edificios actuales con mayor nivel de estanqueidad, la ventilación natural debe diseñarse cuidadosamente mediante aberturas reguladas, rejillas higroregulables o sistemas de ventilación cruzada planificados. La ejecución en obra debe garantizar que estos elementos se integren sin generar infiltraciones adicionales no previstas.

Uno de los problemas habituales es confiar en infiltraciones accidentales como sistema de ventilación. Esto no solo es ineficiente, sino que descontrola el balance energético del edificio.

La ventilación natural puede ser eficaz en climas templados o en estrategias pasivas bien diseñadas, pero requiere planificación y correcta ejecución para no convertirse en fuente de pérdidas energéticas.

Desde una perspectiva energética contemporánea, la ventilación natural debe entenderse como parte de una estrategia global de diseño pasivo, complementada cuando sea necesario con sistemas mecánicos que permitan mayor control.

La eficiencia energética no implica eliminar la ventilación natural, sino integrarla de forma inteligente dentro del comportamiento térmico global del edificio.

Presentación técnica 3.6.1
Escanear el código QR que se encuentra en la primera página.

3. Ventilación Mecánica

La ventilación mecánica surge como respuesta a la necesidad de controlar de forma precisa los caudales de aire en edificios con elevada hermeticidad.

A diferencia de la ventilación natural, este sistema permite regular la renovación del aire interior independientemente de las condiciones climáticas exteriores, garantizando salubridad y estabilidad térmica.

Desde el punto de vista energético, la ventilación mecánica introduce un consumo eléctrico asociado al funcionamiento de ventiladores, pero al mismo tiempo permite reducir las pérdidas térmicas incontroladas. La clave no reside en eliminar la ventilación, sino en gestionarla de manera eficiente.

Un sistema bien dimensionado asegura que el caudal de aire renovado sea el estrictamente necesario para cumplir con los requisitos de calidad del aire interior. Si el caudal es excesivo, el edificio pierde energía innecesariamente; si es insuficiente, se compromete la salubridad.

En obra, la correcta instalación del sistema mecánico es determinante. La ubicación de conductos, la estanqueidad de las uniones y el equilibrado de caudales influyen directamente en el rendimiento energético.

Un sistema con fugas en conductos o mal equilibrado puede generar consumos superiores a los previstos.

La ventilación mecánica también permite integrar sistemas de recuperación de calor, que optimizan el intercambio térmico entre aire extraído y aire impulsado.

Desde una perspectiva energética actual, la ventilación mecánica no es un lujo tecnológico, sino una herramienta de control que permite compatibilizar estanqueidad, confort y eficiencia.

Su eficacia depende tanto del diseño como de la calidad de ejecución en obra.

Presentación técnica 3.6.2
Escanear el código QR que se encuentra en la primera página.

4. Sistemas de Doble Flujo

Los sistemas de ventilación de doble flujo representan una evolución significativa en la gestión energética del aire interior, ya que permiten renovar el aire sin perder de manera directa la energía térmica acumulada en el interior del edificio. A diferencia de los sistemas simples, en los que el aire viciado se expulsa y el aire exterior entra sin tratamiento previo, el doble flujo incorpora dos circuitos diferenciados: uno de extracción y otro de impulsión, ambos conectados mediante un intercambiador térmico.

El principio de funcionamiento es relativamente sencillo desde el punto de vista físico, pero complejo en su integración constructiva. El aire extraído del interior, que se encuentra a una temperatura próxima a la de confort, atraviesa el intercambiador y cede parte de su energía térmica al aire exterior entrante. De este modo, el aire que se introduce en el edificio ya ha sido precalentado en invierno o preenfriado en verano, reduciendo el esfuerzo de los sistemas de climatización.

Desde una perspectiva energética, el sistema de doble flujo permite mantener elevados niveles de hermeticidad en la envolvente sin penalizar el consumo por ventilación. En edificios de alta eficiencia o de consumo casi nulo, este tipo de sistema se convierte prácticamente en imprescindible, ya que equilibra la calidad del aire con la minimización de pérdidas térmicas.

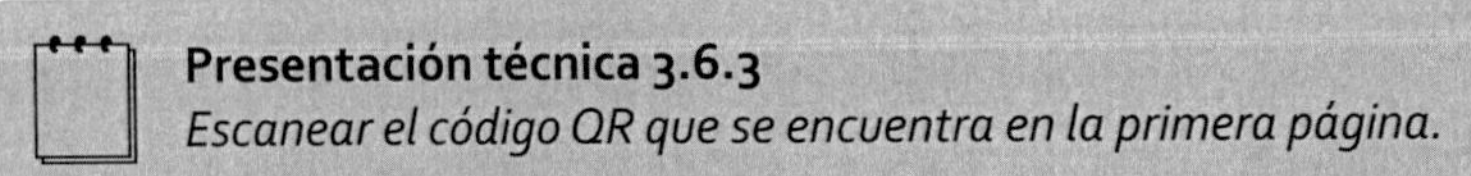

Presentación técnica 3.6.3
Escanear el código QR que se encuentra en la primera página.

Sin embargo, su eficacia no depende únicamente del equipo instalado, sino de la calidad de ejecución en obra. La correcta disposición de los conductos, la estanqueidad de las uniones y el equilibrado de caudales son factores determinantes. Un sistema mal ejecutado puede generar fugas, pérdidas de presión o desequilibrios que anulen parte de la recuperación térmica prevista.

Además, la integración del sistema debe coordinarse con el resto de la envolvente térmica. Perforaciones en cerramientos para el paso de conductos, si no se sellan adecuadamente, pueden introducir infiltraciones que contradigan el principio de hermeticidad del edificio.

El sistema de doble flujo no es simplemente un equipo técnico, sino un componente energético integrado en la estrategia global del edificio. Su rendimiento real depende tanto del diseño como de la precisión constructiva, y solo cuando ambos aspectos se alinean puede alcanzarse el equilibrio entre ventilación controlada y eficiencia energética.

5. Recuperadores de Calor

El recuperador de calor constituye el elemento central de los sistemas de ventilación de doble flujo y es, desde el punto de vista energético, el componente que permite transformar la ventilación en un proceso eficiente en lugar de una pérdida inevitable de energía. Su función consiste en transferir parte de la energía térmica contenida en el aire extraído hacia el aire exterior entrante, sin que ambos flujos lleguen a mezclarse.

El principio físico es sencillo: el aire interior, que ya ha sido calentado en invierno o enfriado en verano, atraviesa el intercambiador térmico y cede su energía al aire fresco que entra desde el exterior. De este modo, el aire de impulsión alcanza una temperatura intermedia antes de llegar al espacio habitable, reduciendo la carga que deben asumir los sistemas de climatización.

La eficiencia de recuperación puede alcanzar valores superiores al 70–80% en equipos bien dimensionados y correctamente instalados. Sin embargo, estos valores teóricos solo se materializan si la ejecución en obra respeta criterios de estanqueidad y equilibrado adecuados. Un recuperador mal conectado, con fugas en conductos o con desequilibrio entre caudales de extracción e impulsión, puede reducir drásticamente su rendimiento.

Además, el diseño debe considerar la accesibilidad para mantenimiento. Filtros sucios o intercambiadores obstruidos disminuyen la eficiencia térmica y aumentan el consumo eléctrico de los ventiladores. Por ello, la correcta instalación debe prever registros accesibles y espacio suficiente para revisiones periódicas.

En términos energéticos, el recuperador de calor no solo reduce la demanda de calefacción y refrigeración, sino que contribuye a mantener la estabilidad térmica interior. Esto se traduce en menor fluctuación de temperatura y mayor confort para los ocupantes.

Integrado correctamente dentro del sistema global de ventilación, el recuperador convierte la renovación de aire en una operación energéticamente racional. No se trata de evitar la ventilación, sino de aprovechar la energía contenida en el aire saliente para optimizar el balance térmico del edificio.

6. Errores Habituales en Obra

En los sistemas de ventilación, muchos de los problemas energéticos no se originan en el diseño del equipo, sino en la forma en que se instala e integra dentro del edificio. La ejecución deficiente puede transformar un sistema de alta eficiencia en una fuente de consumo innecesario y desequilibrios térmicos.

Uno de los errores más frecuentes consiste en no garantizar la estanqueidad de los conductos. Las uniones mal selladas permiten fugas de aire que reducen la eficiencia del sistema y alteran el equilibrado de caudales. Estas pérdidas no solo afectan al rendimiento del recuperador de calor, sino que obligan a los ventiladores a trabajar con mayor potencia para compensar la pérdida de presión.

Otro error habitual es la falta de equilibrado del sistema tras la instalación. Si los caudales de extracción e impulsión no se ajustan correctamente, pueden generarse sobrepresiones o depresiones en determinadas zonas del edificio, afectando tanto al confort como al consumo energético.

También es frecuente ubicar los conductos sin considerar la envolvente térmica. Perforaciones en cerramientos mal selladas o pasos de instalaciones sin tratamiento específico generan infiltraciones que contradicen el principio de hermeticidad del edificio.

En sistemas de doble flujo, la mala conexión del recuperador o la ausencia de aislamiento en conductos situados en espacios no climatizados puede provocar pérdidas térmicas adicionales.

La falta de coordinación entre el instalador de ventilación y el equipo responsable del aislamiento o la impermeabilización agrava estos problemas, especialmente en encuentros con fachada o cubierta.

La eficiencia energética en ventilación depende tanto del equipo como de su correcta ejecución. Un sistema mal instalado puede consumir más energía de la que ahorra, comprometiendo el rendimiento global del edificio.

7. Sellado de Conductos

El sellado de conductos en sistemas de ventilación es uno de los aspectos más determinantes para garantizar el rendimiento energético real del sistema.

Aunque los equipos puedan disponer de altas prestaciones y el diseño contemple recuperación térmica eficiente, la existencia de fugas en la red de distribución puede anular una parte significativa de ese potencial.

En términos físicos, cualquier fuga en los conductos supone una pérdida de caudal y de presión. El aire que se escapa antes de llegar al punto de impulsión o extracción no cumple su función de renovación, lo que obliga al sistema a incrementar la potencia de ventilación para compensar el desequilibrio. Este incremento se traduce en mayor consumo eléctrico y menor eficiencia global.

Fugas en conductos de ventilación: un obstáculo para la eficiencia energética

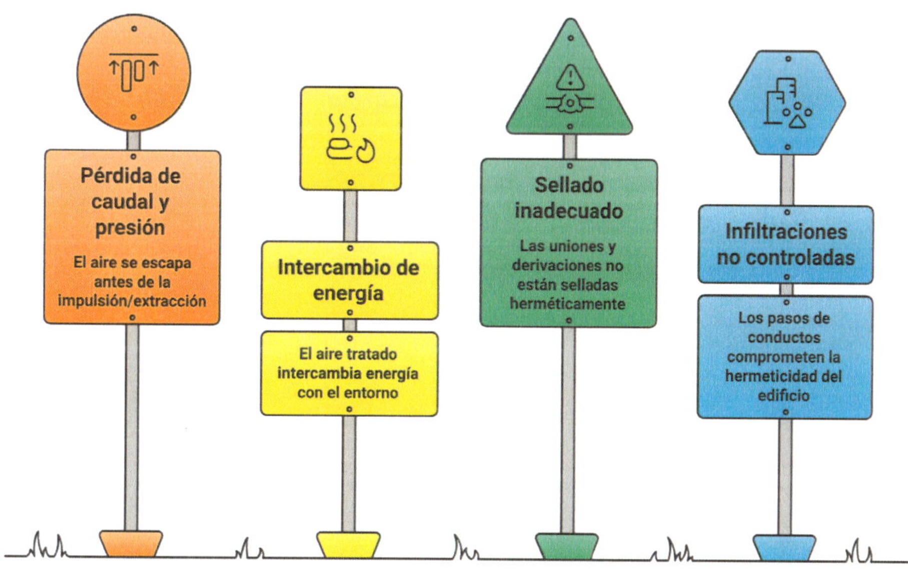

El problema se agrava cuando los conductos atraviesan espacios no climatizados, como falsos techos de garajes, cámaras técnicas o bajo cubierta. Si el conducto no está correctamente sellado y aislado, el aire tratado puede intercambiar energía con el entorno antes de llegar a su destino, reduciendo el efecto del recuperador de calor.

Desde el punto de vista constructivo, el sellado debe realizarse en todas las uniones, derivaciones y conexiones mediante sistemas específicos: cintas de estanqueidad, juntas de goma o sellantes homologados para ventilación. No es suficiente con ensamblar mecánicamente los tramos; la continuidad hermética es indispensable.

Además, los pasos de conductos a través de cerramientos deben sellarse adecuadamente para evitar infiltraciones no controladas que comprometan la hermeticidad del edificio.

Un sistema de ventilación correctamente sellado mantiene el equilibrio de caudales previsto en proyecto, optimiza el rendimiento del recuperador de calor y reduce el consumo energético asociado.

La estanqueidad de los conductos no es un detalle menor, sino un requisito esencial para que la ventilación controlada funcione de forma eficiente dentro de la estrategia energética global del edificio.

8. Impacto en Consumo y Confort

El sistema de ventilación influye de manera directa tanto en el consumo energético como en el confort interior del edificio, ya que gestiona el intercambio continuo entre el aire interior y el exterior. Cuando este sistema está correctamente diseñado y ejecutado, permite mantener una calidad de aire adecuada sin comprometer el equilibrio térmico; cuando presenta deficiencias, se convierte en una fuente permanente de pérdida energética.

Desde el punto de vista del consumo, la ventilación implica siempre una renovación de aire que debe acondicionarse térmicamente. Si el sistema no incorpora recuperación de calor o si presenta fugas en conductos y encuentros mal sellados, el aire introducido requerirá mayor aporte energético por parte de los equipos de climatización. En invierno, el aire frío entrante deberá calentarse hasta alcanzar la temperatura de confort; en verano, el aire caliente deberá enfriarse. Cada desviación en el sistema incrementa la carga térmica y el consumo asociado.

El impacto no es únicamente cuantitativo. El confort interior depende en gran medida de la estabilidad térmica y de la ausencia de corrientes no deseadas. Un sistema desequilibrado puede generar sobrepresiones o depresiones que provoquen infiltraciones adicionales en puntos no previstos, alterando el comportamiento térmico global del edificio. Asimismo, una ventilación insuficiente puede provocar acumulación de humedad y sensación de aire viciado, mientras que una ventilación excesiva genera pérdidas energéticas innecesarias.

La correcta ejecución y regulación del sistema permite mantener un caudal ajustado a las necesidades reales del edificio, optimizando el equilibrio entre salubridad y eficiencia energética. En este sentido, la ventilación no debe considerarse un elemento independiente, sino una parte integrada en el sistema térmico global.

Un sistema bien ejecutado reduce la demanda energética al tiempo que mejora la calidad ambiental interior. Por el contrario, una instalación deficiente puede aumentar el consumo sin aportar beneficios adicionales en confort. La eficiencia energética en ventilación reside, por tanto, en el control preciso del intercambio de aire y en la correcta integración con el resto de la envolvente.

9. Papel del Operario

En los sistemas de ventilación, el papel del operario es determinante para que el diseño energético se traduzca en un comportamiento real eficiente. A diferencia de otros elementos constructivos donde el impacto puede ser más visible, en la ventilación muchos defectos quedan ocultos tras falsos techos o cerramientos, lo que aumenta la responsabilidad del instalador durante la fase de ejecución.

El operario no solo debe montar conductos y equipos conforme a plano, sino comprender que cada unión, cada sellado y cada ajuste influye directamente en el equilibrio energético del edificio. Una junta mal sellada no es simplemente una imperfección técnica; es una fuga de energía que alterará el rendimiento del sistema durante toda su vida útil.

En sistemas de doble flujo, la correcta conexión del recuperador de calor exige precisión en la disposición de conductos de impulsión y extracción, evitando cruces indebidos o pérdidas de estanqueidad. El operario debe respetar las pendientes previstas para evacuación de condensados y asegurar que los conductos estén adecuadamente aislados cuando atraviesan espacios no climatizados.

El equilibrado inicial del sistema también requiere atención y colaboración con el técnico responsable. Ajustar caudales según proyecto garantiza que la ventilación sea eficaz sin generar consumos innecesarios.

La formación específica en criterios de eficiencia energética permite que el operario entienda el impacto térmico de su trabajo más allá de la instalación mecánica. Cuando existe conciencia de que cada detalle afecta al consumo y al confort, aumenta el rigor en la ejecución.

El sistema de ventilación es una infraestructura invisible pero estratégica. Su rendimiento no depende únicamente del equipo instalado, sino de la calidad con la que se ejecutan sus conexiones y sellados.

En última instancia, la eficiencia energética en ventilación se consolida en el momento de la instalación. El operario es quien materializa la coherencia entre diseño, hermeticidad y recuperación térmica, garantizando que la renovación de aire se realice sin penalizar el balance energético del edificio.

RESUMEN

La ventilación constituye un elemento esencial en cualquier edificio, ya que garantiza la calidad del aire interior y asegura condiciones adecuadas de salubridad para los ocupantes. Sin embargo, su papel va mucho más allá del simple intercambio de aire, puesto que influye de manera directa en el comportamiento energético global del edificio.

Cada vez que se produce una renovación de aire entre el interior y el exterior, tiene lugar una transferencia térmica que afecta al equilibrio energético, obligando a los sistemas de climatización a compensar las diferencias de temperatura.

En las construcciones tradicionales, la ventilación se producía de forma espontánea e incontrolada a través de infiltraciones en la envolvente. La falta de estanqueidad generaba una renovación constante del aire, aunque sin control sobre los caudales ni sobre el impacto térmico asociado. En cambio, los edificios actuales presentan mayores niveles de hermeticidad, lo que mejora la eficiencia energética, pero exige que la ventilación sea diseñada como un sistema controlado. De lo contrario, la mejora en el aislamiento podría derivar en problemas de calidad del aire interior.

Desde la perspectiva energética, la ventilación representa una posible pérdida de energía en invierno y una ganancia térmica no deseada en verano. Por ello, la eficiencia no consiste en reducir la ventilación, sino en gestionarla adecuadamente. El objetivo es alcanzar un equilibrio entre la necesaria renovación del aire y el mantenimiento del confort térmico. Para ello, se recurre a sistemas que permiten controlar los caudales e incluso recuperar parte de la energía contenida en el aire expulsado.

La correcta ejecución en obra es determinante en este proceso. Una instalación deficiente puede provocar fugas, infiltraciones adicionales o desequilibrios en los caudales que incrementen el consumo energético sin mejorar la calidad ambiental. La ventilación debe entenderse, por tanto, como un componente activo dentro del sistema energético del edificio, cuya integración adecuada permite garantizar salubridad y eficiencia simultáneamente.

La ventilación natural ha sido históricamente la forma más extendida de renovación del aire en los edificios. Su funcionamiento se basa en principios físicos como la diferencia de presiones, el efecto chimenea y la acción del viento, lo que permite el intercambio de aire sin necesidad de consumo energético directo. Desde el punto de vista teórico, esta característica representa una ventaja, ya que no implica gasto eléctrico en ventiladores u otros equipos mecánicos.

No obstante, la ventilación natural presenta limitaciones importantes en términos de control. Al depender de condiciones climáticas variables, su funcionamiento puede resultar imprevisible, generando renovaciones excesivas o insuficientes según el momento. En invierno, por ejemplo, una ventilación natural continua puede provocar pérdidas térmicas significativas, mientras que en verano puede introducir aire caliente que incremente la demanda de refrigeración.

En edificios modernos con altos niveles de estanqueidad, la ventilación natural debe planificarse cuidadosamente mediante aberturas reguladas, rejillas higroregulables o estrategias de ventilación cruzada diseñadas desde la fase de proyecto. La ejecución en obra debe garantizar que estos elementos se integren correctamente en la envolvente sin generar infiltraciones no previstas.

Uno de los errores más frecuentes consiste en confiar en infiltraciones accidentales como mecanismo de ventilación. Esta práctica resulta ineficiente y descontrola el balance energético del edificio. La ventilación natural puede ser eficaz dentro de una estrategia pasiva bien diseñada, especialmente en climas templados, pero requiere planificación y coordinación con el comportamiento térmico global del edificio.

La ventilación mecánica surge como respuesta a la necesidad de controlar con precisión los caudales de aire en edificios cada vez más herméticos. A diferencia de la ventilación natural, este sistema permite regular la renovación del aire independientemente de las condiciones exteriores, garantizando estabilidad térmica y calidad del aire interior.

Aunque introduce un consumo eléctrico asociado al funcionamiento de los ventiladores, la ventilación mecánica permite reducir pérdidas térmicas incontroladas. La clave reside en dimensionar adecuadamente el sistema para que el caudal renovado sea el estrictamente necesario. Un exceso de ventilación incrementa el consumo energético, mientras que una ventilación insuficiente compromete la salubridad.

La correcta instalación es fundamental para asegurar el rendimiento previsto. La disposición de los conductos, la estanqueidad de las uniones y el equilibrado de los caudales influyen directamente en la eficiencia energética. Un sistema mal ejecutado puede presentar fugas que obliguen a incrementar la potencia de ventilación, elevando el consumo sin aportar beneficios adicionales.

Además, la ventilación mecánica permite integrar sistemas de recuperación de calor, lo que refuerza su potencial energético. En el contexto actual de edificios de alta eficiencia, se convierte en una herramienta clave para compatibilizar estanqueidad, confort y ahorro energético.

Los sistemas de doble flujo representan una evolución significativa en la gestión energética de la ventilación. Su principal característica es la existencia de dos circuitos diferenciados, uno de extracción y otro de impulsión, conectados mediante un intercambiador térmico. Este diseño permite recuperar parte de la energía contenida en el aire expulsado antes de introducir el aire exterior en el edificio.

El funcionamiento se basa en la transferencia térmica entre ambos flujos sin que se mezclen. En invierno, el aire interior caliente cede parte de su energía al aire frío entrante, que accede al espacio ya precalentado. En verano, el proceso se invierte, reduciendo la carga térmica del aire exterior caliente. De esta manera, se disminuye el esfuerzo de los sistemas de climatización.

En edificios de consumo casi nulo o de alta eficiencia, este sistema resulta prácticamente imprescindible para mantener la hermeticidad sin penalizar el consumo energético. No obstante, su eficacia depende en gran medida de la calidad de ejecución en obra. La estanqueidad de los conductos, el equilibrado de caudales y el sellado de perforaciones en la envolvente son aspectos críticos.

El sistema de doble flujo debe entenderse como parte integrante de la estrategia energética del edificio, donde el diseño técnico y la precisión constructiva actúan de forma coordinada para alcanzar el rendimiento esperado.

El recuperador de calor constituye el elemento central del sistema de doble flujo. Su función es transferir la energía térmica del aire extraído al aire exterior entrante sin que ambos flujos se mezclen. Gracias a este proceso, el aire impulsado alcanza una temperatura intermedia que reduce la demanda de calefacción o refrigeración.

La eficiencia de estos equipos puede superar el 70–80% cuando están correctamente dimensionados e instalados. Sin embargo, los valores teóricos solo se alcanzan si la ejecución respeta criterios estrictos de estanqueidad y equilibrado. Fugas en conductos o desequilibrios entre impulsión y extracción reducen significativamente su rendimiento.

El mantenimiento también es determinante. Filtros sucios o intercambiadores obstruidos disminuyen la eficiencia y aumentan el consumo eléctrico de los ventiladores. Por ello, el diseño debe prever accesibilidad adecuada para revisiones periódicas.

El recuperador no elimina la ventilación, sino que la transforma en un proceso energéticamente racional, aprovechando la energía contenida en el aire saliente para optimizar el balance térmico.

Muchos problemas energéticos en ventilación se originan durante la fase de ejecución. Uno de los errores más comunes es no garantizar la estanqueidad de los conductos, lo que provoca fugas de aire y desequilibrios en los caudales. Estas pérdidas obligan a los ventiladores a trabajar con mayor potencia, incrementando el consumo.

Otro fallo frecuente es la falta de equilibrado tras la instalación, generando sobrepresiones o depresiones que afectan al confort y al comportamiento térmico del edificio. Asimismo, las perforaciones en cerramientos mal selladas introducen infiltraciones no controladas que contradicen el principio de hermeticidad.

La ausencia de coordinación entre instaladores y responsables de aislamiento agrava estos problemas. Un sistema mal ejecutado puede consumir más energía de la que ahorra, comprometiendo el rendimiento global del edificio.

El sellado de conductos es un aspecto esencial para garantizar la eficiencia real del sistema. Cualquier fuga supone una pérdida de caudal y presión que reduce el rendimiento y aumenta el consumo eléctrico. El problema se intensifica cuando los conductos atraviesan espacios no climatizados, donde pueden producirse intercambios térmicos no deseados.

El sellado debe realizarse en todas las uniones y derivaciones mediante sistemas específicos que aseguren continuidad hermética. Asimismo, los pasos a través de cerramientos deben tratarse adecuadamente para evitar infiltraciones.

La estanqueidad no es un detalle menor, sino una condición indispensable para que la ventilación controlada funcione de manera coherente con la estrategia energética global.

La ventilación influye directamente en el consumo energético y en el confort interior. Un sistema eficiente permite mantener calidad de aire adecuada con un gasto energético optimizado. En cambio, deficiencias en instalación o regulación incrementan la carga térmica y el consumo asociado.

El confort depende de la estabilidad térmica y de la ausencia de corrientes indeseadas. Una ventilación desequilibrada puede provocar infiltraciones adicionales o acumulación de humedad. Por ello, la ventilación debe integrarse dentro del sistema térmico global del edificio.

Cuando está correctamente ejecutada, reduce la demanda energética y mejora la calidad ambiental. La eficiencia radica en el control preciso del intercambio de aire y en su integración con la envolvente.

El operario desempeña un papel decisivo en la materialización de la eficiencia energética prevista en proyecto. Muchos defectos en ventilación quedan ocultos tras cerramientos, lo que aumenta la responsabilidad durante la instalación.

Cada unión, sellado y ajuste influye en el equilibrio energético. Una junta mal ejecutada representa una fuga de energía permanente. En sistemas de doble flujo, la correcta conexión del recuperador, el respeto de pendientes y el aislamiento adecuado son aspectos críticos.

El equilibrado inicial requiere colaboración con el técnico responsable para ajustar caudales conforme al proyecto. La formación en criterios de eficiencia energética permite comprender el impacto térmico de cada detalle constructivo.

En definitiva, la eficiencia energética en ventilación se consolida en la fase de instalación. El operario es quien garantiza que el diseño se traduzca en un funcionamiento real que compatibilice salubridad, confort y ahorro energético.

AUTOEVALUACIÓN

1. ¿Cuál es el principal objetivo de la ventilación en un edificio desde el punto de vista de la salubridad?
   - **A.** Reducir el consumo eléctrico del edificio
   - **B.** Garantizar la calidad del aire interior
   - **C.** Incrementar la hermeticidad de la envolvente
   - **D.** Sustituir el sistema de climatización

2. Desde el punto de vista energético, la ventilación en invierno provoca principalmente:
   - **A.** Aumento de la humedad interior
   - **B.** Pérdida potencial de energía térmica
   - **C.** Reducción automática del consumo
   - **D.** Eliminación del uso de calefacción

3. La ventilación natural se basa principalmente en:
   - **A.** Ventiladores eléctricos de bajo consumo
   - **B.** Sistemas automatizados de control digital
   - **C.** Diferencias de presión y temperatura entre interior y exterior
   - **D.** Recuperadores térmicos integrados

4. ¿Cuál es una desventaja energética de la ventilación natural mal planificada?
   - **A.** Genera consumo eléctrico elevado
   - **B.** Puede producir pérdidas térmicas significativas
   - **C.** Impide la entrada de aire exterior
   - **D.** Reduce completamente la estanqueidad

5. La ventilación mecánica permite principalmente:
   - **A.** Eliminar totalmente la necesidad de climatización
   - **B.** Controlar de forma precisa los caudales de aire
   - **C.** Ventilar sin ningún consumo eléctrico
   - **D.** Sustituir el aislamiento térmico

6. En un sistema de doble flujo, el intercambiador térmico permite:
   - **A.** Mezclar el aire interior y exterior
   - **B.** Transferir energía térmica sin mezclar los flujos de aire
   - **C.** Incrementar la velocidad del aire
   - **D.** Reducir el tamaño de los conductos

7. La eficiencia de un recuperador de calor bien instalado puede superar aproximadamente:
   - **A.** 30%
   - **B.** 50%
   - **C.** 70–80%
   - **D.** 100%

8. Uno de los errores más habituales en obra en sistemas de ventilación es:
   - **A.** Instalar demasiados filtros
   - **B.** Pintar los conductos
   - **C.** No garantizar la estanqueidad de los conductos
   - **D.** Colocar rejillas visibles

9. ¿Qué efecto tiene un sistema de ventilación mal equilibrado?
   - **A.** Mejora automática del confort
   - **B.** Genera sobrepresiones o depresiones no deseadas
   - **C.** Reduce el caudal de forma eficiente
   - **D.** Elimina la necesidad de mantenimiento

10. ¿Cuál es el papel del operario en la eficiencia energética del sistema de ventilación?
    - **A.** Solo montar los equipos sin revisar detalles
    - **B.** Limitarse a seguir instrucciones sin comprender el sistema
    - **C.** Garantizar la correcta instalación, sellado y equilibrado del sistema
    - **D.** Sustituir al proyectista en el diseño

MÓDULO

4. Aplicación a un caso práctico

Contenido del Módulo

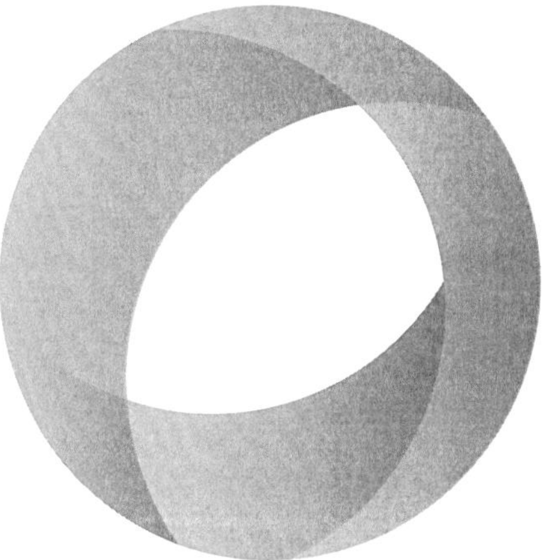

UNIDAD

4.1. Caso Práctico Integrado

Contenido de la Unidad

- Presentación del caso
- Datos previos del edificio
- Sistemas constructivos objeto de análisis
- Incidencias detectadas durante la visita de control
- Pasos a seguir para el análisis y resolución del caso
- Solución desarrollada del caso práctico
- Conclusión Final Del Caso

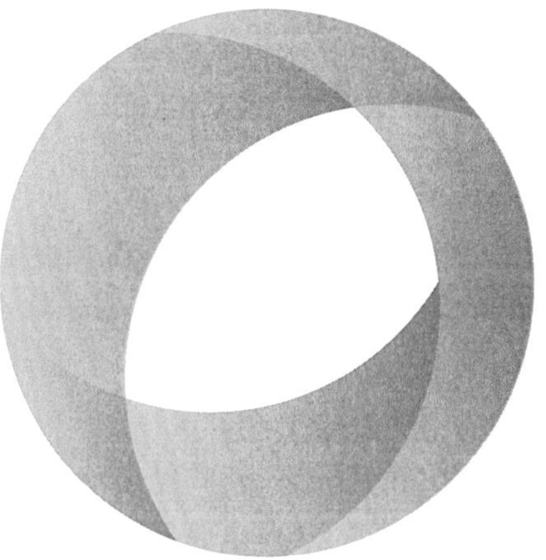

1. Presentación del caso

En este caso práctico se analiza la ejecución de un edificio residencial plurifamiliar desde el punto de vista de la eficiencia energética. El objetivo es comprobar si las soluciones previstas en el proyecto se han ejecutado correctamente en obra y valorar cómo determinados errores constructivos pueden afectar al comportamiento energético final del edificio.

La actividad se plantea a partir de una situación habitual en fase de control o revisión de obra: una vez ejecutados los principales elementos de la envolvente térmica y del sistema de ventilación, se detectan una serie de incidencias que pueden comprometer la continuidad del aislamiento, la estanqueidad al aire, la reducción de puentes térmicos y el adecuado funcionamiento de la ventilación mecánica.

A partir de la información facilitada, el alumnado deberá identificar los problemas energéticos existentes, analizar sus consecuencias sobre el consumo, el confort interior y la posible aparición de condensaciones, y proponer medidas correctoras coherentes con los criterios de eficiencia energética aplicables a la construcción de edificios.

El caso permite integrar los contenidos trabajados en los módulos anteriores, especialmente los relacionados con la interpretación de las condiciones energéticas del proyecto, la correcta puesta en obra de materiales y sistemas constructivos, la resolución de encuentros y la importancia del control de calidad durante la ejecución.

2. Datos previos del edificio

El caso práctico parte de un edificio residencial plurifamiliar de 4 plantas en fase de ejecución, en el que se han previsto distintas soluciones constructivas orientadas a mejorar su comportamiento energético.

Estas soluciones afectan principalmente a la envolvente térmica, a los huecos, a las particiones interiores en contacto con zonas no climatizadas y al sistema de ventilación.

El edificio presenta las siguientes características principales:

- ⇨ Fachada con SATE
- ⇨ Cubierta plana invertida
- ⇨ Ventanas de PVC con doble acristalamiento
- ⇨ Sistema de ventilación mecánica de doble flujo con recuperador de calor
- ⇨ Particiones interiores con trasdosado aislado en contacto con zonas no climatizadas

3. Sistemas constructivos objeto de análisis

A partir de los datos previos del edificio, el caso práctico se centra en el análisis de aquellos sistemas constructivos que tienen una incidencia directa en el comportamiento energético final del inmueble.

Estos sistemas forman parte de la envolvente térmica o están relacionados con el control de las pérdidas y ganancias de energía, la estanqueidad al aire, la ventilación y el confort interior.

Los sistemas constructivos objeto de análisis son los siguientes:

- ⇨ Fachada con SATE, prestando especial atención a la continuidad del aislamiento, la correcta resolución de encuentros con la estructura y la reducción de puentes térmicos.
- ⇨ Cubierta plana invertida, valorando la continuidad entre el aislamiento de cubierta y el aislamiento vertical de petos y fachadas.
- ⇨ Ventanas de PVC con doble acristalamiento, analizando su posición respecto al plano del aislamiento, el tratamiento de los encuentros y la correcta ejecución del sellado perimetral.
- ⇨ Particiones interiores y medianerías en contacto con zonas no climatizadas, revisando la continuidad térmica y el sellado de perforaciones o pasos de instalaciones.

- ⇨ Sistema de ventilación mecánica de doble flujo con recuperador de calor, comprobando el sellado de conductos, el aislamiento de los tramos situados en zonas no climatizadas y el equilibrado de caudales.

El análisis de estos sistemas permitirá identificar posibles fallos de ejecución, valorar su repercusión energética y proponer medidas correctoras adecuadas para mantener las prestaciones previstas en el proyecto.

4. Incidencias detectadas durante la visita de control

Durante la visita de control final, la dirección facultativa detecta las siguientes incidencias:

1. En el encuentro forjado–fachada, el aislamiento no cubre completamente el canto del forjado.
2. En varias ventanas, el marco se ha colocado alineado con el plano estructural y no con el plano del aislamiento.
3. Las juntas perimetrales de varias carpinterías presentan espuma aplicada de forma irregular y sin sistema multicapa.
4. En cubierta, el aislamiento no conecta correctamente con el aislamiento vertical del peto.
5. Existen perforaciones para instalaciones en medianerías sin sellado térmico.
6. En el sistema de ventilación:
   - ⇨ Algunos conductos no están correctamente sellados.
   - ⇨ No se ha realizado equilibrado de caudales.
   - ⇨ Conductos en garaje sin aislamiento.

5. PASOS A SEGUIR PARA EL ANÁLISIS Y RESOLUCIÓN DEL CASO

Para resolver el caso práctico, se seguirá una secuencia de análisis que permita identificar las incidencias detectadas, valorar sus consecuencias energéticas y proponer medidas correctoras adecuadas.

El objetivo no es únicamente señalar los errores de ejecución, sino comprender cómo afectan al comportamiento global del edificio y qué actuaciones serían necesarias para recuperar las prestaciones previstas en el proyecto.

Los pasos a seguir serán los siguientes:

1. Identificar el tipo de problema energético existente en cada incidencia.

En primer lugar, se analizará cada defecto detectado para determinar si se trata de un puente térmico, una infiltración de aire, una discontinuidad del aislamiento, una pérdida asociada al sistema de ventilación o una combinación de varios problemas.

2. Analizar cómo afecta cada error al consumo energético.

Se valorará de qué manera cada incidencia puede incrementar las pérdidas de calor en invierno, las ganancias térmicas no deseadas en verano o el consumo de los sistemas de climatización y ventilación.

3. Valorar la repercusión sobre el confort interior.

Se estudiará si los errores detectados pueden provocar superficies frías, corrientes de aire, diferencias de temperatura entre estancias, sensación de disconfort o funcionamiento irregular del sistema de ventilación.

4. Determinar el riesgo de aparición de condensaciones.

Se analizará si las discontinuidades del aislamiento, los puentes térmicos o las infiltraciones pueden favorecer condensaciones superficiales o intersticiales, especialmente en encuentros constructivos, perímetros de huecos y zonas con baja temperatura superficial.

5. **Proponer medidas correctoras para cada incidencia.**

Una vez identificado el problema y sus consecuencias, se indicarán las actuaciones necesarias para corregirlo, como completar la continuidad del aislamiento, mejorar el sellado, recolocar o reforzar encuentros, aislar conductos, equilibrar caudales o restituir la estanqueidad en pasos de instalaciones.

6. **Justificar la importancia de los encuentros constructivos y de la ventilación.**

Finalmente, se explicará por qué los encuentros entre elementos constructivos y el sistema de ventilación son puntos críticos en edificios de alta eficiencia energética, y cómo una ejecución incorrecta puede reducir de forma significativa el rendimiento energético previsto.

6. Solución desarrollada del caso práctico

1. **Identificación del problema energético**

   1.1. Forjado–fachada sin cubrir el canto estructural

   - Puente térmico lineal estructural.

   1.2. Ventanas mal posicionadas respecto al plano térmico

   - Puente térmico perimetral + discontinuidad del aislamiento.

   1.3. Sellado deficiente de carpinterías

   - Infiltraciones de aire + pérdida de estanqueidad.

   1.4. Discontinuidad cubierta–fachada

   - Puente térmico lineal en coronación.

   1.5. Perforaciones sin sellar en medianerías

   - Infiltraciones no controladas + posible puente térmico puntual.

   1.6. Errores en ventilación

   - Pérdida de eficiencia del recuperador + fugas de aire + desequilibrio de presiones.

2. Impacto energético y en confort

- ⇨ Consumo energético

  - ➤ Los puentes térmicos en forjados y cubierta generan pérdidas constantes en invierno y ganancias no deseadas en verano.
  - ➤ Las ventanas mal integradas anulan parte de las prestaciones del vidrio.
  - ➤ Las infiltraciones obligan a climatizar aire no previsto en cálculo.
  - ➤ Conductos sin sellar reducen la eficiencia del recuperador y pueden disminuir de forma significativa el rendimiento real del sistema.
  - ➤ El desequilibrio de ventilación genera sobrepresiones o depresiones que aumentan infiltraciones adicionales.

Resultado: incremento continuo del consumo energético respecto al valor previsto en proyecto.

- ⇨ Confort interior

  - ➤ Superficies frías en encuentros forjado-fachada.
  - ➤ Sensación de corriente en proximidad de ventanas.
  - ➤ Diferencias térmicas entre estancias.
  - ➤ Posible sobrecalentamiento en última planta por discontinuidad en cubierta.
  - ➤ Inestabilidad térmica por ventilación mal equilibrada.

- ⇨ Condensaciones

  - ➤ En puentes térmicos lineales (forjado, cubierta).
  - ➤ En perímetro de ventanas mal aisladas.
  - ➤ En encuentros con baja temperatura superficial.
  - ➤ Posible condensación intersticial si hay infiltraciones combinadas con vapor interior.

3. Medidas correctoras

⇨ Encuentros estructurales

- Prolongar aislamiento cubriendo completamente canto del forjado.
- Garantizar solape entre aislamiento horizontal y vertical en cubierta.

⇨ Ventanas

- Recolocar (si es posible) o reforzar aislamiento perimetral.
- Aplicar sistema de sellado multicapa:
  - Interior: estanqueidad al aire.
  - Intermedio: espuma aislante continua.
  - Exterior: impermeable al agua pero permeable al vapor.

⇨ Medianerías

- Sellado hermético de perforaciones con materiales compatibles.
- Restituir continuidad térmica.

⇨ Ventilación

- Sellado completo de conductos.
- Aislamiento de conductos en zonas no climatizadas.
- Equilibrado técnico de caudales.
- Verificación de estanqueidad en pasos por envolvente.

4. Justificación técnica

⇨ ¿Por qué los encuentros son críticos?

Porque son puntos donde cambia el plano térmico y donde aparecen materiales estructurales con mayor conductividad (hormigón, acero).

Una interrupción en estos puntos genera puentes térmicos lineales repetitivos en todo el perímetro del edificio.

La envolvente debe comportarse como una piel continua.

Si se fragmenta en encuentros, pierde coherencia térmica.

⇨ ¿Por qué la ventilación es crítica en edificios eficientes?

En edificios herméticos:

- La ventilación es el principal intercambio energético.
- Si no está controlada, anula la mejora del aislamiento.
- Un recuperador mal ejecutado puede convertir un sistema eficiente en uno ineficiente.

La eficiencia energética en ventilación no consiste en ventilar menos, sino en ventilar mejor y recuperar energía.

7. Conclusión Final Del Caso

La resolución del caso práctico permite comprobar que la eficiencia energética de un edificio depende tanto de las soluciones previstas en el proyecto como de su correcta ejecución en obra.

- Este caso demuestra que:
  - ⇨ La eficiencia energética no depende solo del espesor del aislamiento.
  - ⇨ Los encuentros constructivos determinan el comportamiento real.
  - ⇨ La ventilación mal ejecutada puede anular parte del ahorro previsto.
  - ⇨ Los errores pequeños repetidos generan grandes desviaciones energéticas.
  - ⇨ El papel del operario y la coordinación entre oficios son determinantes.

Un edificio eficiente se construye en los detalles.

Glosario

Acabados y su influencia térmica

Elementos exteriores de la fachada que, aunque no constituyen el aislamiento principal, influyen en la absorción de radiación solar, la temperatura superficial y la durabilidad del sistema térmico.

Aire de extracción

Aire interior que se expulsa del edificio a través del sistema de ventilación, generalmente cargado de humedad, CO^2 y contaminantes.

Aire de impulsión

Aire exterior que se introduce en el edificio tras ser tratado o intercambiar energía en el recuperador de calor.

Aislamiento

Material o sistema constructivo destinado a reducir la transmisión de calor a través de la cubierta, limitando pérdidas térmicas en invierno y ganancias en verano.

Aislamiento acústico y térmico

Conjunto de soluciones destinadas a reducir tanto la transmisión de ruido como la transferencia de calor entre espacios o hacia el exterior.

Aislamiento bajo impermeabilización

Disposición del material aislante en cubiertas planas tradicionales, situado debajo de la lámina impermeable. Requiere protección frente a humedad y correcta colocación de barrera de vapor.

Aislamiento de conductos

Protección térmica colocada en los conductos de ventilación, especialmente en espacios no climatizados, para evitar pérdidas o ganancias térmicas no deseadas.

Aislamiento sobre forjado

Colocación del aislamiento térmico directamente sobre el elemento estructural horizontal para mejorar la eficiencia energética.

Aislamiento térmico

Capa o conjunto de materiales destinados a reducir las pérdidas de calor en invierno y las ganancias en verano, limitando la transmisión térmica a través de la envolvente del edificio.

Aislamientos flexibles

Materiales aislantes en mantas o rollos que se adaptan fácilmente a superficies irregulares, pero que pierden eficacia si se comprimen o desplazan.

Aislamientos rígidos

Materiales aislantes en placas con alta resistencia mecánica, adecuados para zonas sometidas a cargas como cubiertas o suelos.

Aislamientos semirrígidos

Aislantes con cierta rigidez que permiten adaptación al soporte, utilizados habitualmente en trasdosados y fachadas ligeras.

Alero

Parte inferior de la cubierta inclinada por donde suele iniciarse la ventilación natural de la cámara bajo teja.

Alta hermeticidad

Característica de los edificios modernos que reduce infiltraciones de aire no controladas, mejorando la eficiencia energética pero exigiendo ventilación planificada.

Alternativa constructiva

Modificación respecto a la solución definida en proyecto que afecta a materiales, sistemas o ejecución y que debe evaluarse energéticamente antes de aplicarse.

Anclajes metálicos

Elementos de fijación que pueden atravesar el plano aislante y generar puentes térmicos si no incorporan rotura térmica.

Arranques y coronaciones

Puntos singulares en la base y parte superior de la fachada donde deben resolverse correctamente continuidad térmica y protección frente a humedad.

Balance energético

Relación entre la energía que entra y sale del edificio, incluyendo las pérdidas y ganancias térmicas debidas a la ventilación.

Barrera de vapor

Capa situada en el lado cálido del aislamiento cuya función es limitar el paso del vapor de agua hacia el interior del paquete constructivo para evitar condensaciones intersticiales.

Buenas prácticas

Conjunto de criterios y procedimientos aplicados en obra para garantizar la continuidad térmica, la estanqueidad y la correcta ejecución de los encuentros constructivos.

Calidad del aire interior (CAI)

Condición del aire dentro del edificio en términos de salubridad, concentración de contaminantes y niveles adecuados de ventilación.

Calidad energética

Grado en que un edificio cumple las prestaciones de eficiencia, confort y consumo energético previstas en el proyecto durante su vida útil.

Calificación energética

Clasificación del edificio según su consumo y demanda energética. Depende, entre otros factores, de la correcta ejecución de los encuentros constructivos.

Canto del forjado

Borde estructural del forjado, generalmente de hormigón, que puede actuar como puente térmico si no está correctamente aislado.

Carpinterías

Elementos como ventanas y puertas que deben integrarse adecuadamente en el plano térmico para evitar discontinuidades.

Casos reales de obra

Ejemplos prácticos que evidencian cómo errores de ejecución afectan al rendimiento energético de la cubierta.

Caudal de aire

Cantidad de aire renovado o impulsado por unidad de tiempo en un sistema de ventilación.

Checklist de ejecución

Herramienta de control que permite verificar sistemáticamente la correcta colocación de aislamiento, barrera de vapor, impermeabilización y ventilación.

Claraboya

Elemento singular que interrumpe el plano de cubierta y requiere especial cuidado para mantener la continuidad térmica.

Clima

Condición ambiental que influye en el diseño y ejecución energética de la cubierta (temperatura, radiación solar, humedad, variaciones térmicas).

Climatización

Conjunto de sistemas destinados a mantener condiciones térmicas de confort (calefacción y refrigeración).

Compatibilidad entre materiales

Capacidad de distintos materiales para trabajar juntos sin provocar degradaciones, pérdidas de prestaciones o patologías energéticas.

Compatibilidad térmica

Capacidad de distintas soluciones constructivas o materiales para funcionar correctamente en conjunto sin generar pérdidas energéticas, condensaciones o desequilibrios térmicos.

Condensaciones

Acumulaciones de humedad producidas por descensos locales de temperatura superficial, frecuentemente asociadas a puentes térmicos.

Condensación intersticial

Acumulación de humedad dentro del paquete constructivo cuando el vapor de agua alcanza el punto de rocío.

Condiciones climáticas durante la ejecución

Factores ambientales (temperatura, humedad, viento) que influyen en la correcta aplicación de sistemas constructivos.

Conductividad térmica (λ)

Propiedad del material que indica su capacidad para transmitir calor. Cuanto menor es su valor, mayor es su capacidad aislante.

Conductos de ventilación

Red de distribución que transporta el aire de impulsión y extracción dentro del edificio.

Confort térmico

Sensación de bienestar interior relacionada con estabilidad de temperatura, ausencia de corrientes y superficies frías.

Consumo energético

Cantidad de energía utilizada por los sistemas del edificio, incluyendo ventilación y climatización.

Continuidad de soluciones

Principio constructivo que exige que aislamiento, estanqueidad y control del vapor no se interrumpan en ningún punto del edificio.

Continuidad del aislamiento

Condición por la cual el plano térmico no presenta interrupciones, evitando la formación de puentes térmicos.

Control de calidad en obra

Conjunto de verificaciones realizadas durante la ejecución para comprobar que las soluciones energéticas se ejecutan conforme al proyecto antes de quedar ocultas.

Control de calidad

Proceso de verificación técnica para asegurar que los materiales y la ejecución cumplen con las especificaciones energéticas.

Control de ejecución

Proceso de supervisión técnica que verifica la correcta resolución de los encuentros antes de que queden ocultos.

Coordinación con otros oficios

Planificación conjunta entre distintos equipos (estructura, instalaciones, impermeabilización, energía solar) para evitar interferencias que afecten al aislamiento.

Coordinación entre oficios

Organización y planificación conjunta de los distintos equipos de obra para evitar discontinuidades térmicas en los encuentros.

Cubierta

Elemento constructivo superior del edificio que forma parte de la envolvente térmica y está altamente expuesto a condiciones climáticas.

Cubierta inclinada

Sistema de cubierta con pendiente, habitual en edificación residencial, que puede incorporar cámara ventilada.

Cubierta invertida

Tipo de cubierta plana donde el aislamiento se coloca sobre la impermeabilización.

Cubierta plana

Cubierta de pendiente mínima, puede ser transitable o no transitable, tradicional, invertida o ajardinada.

Cubierta tradicional

Cubierta plana donde el aislamiento se dispone bajo la impermeabilización.

Cubiertas inclinadas

Soluciones de cubierta con pendiente cuyo comportamiento energético depende de ventilación y aislamiento.

Cubiertas planas

Cubiertas horizontales donde el aislamiento y la impermeabilización deben coordinarse correctamente.

Cámara ventilada

Espacio de aire continuo en fachadas ventiladas que favorece la evacuación del calor mediante efecto chimenea.

Demanda energética

Cantidad de energía necesaria para mantener las condiciones de confort interior del edificio (calefacción, refrigeración, ventilación e iluminación).

Detalles constructivos

Representaciones técnicas que definen cómo deben resolverse los encuentros y zonas críticas del edificio desde el punto de vista energético.

Dilatación térmica

Variación dimensional de materiales debido a cambios de temperatura.

Dirección facultativa

Equipo técnico responsable de supervisar la correcta ejecución del proyecto y de autorizar o rechazar modificaciones que afecten al comportamiento energético.

Discontinuidad térmica

Interrupción del aislamiento que permite la transmisión directa de calor.

Doble flujo (sistema de)

Sistema de ventilación mecánica con dos circuitos independientes (impulsión y extracción) conectados mediante un intercambiador térmico para recuperar energía.

Durabilidad de materiales

Capacidad de los materiales para mantener sus prestaciones energéticas a lo largo del tiempo sin degradarse.

Efecto chimenea

Fenómeno físico por el cual el aire caliente asciende generando movimiento natural del aire en el interior del edificio.

Eficiencia energética

Capacidad de un edificio para ofrecer confort térmico con el menor consumo de energía posible, manteniendo las prestaciones definidas en proyecto.

Encuentros constructivos

Zonas donde confluyen distintos elementos (fachada-forjado, cubierta-fachada, ventana-fachada) y donde se concentran riesgos de puentes térmicos.

Energía final

Energía que llega al edificio (electricidad, gas, etc.) y que se consume para producir energía útil.

Energía primaria

Energía total necesaria para producir y transportar la energía final hasta el edificio, incluyendo pérdidas del sistema energético.

Energía útil

Energía que cumple directamente la función deseada

calor, frío, iluminación o agua caliente percibida por el usuario.

Envolvente térmica

Conjunto de elementos constructivos que separan el espacio interior del exterior y limitan el intercambio energético.

Equilibrado de caudales

Ajuste técnico que garantiza que los volúmenes de aire impulsado y extraído sean los previstos en proyecto.

Errores frecuentes de ejecución

Defectos repetidos en obra que afectan a la continuidad térmica y a la estanqueidad.

Espesor de aislamiento

Grosor definido en proyecto para el material aislante, calculado para alcanzar una transmitancia térmica determinada y que no debe reducirse en obra.

Estanqueidad al aire

Capacidad de la envolvente para evitar infiltraciones y exfiltraciones no controladas.

Estanqueidad

Capacidad de la envolvente o de los conductos para evitar fugas de aire no controladas.

Estrategia pasiva

Conjunto de soluciones de diseño que aprovechan condiciones naturales (orientación, ventilación natural, aislamiento) para reducir la demanda energética.

Fachada ventilada

Sistema constructivo con cámara de aire intermedia que mejora el comportamiento térmico, especialmente en verano.

Fachada

Cerramiento vertical exterior que forma parte principal de la envolvente térmica.

Fachadas tradicionales con aislamiento interior

Solución en la que el aislamiento se sitúa en la cara interna del cerramiento, con limitaciones en inercia y puentes térmicos.

Filtraciones de aire

Entradas o salidas de aire no deseadas que provocan pérdidas térmicas, disconfort y aumento del consumo energético.

Filtraciones

Entrada de agua a través de la cubierta que puede deteriorar el aislamiento y aumentar la demanda energética.

Forjado

Elemento estructural horizontal que puede formar parte del sistema térmico cuando el aislamiento se dispone sobre él.

Fugas de aire

Pérdidas no deseadas de aire en conductos o cerramientos que reducen la eficiencia del sistema.

Función energética de la fachada

Papel de la fachada en el aislamiento, control solar y estanqueidad del edificio.

Función térmica de la cubierta

Capacidad de la cubierta para limitar pérdidas y ganancias térmicas.

Ganancia térmica

Incremento de temperatura interior debido a radiación solar o transmisión de calor desde el exterior.

Hermeticidad

Capacidad de un sistema constructivo para impedir el paso de aire y humedad.

Hormigón armado

Material estructural con alta conductividad térmica que puede generar puentes térmicos en los encuentros.

Huecos en fachada

Aberturas como ventanas y puertas que constituyen puntos críticos en la transmisión térmica.

Huecos

Aberturas del edificio como ventanas y puertas, que constituyen los puntos más débiles de la envolvente térmica.

Impacto en confort

Efecto del comportamiento térmico en la estabilidad de temperatura y bienestar interior.

Impacto en consumo energético

Consecuencia directa de la calidad de ejecución sobre la demanda energética del edificio.

Impermeabilización

Capa destinada a impedir el paso de agua al interior del paquete constructivo.

Inercia térmica

Capacidad de los materiales con masa para acumular calor y liberarlo lentamente, estabilizando la temperatura interior.

Infiltraciones de aire

Entradas de aire no controladas a través de juntas o encuentros mal sellados.

Infiltraciones

Entradas no controladas de aire a través de encuentros mal sellados.

Infiltraciones

Entradas o salidas de aire no controladas a través de la envolvente del edificio.

Instalaciones

Sistemas de calefacción, refrigeración, ventilación, iluminación y ACS que cubren la demanda energética del edificio.

Intercambiador térmico

Componente del sistema de doble flujo que permite transferir energía térmica entre el aire extraído y el aire entrante sin mezclarlos.

Interpretación de planos

Capacidad de leer y ejecutar correctamente los planos y detalles del proyecto energético, respetando la función térmica de cada elemento.

Lucernarios

Elementos acristalados en cubierta que aportan iluminación natural y requieren correcta instalación térmica.

Láminas de control de vapor

Láminas que regulan el paso del vapor de agua, permitiendo o frenando su difusión según las condiciones higrotérmicas.

Malas prácticas habituales

Acciones incorrectas repetidas en obra que comprometen el rendimiento energético.

Mantenimiento

Conjunto de operaciones periódicas (limpieza de filtros, revisión de intercambiadores) necesarias para mantener la eficiencia del sistema.

Materiales reflectantes

Materiales que reducen la transmisión de calor por radiación y que solo funcionan correctamente cuando existe una cámara de aire.

Medianerías

Muros compartidos entre edificaciones que pueden generar pérdidas térmicas si no se tratan adecuadamente.

Memoria energética

Documento del proyecto que justifica y describe las decisiones energéticas adoptadas y establece las condiciones obligatorias de ejecución en obra.

Módulo de ventilación

Conjunto de equipos que gestionan la renovación del aire en un edificio.

Operario

Profesional encargado de ejecutar físicamente las soluciones constructivas, determinante en la calidad energética final.

Orden de ejecución

Secuencia prevista de los trabajos que permite ejecutar correctamente las soluciones energéticas sin dañarlas ni interrumpirlas.

Orientación

Posición del edificio respecto al sol, que condiciona la entrada de radiación y el comportamiento energético de cada fachada.

Papel del encargado

Función de supervisión y coordinación que garantiza el cumplimiento de criterios energéticos en obra.

Papel del operario

Responsabilidad directa en la correcta colocación de aislamiento y sellados.

Particiones interiores

Elementos divisorios internos que también influyen en el comportamiento térmico global.

Pendientes

Inclinaciones diseñadas en cubiertas planas para garantizar la correcta evacuación de aguas.

Peto

Elemento vertical perimetral en cubiertas planas que debe integrarse térmicamente con el aislamiento.

Plan térmico

Superficie continua que define la capa aislante dentro de la envolvente.

Plano térmico

Línea o superficie imaginaria que representa la continuidad del aislamiento en la envolvente.

Poliestireno extruido (XPS)

Material aislante resistente a la absorción de agua, habitual en cubiertas invertidas.

Presión (diferencia de)

Variación entre presión interior y exterior que permite la ventilación natural.

Protección solar

Elementos que limitan la radiación directa y reducen la carga térmica estival.

Proyecto energético

Documento que define cómo se comportará energéticamente el edificio durante toda su vida útil, fijando soluciones, materiales y prestaciones.

Puente térmico lineal

Transmisión térmica concentrada a lo largo de una línea continua, como en el encuentro forjado-fachada.

Puente térmico puntual

Transmisión localizada en un punto específico, como un anclaje metálico.

Puente térmico

Zona de la envolvente donde se interrumpe el aislamiento, aumentando la transmisión de calor.

Puentes térmicos

Zonas de la envolvente con mayor transmisión térmica que el resto del cerramiento.

Pérdida térmica

Disminución de energía calorífica del edificio, frecuente en invierno debido a ventilación no controlada.

Radiación solar

Energía emitida por el sol que incide directamente sobre la cubierta.

Recuperación de calor

Proceso mediante el cual se aprovecha la energía térmica del aire extraído para precalentar o preenfriar el aire entrante.

Recuperadores de calor

Equipos de ventilación mecánica que recuperan energía del aire extraído para precalentar o preenfriar el aire entrante.

Registro de cambios

Documento donde se anotan, justifican y aprueban las modificaciones realizadas respecto al proyecto original, garantizando trazabilidad energética.

Renovación de aire

Sustitución del aire interior por aire exterior para garantizar salubridad.

Reparaciones incorrectas

Intervenciones mal ejecutadas que alteran la continuidad del aislamiento.

Reparaciones posteriores

Intervenciones realizadas tras la ejecución inicial que pueden alterar la continuidad térmica si no se resuelven correctamente.

Replanteo

Fase inicial de la obra en la que se definen posiciones y dimensiones reales para asegurar que las soluciones energéticas pueden ejecutarse correctamente.

Resistencia térmica

Capacidad de un elemento constructivo para oponerse al paso del calor.

Responsabilidad compartida

Compromiso conjunto de todos los agentes de obra en la eficiencia energética.

Revisión visual

Inspección previa al cierre definitivo de los encuentros para comprobar la continuidad del aislamiento.

Rotura térmica

Sistema que interrumpe la transmisión directa de calor en elementos metálicos o estructurales.

SATE (Sistema de Aislamiento Térmico por el Exterior)

Sistema continuo de aislamiento colocado por el exterior del edificio para minimizar puentes térmicos.

Salubridad

Condición higiénica adecuada del ambiente interior gracias a una ventilación correcta.

Seguridad en obra

Conjunto de medidas preventivas que permiten ejecutar la cubierta con precisión y calidad energética.

Seguridad y eficiencia energética

Relación entre condiciones seguras de trabajo y correcta ejecución térmica.

Sellado de conductos

Acción de asegurar la estanqueidad en sistemas de ventilación para evitar pérdidas energéticas.

Sellado multicapa

Sistema de cierre perimetral en carpinterías que garantiza estanqueidad al aire y correcta gestión del vapor.

Sellados y estanqueidad

Tratamiento de juntas y encuentros para impedir infiltraciones.

Sistema de ventilación mecánica

Sistema que utiliza ventiladores para controlar de forma precisa la renovación de aire.

Sistema de ventilación natural

Sistema basado en diferencias de presión y temperatura sin consumo eléctrico directo.

Sistema energético del edificio

Conjunto interrelacionado formado por envolvente, huecos, estructura, instalaciones y uso, que determina el comportamiento energético global.

Sistemas de doble flujo

Sistema de ventilación mecánica con recuperación de calor.

Sobrepresión / Depresión

Desequilibrios de presión interior causados por un mal ajuste de caudales.

Solape

Superposición de materiales aislantes en cambios de plano para asegurar continuidad térmica.

Solución alternativa aceptable

Modificación que mantiene o mejora las prestaciones energéticas del proyecto original y que ha sido evaluada y aprobada técnicamente.

Sumidero

Elemento de evacuación de aguas en cubiertas planas que constituye un punto singular crítico.

Sustitución de materiales

Cambio de un producto proyectado por otro distinto que puede alterar el comportamiento térmico si no se verifica su equivalencia energética.

Termografía

Técnica de inspección que permite detectar puentes térmicos mediante imágenes térmicas.

Tipos de fachadas desde el punto de vista térmico

Clasificación según la posición del aislamiento y su comportamiento energético.

Tipos de ventanas

Clasificación según materiales, vidrios y prestaciones térmicas.

Trabajador ejecutor del diseño energético

Figura clave en la obra, responsable de materializar correctamente las decisiones energéticas definidas en el proyecto.

Transmitancia térmica (U)

Valor que indica la cantidad de calor que atraviesa un elemento constructivo. Cuanto menor es, mejor es su comportamiento térmico.

Ventilación

Sistema diseñado para renovar el aire interior de forma controlada, garantizando calidad ambiental y minimizando pérdidas energéticas.

Ventilación cruzada

Estrategia de ventilación natural basada en aberturas opuestas que favorecen la circulación del aire.

Ventilación de cámaras

Circulación controlada de aire en espacios bajo cubierta para disipar calor y evitar humedad.

Ventilación mecánica simple

Sistema mecánico que controla caudales, pero no recupera energía térmica.

Ventilación natural

Renovación de aire mediante aberturas sin asistencia mecánica.

Ventilación y eficiencia energética

Relación entre renovación de aire controlada y reducción del consumo energético.

Ventiladores

Equipos eléctricos que impulsan o extraen aire en sistemas mecánicos.